Tribologia, Lubrificação e Mancais de Deslizamento

Durval Duarte Júnior
Giovanni de Morais Teixeira

2ª edição revista e ampliada

EDITORA CIÊNCIA MODERNA

Editor: Paulo André P. Marques
Produção Editorial: Dilene Sandes Pessanha
Capa: Marcia Lips
Diagramação: Daniel Jara
Copidesque: Equipe Ciência Moderna

FICHA CATALOGRAFICA

DUARTE JUNIOR, Durval; TEIXEIRA, Giovanni Morais.

Tribologia, Lubrificação e Mancais de Deslizamento - 2ª edição revista e ampliada

Rio de Janeiro: Editora Ciência Moderna Ltda., 2024.

1. Engenharia de máquinas 2. Lubrificação, métodos
I — Título

ISBN: 978-65-5842-321-8

CDD 621.8

621.89

Editora Ciência Moderna Ltda.
R. Alice Figueiredo, 46 – Riachuelo
Rio de Janeiro, RJ – Brasil CEP: 20.950-150
Tel: (21) 2201-6662/ Fax: (21) 2201-6896
E-MAIL: LCM@LCM.COM.BR
WWW.LCM.COM.BR

01/24

PREFÁCIO

A segunda edição deste livro segue a mesma filosofia do livro da primeira edição, porém, com mais capricho, mais material e, consequentemente, mais atualizado.

As sementes desta obra foram plantadas há mais de quarenta anos, enquanto eu era aluno de doutorado em engenharia nuclear e professor assistente na McMaster Univresity no Canadá Esta foi uma época muito fértil na minha formação acadêmica com grandes conquistas acadêmicas. Nesta época trabalhei durante cinco anos como assistente do Distinto Westighouse Chair Professor Dr. Sanjoy Banerjee, ex Diretor da Atomic Energy of Canada Ltda. que lecionou durante cinco anos na McMaster University, onde eu estudava, e agora ocupa o cargo de diretor do Instituto de Energia da City University of New York (CUNY). Juntos fizemos grandes avanços na indústria nuclear no Canadá e EUA. Nestes cinco anos forjamos uma grande amizade, que cultivo até hoje.

A experiência com tribologia viria mais tarde, quando em 1984, comecei a trabalhar na antiga Metal Leve, que foi absorvida pela multinacional MAHLE, formando assim a MAHLE Metal Leve. Pouco antes (1981) eu havia começado o Doutorado em Ciências Térmicas Aplicadas na Escola Politécnica da USP. No centro de pesquisa da MAHLE me dediquei ao tema da lubrificação hidrodinâmica e escrevi diversos artigos internacionais, consegui várias patentes e escrevi, também, vários códigos computacionais que ainda hoje são usados na empresa para análise e projeto de bronzinas e mancais de virabrequins. Recentemente meus estudos resultaram no código REBECA (Reciprocating Engine BEaring Computational Analysis), que inclui os efeitos térmicos na lubrificação hidrodinâmica, modelo TEHL (Thermo Elastic Hydrodynamic Lubrication) que é, ainda hoje, adotado na empresa ThyssenKrupp para o desenvolvimento de bielas não convencionais.

A minha amizade com Giovanni de Morais nasceu durante um curso de pós-graduação "mecânica do contínuo" que eu ministrava no departamento de engenharia mecânica na USP de São Carlos. Giovanni foi o melhor aluno deste curso e, também, de toda minha carreira de professor. Eu sempre tive enorme admiração pela pessoa do Giovanni. Ele é uma pessoa extremamente inteligente dedicada a seus projetos. Giovanni se apaixonou pela minha linha de trabalho e pesquisa, e com o tempo começamos assim a colaborar na elaboração de alguns itens que fariam parte do livro que hoje o leitor tem em mãos. As figuras e equações foram aprimoradas por Giovanni, ao longo dos últimos vinte anos. As teorias e códigos vêm sendo aperfeiçoados e implementados por mim ao longo dos últimos trinta anos.

Atualmente Giovanni reside e trabalha no Reino Unido como sênior manager, numa empresa multinacional francesa, onde exerce as funções de pesquisador (e desenvolvedor) na área de durabilidade, fadiga e mecânica da fratura. Muitas de suas contribuições na área de "Fadiga de Vibração Aleatória", "Fadiga de Ligas de Nitinol", "Fadiga de Alto Número de Ciclos" e "Fadiga Termo-Mecânica" foram adotadas e implementadas no software fe-safe, que faz parte do portfólio da Dassault Systemes UK.

Assim, resumindo, esse texto é praticamente a biografia de dois pesquisadores que se ajudaram mutuamente enquanto atuavam nas áreas de CAE (Computer Aided Engineering), tribologia, fadiga e mecânica da fratura. Esperamos sinceramente que o leitor tenha sucesso na utilização das ideias apresentadas neste livro, ideias essas que foram amadurecidas com muito suor, lágrimas e sorrisos, pelas mãos de profissionais que realmente gostam do que fazem.

Esta, então, é a segunda edição do livro Tribologia, Lubrificação e Mancais de Deslizamento, que consta agora com Giovanni de Morais, o meu melhor aluno e grande amigo, como coautor.

Durval Duarte Junior

Jaú, junho/2023

SUMÁRIO

Capítulo 1 – Tribologia e Lubrificação

Mancal de deslizamento é um elemento de máquina usado para separar peças rígidas em movimento relativo com a finalidade de reduzir o atrito entre as peças. Consequentemente, o calor gerado por atrito e a probabilidade de desgaste superficial destas peças também se reduzirá , aumentando a vida útil das mesmas.

Para entender os fenômenos físicos que ocorrem num mancal de deslizamento, em condições reais de operação, é necessário possuir os seguintes conhecimentos:

I) Conhecimento básico da topografia das superfícies envolvidas, assim como os mecanismos de desgaste das mesmas ou um conhecimento básico de tribologia. Tribologia é um nome que se origina das palavras gregas "tribos" ou "tribein", que significam atritar, e "logia", que significa estudo. É adotado como o estudo ou ciência e tecnologia de superfícies atuantes em movimento relativo, e todos os fenômenos daí decorrentes.

II) Conhecimento da mecânica dos fluidos, para que se possa prever o comportamento do fluido lubrificante inserido entre as superfícies de deslizamento, no caso quando a espessura do filme entre estas superfícies for bem maior que a rugosidade combinada destas mesmas superfícies.

III) Conhecimento da mecânica do contato, que é necessário para prever o comportamento das superfícies de deslizamento quando existe contato entre elas. Isso pode acontecer em casos onde a espessura do fluido de filme inserido entre as superfícies é muito pequena.

Para poder traduzir todos os aspectos acima mencionados para uma linguagem simbólica, é necessário também um conhecimento de matemática para poder desenvolver algoritmos matemáticos apropriados e análise numérica computacional para poder resolver os algoritmos em questão.

1.1 – Breve histórico

A descoberta e a formulação dos mecanismos da lubrificação hidrodinâmica é atribuída a três cientistas [30]: Um Russo, Nicolai Petrov (1836-1920) e dois Britânicos, Beauchamp Tower (1845-1904) e Osborn Reynolds (1842-1912). Eles perceberam que o mecanismo do processo de lubrificação não era devido à interação mecânica de superfícies sólidas, mas sim devido ao filme de fluido que as separava. Este é o aspecto fundamental da lubrificação hidrodinâmica, e seus fundamentos teóricos e experimentais foram firmemente estabelecidos num curto período de tempo de três anos, entre 1883-1886.

A cristalização do conceito de lubrificação hidrodinâmica começou por Nicolai Petrov, que trabalhava na área de atrito. Ele postulou dois pontos importantes: primeiro, que a propriedade importante do fluido com relação ao atrito não era a densidade, mas sim a viscosidade; e segundo que a natureza do atrito num mancal hidrodinâmico não é o resultado da interação entre duas superfícies sólidas, mas do atrito viscoso do fluido entre as superfícies. Em outras palavras, ele propôs a natureza do atrito em mancais hidrodinâmicos. Em seu artigo de 1883, Petrov propôs uma relação funcional entre força de atrito e parâmetros de um mancal que é válida até os dias de hoje:

$$F_\tau = \frac{\mu U A}{h} \tag{1.1}$$

Onde: F_τ ≡ Força de atrito entre as peças do mancal em movimento relativo [N];

U ≡ Velocidade relativa entre as peças do mancal [m/s];

A ≡ Área de contato entre as peças [m^2];

μ ≡ Viscosidade absoluta do fluido entre as peças [$mPa \cdot s$];

h ≡ Distância entre as superfícies de deslizamento (m);

Porém, Petrov não deu continuidade à sua importante descoberta. A relação entre a força de atrito e a capacidade de carga num mancal foi descoberta por Beauchamp Tower, um engenheiro, inventor e assistente de pesquisa de cientistas famosos da época, tal como Fraud e Lord Raleigh. Tower organizou um comitê de pesquisas sobre atrito de alta velocidade em mancais de estradas de ferro. Esta famosa série de experimentos conduziu à descoberta da presença da pressão hidrodinâmica em filmes de fluidos em mancais, em 1883 e 1884.

A geometria e condições operacionais do primeiro mancal testado por Tower são mostradas na figura 1.1.

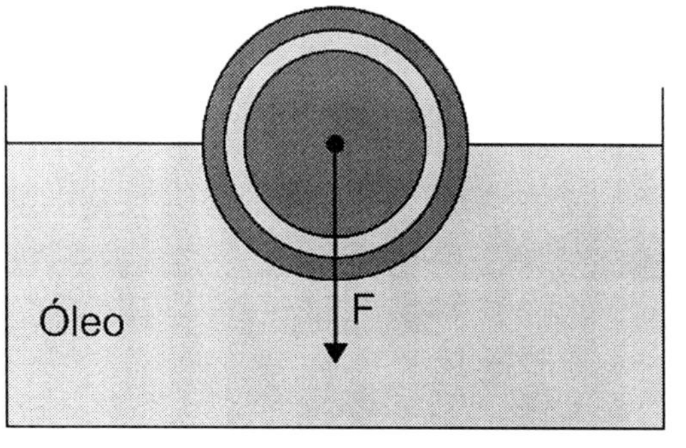

Figura 1.1 - Primeiro mancal testado por Tower

Tower percebeu que a presença do fluido lubrificante entre as superfícies de deslizamento era de extrema importância para a capacidade de carga de um mancal. Ele decidiu então melhorar as condições de lubrificação, através de um furo de ½ polegada na superfície do mancal, onde o óleo era inserido para dentro do mancal, como mostrado na figura 1.2.

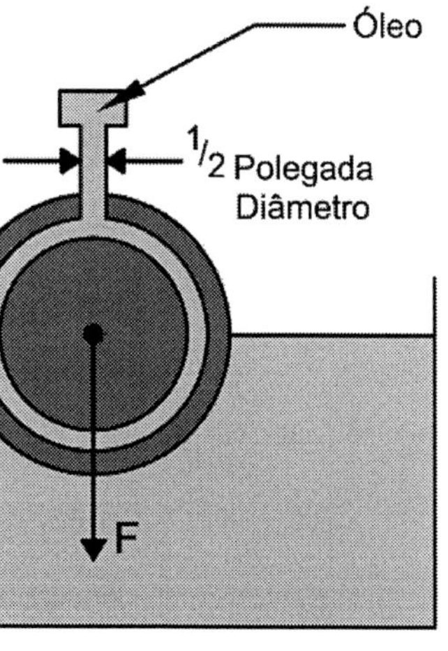

Figura 1.2 – "Melhoramento" nas condições de lubrificação

Porém, o que aconteceu foi que ao invés de melhorar sua lubrificação o óleo era esguichado pelo furo do mancal. Tower percebeu, então, que o óleo estava sendo bombeado para fora do mancal. Primeiro ele tampou o furo com uma rolha e, posteriormente, inseriu à força (com um martelo) um pedaço de madeira no furo. Ambos, a rolha e o pedaço de madeira, foram ejetados violentamente para fora do furo, como um projétil, conforme esquematizado na figura 1.4.

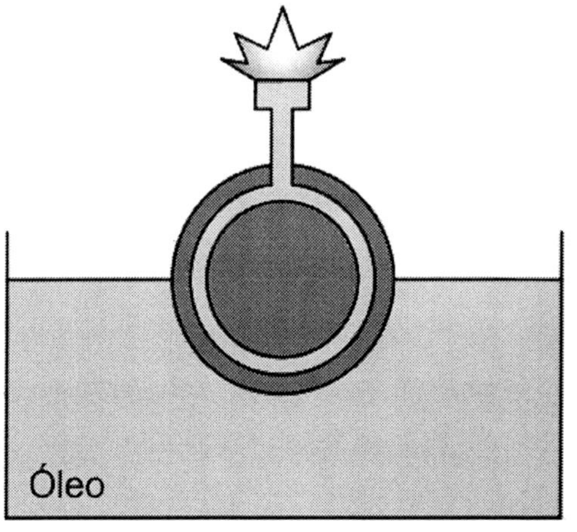

Figura 1.3 – "Melhoramento" nas condições de lubrificação

Devido a este resultado experimental, Tower chegou a mais importante conclusão sobre lubrificação hidrodinâmica:

> ***"A capacidade de carga de um mancal de deslizamento é produto não apenas da presença do óleo entre as superfícies de deslizamento, mas principalmente devido às altíssimas pressões que são geradas no filme de óleo".***

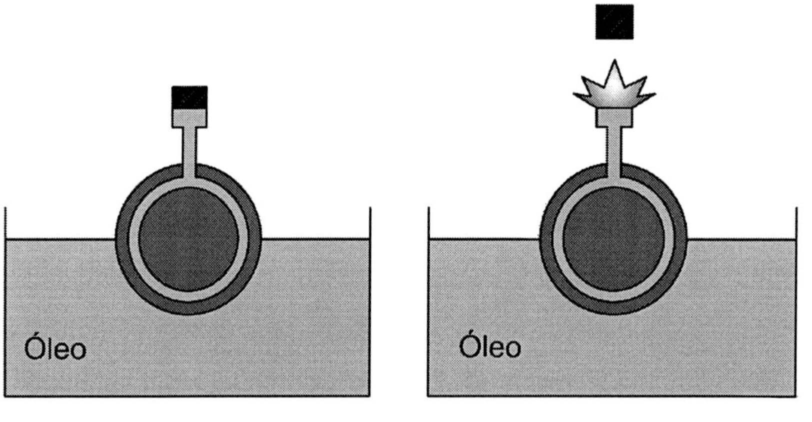

Figura 1.4 – Rolha sendo ejetada violentamente para fora do furo de óleo

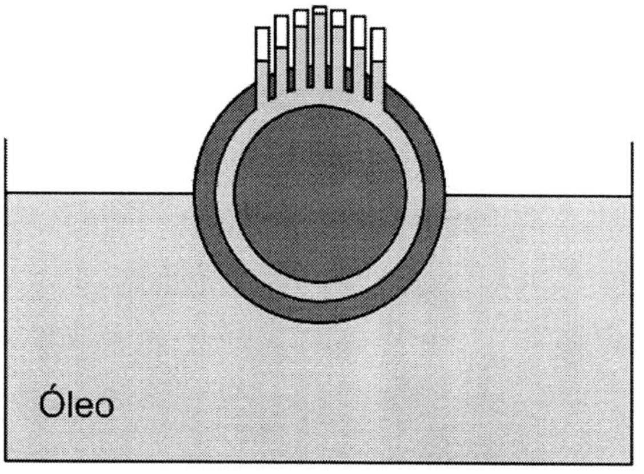

Figura 1.5 – Medição do campo de pressão

Após esta descoberta Tower prosseguiu com seus experimentos, conseguindo inclusive medir o campo de pressão gerado no filme de óleo, conforme ilustrado na figura 1.5.

1.2 – Mecanismos de desgaste

O desgaste em mancais de deslizamento pode ser observado e classificado de duas maneiras:

- **Nível microscópico**: são os micromecanismos que para serem identificados precisam de microscopia eletrônica de varredura; desta forma, a análise de desgaste torna-se custosa e demorada.

- **Nível macroscópico**: na prática, o desgaste de componentes se dá pela combinação de diferentes micromecanismos. Por exemplo, se partículas oriundas do micromecanismo de **delaminação** (resultado de fadiga de contato, por exemplo) riscarem a superfície do mancal, ocorre o desgaste abrasivo; no entanto, partículas soltas (sujeira) riscando o mancal gera um micromecanismo que recebe o nome de **microcorte**. A diferenciação de um micromecanismo do outro não é possível com a análise visual.

A classificação de desgaste no nível macroscópico deve levar em conta o caráter prático dos testes de vida e de desgaste. A partir de alterações na forma, nos materiais ou lubrificantes, espera-se com o teste avaliar a extensão ou grau de severidade nos componentes de um mancal, sem a necessidade de aprofundamento no nível de micromecanismos. Nestas análises, que normalmente são feitas a olho nu, ou com um aumento de no máximo cinco vezes (lupa) pode-se diferenciar apenas três tipos de desgaste:

A - Adesão

Ocorre em função do rompimento do filme de óleo. Como consequência, ocorre uma alteração na rugosidade das superfícies em contato, gerando caldeamentos localizados que se rompem em seguida, devido ao próprio movimento dos componentes envolvidos. Do rompimento geram-se partículas que são fortemente deformadas plasticamente, aumentam a dureza, e passam a riscar o mancal. A superfície desgastada por adesão apresenta aspecto rugoso e com pouco brilho. Nos casos leves, ou seja, com pouca adesão, as marcas são descontínuas e espaçadas, e nos intensos, as marcas são contínuas, ocupando áreas extensas.

B - Riscamento

Riscamento é uma forma de desgaste abrasivo a três corpos, o mancal e mais uma partícula, e é provocado por rebarba de usinagem fixa a um dos componentes do mancal, ou ainda, por partículas livres como: limalha, sujeiras, etc. As marcas deixadas no mancal são contínuas, retas e espaçadas regularmente entre si. De todos os tipos de desgaste, este é o de mais fácil visualização.

C - Polimento

Polimento é o resultado da eliminação das asperezas da superfície do mancal e o resultado é um brilho na superfície. Ele se apresenta principalmente em superfícies onde existe pouca tendência à adesão, como, por exemplo, componentes fosfatizados. Nestes casos, o polimento é mais intenso quanto menor for a camada de fosfato remanescente. Quando a camada fosfatizada estiver completamente removida, a superfície localizada do mancal fica susceptível ao desgaste por adesão.

1.3 - Medidas de rugosidade

Processos de manufatura podem deixar na superfície das peças produzidas, relevos característicos de picos e vales, conhecidos como textura. A textura produzida pelo processo de remoção de material geralmente possui componentes de rugosidade e ondulação. Os mesmos são, às vezes, superpostos aos desvios da forma geométrica pretendida, tais como, **planicidade, circularidade, cilindricidade**, etc.

Considerações funcionais geralmente envolvem não só os fatores topográficos da superfície, cada um com sua própria característica, mas também fatores tais como propriedades físicas, especialmente das camadas exteriores do material, as condições operacionais e frequentemente as características de uma segunda superfície com a qual haverá o contato.

Mesmo que não haja diferença entre as propriedades físicas das camadas exteriores e as do material abaixo das mesmas, mudanças significativas podem ocorrer devido às altas temperaturas e tensões geralmente associadas aos processos abrasivos e processos de corte.

Devido a todos estes fatores, especificações superficiais otimizadas podem se tornar uma matéria altamente complexa, que geralmente requer cuidadosos experimentos e pesquisa, e podem, às vezes, envolver também detalhes do processo de manufatura.

Para que um mancal possa separar e diminuir substancialmente o atrito entre peças rígidas com movimento relativo, é necessário que haja um filme de um fluido lubrificante, cuja espessura seja maior que um determinado valor. Se a espessura de filme obedecer a certos critérios de grandeza, relativos à rugosidade das superfícies tem-se então o que é chamado de lubrificação hidrodinâmica. Para que isto aconteça, é necessário conhecer a topografia das superfícies, para poder determinar o modo de lubrificação do mancal em questão. Resumindo: é necessário conhecer a topografia das superfícies e seus mecanismos de desgaste que podem causar falha prematura (tribologia) e o modo de lubrificação presente no mancal, assim como sua interação com as superfícies em questão, para que se possa prever a redução do atrito devido à presença de um mancal de deslizamento.

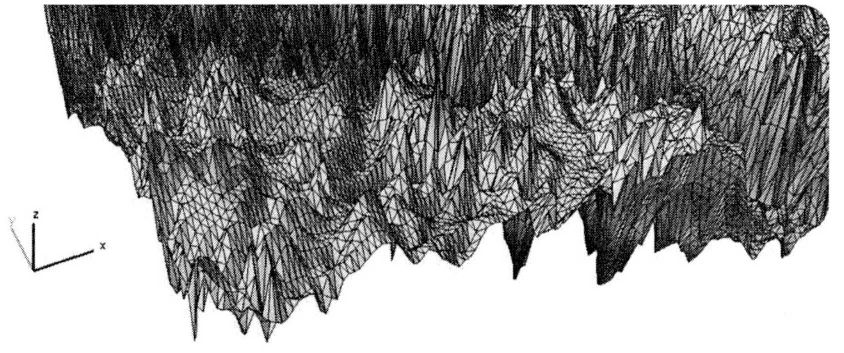

Figura 1.6a - Relevo de uma superfície (Superfície metálica renderizada a partir de medições de interferômetro de luz branca)

Os picos e vales anteriormente mencionados, apesar de serem muito pequenos em tamanho, podem ser visualizados da mesma maneira que os da superfície da terra. Eles têm altura, formato e espaço entre picos adjacentes. Com exceção das texturas uniformes às vezes produzidas por alguns processos de corte, as texturas superficiais geralmente variam aleatoriamente em altura e espaçamento. O problema da descrição de diferentes tipos de textura é típico da área da estatística, desde as formas mais simples de cálculo de média até as formas mais complexas, que fazem uso das técnicas de funções de correlação.

O parâmetro de medida de mais fácil obtenção e o mais comumente usado é o **tamanho médio dos picos e vales,** medidos com relação à linha média do perfil**.** O mesmo é conhecido nos EUA como o valor **AA (A**rithmetical **A**verage**)**. Na Grã Bretanha, o mesmo era conhecido antigamente como o valor **cla** (**c**enter **l**ine **a**verage), mas hoje em dia é conhecido como o valor R_a, mais consistente com a terminologia **ISO**.

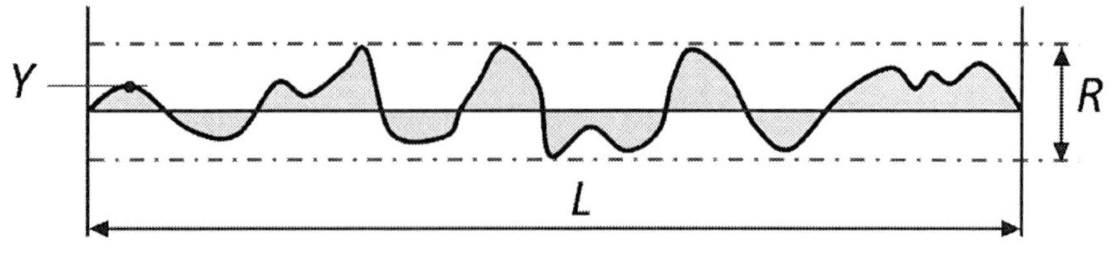

Figura 1.6b – Perfil relevo de uma superfície

$$R_a = CLA = \frac{1}{N} \sum_{k=1}^{N} |y_k| \tag{1.2}$$

Ou

$$R_a = CLA = \frac{1}{L} \int_{y=0}^{L} |y| \, dy \tag{1.3}$$

Onde N representa o número de pontos do sinal discreto que representa o perfil de rugosidade. O valor **RMS** (desvio médio quadrático ou "**r**oot **m**ean **s**quare" em inglês) tem sido usado como uma aproximação da medida da **rugosidade**, obtido através da multiplicação do valor **AA** por 1.2, que é o valor de conversão para **ondas senoidais**.

$$RMS = \frac{1}{N} \sqrt{\sum_{k=1}^{N} y_k^2} \tag{1.4}$$

Ou

$$RMS = \frac{1}{L} \sqrt{\int_{0}^{L} y^2 dy} \tag{1.5}$$

A **altura entre o pico mais alto e o vale mais profundo** numa determinada região do perfil superficial, conhecido como R_t, é bastante usado, particularmente na Europa, mas o mesmo não é totalmente satisfatório porque estes valores extremos variam bastante em função da região escolhida (principalmente quando o perfil de rugosidade é não-Gaussiano).

Uma média global de altura é geralmente mais representativa do que R_t . A "**altura R_t de dez pontos**" é obtida pelo cálculo da média dos cinco picos mais altos e dos cinco vales mais profundos da superfície em questão. Existe também uma variação desta medida, desenvolvida na Alemanha, conhecida como R_{tm}, que é obtida através da **média dos valores R_t para 5 (cinco) amostras consecutivas**, do mesmo comprimento. Apesar de essas medidas sejam obtidas de maneiras diferentes, é possível conseguir uma equivalência aproximada entre elas, conforme mostrado na tabela 1.1. Todos estes valores são normalmente expressos em micro polegadas (μ in).

Superfícies	R_a	Rms	10 pt CLA	"Peak-to-Valley" CLA
Torneada	1.00 a 1.04	1.10 a 1.15	4 a 5	4 a 5
Retificada	1.07 a 1.17	1.18 a 1.30	5 a 7	7 a 14
Esmerilhada	1.17 a 1.35	1.30 a 1.50	---	7 a 14
Estatisticamente Aleatória	1.12	1.25	---	8.0

TABELA 1.1 - Equivalência entre diferentes tipos de medidas de rugosidade

Outra medida importante para a caracterização da rugosidade de superfícies é o **espaçamento** entre picos e o **número de picos** por unidade de comprimento da superfície. Geralmente, a medida de picos por unidade de comprimento é feita levando-se em consideração apenas aqueles picos cujos vales adjacentes tenham uma profundidade maior que certo valor predeterminado.

Área nominal é outra medida importante para a caracterização da rugosidade de superfícies. A mesma é calculada através da soma de todos os segmentos de área que estão acima de uma linha imaginária que pode ser calculada pelo valor de uma determinada profundidade abaixo do pico mais alto ou a uma determinada altura de uma linha média nominal, conforme esquematizado na figura 1.7. A área nominal é expressa em porcentagem (%) da superfície total de deslizamento.

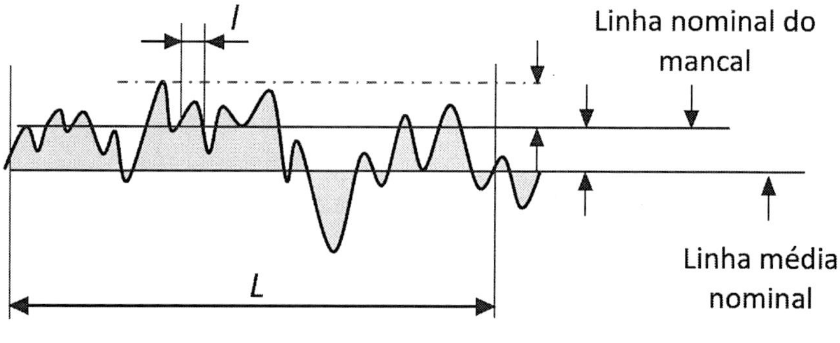

Figura 1.7 - Área nominal de uma superfície

1.4 – Modos de lubrificação

Quando existe um movimento relativo entre duas superfícies próximas entre si, pode existir atrito. O mecanismo deste atrito assume características distintas em função da rugosidade das superfícies e da distância entre elas. Para caracterizar o tipo de mecanismo que determinará o atrito, é conveniente definir uma variável adimensional (parâmetro de espessura de filme) que relaciona a distância entre as superfícies com a rugosidade das mesmas, da seguinte maneira:

$$\lambda = \frac{h}{R_a} \quad (1.6)$$

Onde: $h \equiv$ Distância entre as superfícies de deslizamento (m);
$R_a \equiv$ Rugosidade das superfícies de deslizamento (m).

A variável definida na equação (1.6) será usada posteriormente para definir o modo de lubrificação em que o mancal opera.

1.4.1 - Lubrificação marginal

As características de atrito e desgaste de superfícies lubrificadas e em contato são determinadas pelas propriedades das camadas da superfície, às vezes de proporções moleculares, e das regiões sólidas abaixo das mesmas. A viscosidade do fluido lubrificante tem pouca influência no desempenho das superfícies em contato com lubrificação marginal, e o comportamento das mesmas seguem mais ou menos as bem conhecidas leis de atrito seco ou atrito Coulômbico. Este modo de lubrificação é encontrado normalmente em dobradiças de porta e muitos elementos de deslizamento em tornos mecânicos e outros equipamentos do gênero.

$$\lambda \leq 1 \quad (1.7)$$

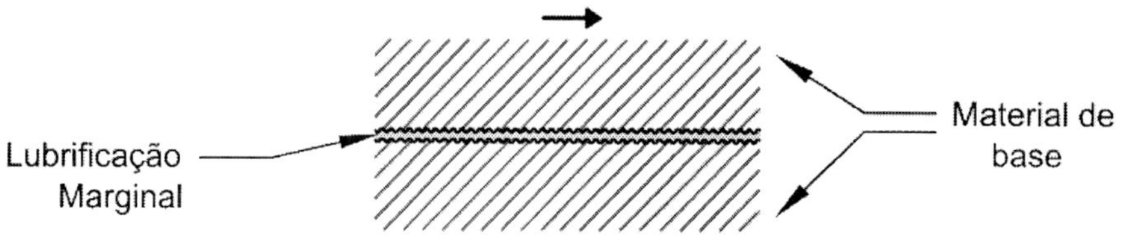

Figura 1.8 - Lubrificação marginal

A espessura da camada protetiva formada por reações físicas e químicas entre o sólido e o fluido lubrificante, aditivos ou atmosfera é geralmente pequena, em comparação com a rugosidade das superfícies. O comprimento das moléculas dos ácidos graxos, os quais são frequentemente usados como lubrificantes marginais, e a espessura dos filmes de óxidos protetores usados é frequentemente da ordem de 2 nm (10^{-7} in). Dessa maneira, tem-se que, para lubrificação marginal, o parâmetro λ anteriormente definido obedece à expressão (1.7).

1.4.2 - Lubrificação mista

É comum classificar os modos de lubrificação como marginal ou hidrodinâmico. Porém, é sabido que uma considerável proporção de mancais pode trabalhar com uma mistura de ambos os mecanismos ao mesmo tempo. Um mancal hidrodinâmico pode ter algumas regiões de suas superfícies de deslizamento muito próximas, onde interações superficiais e lubrificação marginal contribuem para o atrito total do mancal e as características de desgaste das mesmas são superpostas às das regiões de lubrificação hidrodinâmica. Além disto, é sabido que efeitos hidrodinâmicos locais entre irregularidades superficiais podem contribuir para a capacidade de carga total; um mecanismo conhecido como "lubrificação áspera".

Em lubrificação mista é necessário considerar tanto as propriedades físicas do fluido lubrificante quanto às interações químicas entre o fluido lubrificante, aditivos e as superfícies de deslizamento.

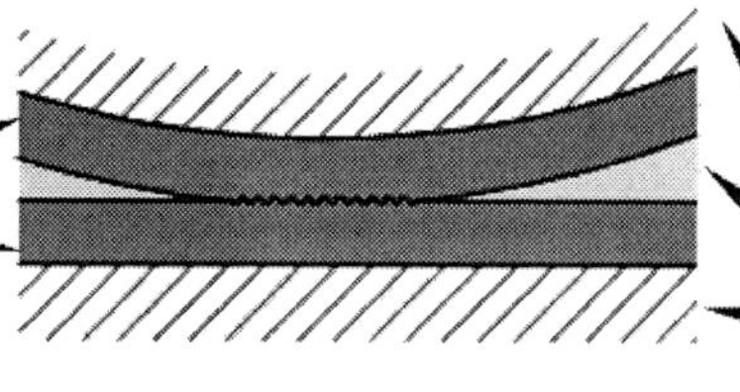

Figura 1.9 - Lubrificação mista

Este modo de lubrificação é encontrado em engrenagens, mancal de esferas (rolamento), retentores e até mesmo em mancais de deslizamento convencionais. Hoje é reconhecido que é difícil eliminar os efeitos da lubrificação hidrodinâmica em experimentos com lubrificação marginal e efeitos 'marginais' ocorrem em experimentos de lubrificação hidrodinâmica mais frequentemente do que é geralmente reconhecido. Isto indica a importância crescente do reconhecimento e estudo do regime de lubrificação mista.

Para que não haja lubrificação marginal, deve-se evitar interação das asperezas das superfícies de deslizamento e, para tanto, é necessário que a espessura de filme seja maior que a rugosidade das superfícies de deslizamento (R_a).

$$h > R_a \quad \text{ou} \quad \lambda > 1 \tag{1.8}$$

Em geral, este valor deve ser de um a cinco vezes maior que a rugosidade das superfícies, dependendo do método de manufatura das mesmas.

$$1 < \lambda < 5 \tag{1.9}$$

Existe a possibilidade de lubrificação mista sempre que a variável adimensional λ obedecer à expressão dada pela equação (1.9).

1.4.3 - Lubrificação hidrodinâmica

A melhor maneira de minimizar desgaste e danos superficiais de peças rígidas em contato e com velocidade relativa não nula é separá-las por um filme de fluido lubrificante. O lubrificante pode ser liquido ou gasoso, e a força de sustentação pode ser gerada pela velocidade relativa não nula das peças rígidas (mancais dinâmicos), ou através de uma pressurização externa (mancais estáticos). Estes conceitos serão explicados em mais detalhe posteriormente.

A principal característica deste modo de lubrificação é que as superfícies rígidas estão separadas por um filme de fluido consideravelmente mais espesso que as dimensões das irregularidades das superfícies. Neste caso, a espessura do filme do fluido é da ordem de milhares de vezes maior que o tamanho das moléculas, e pode-se assim analisá-lo através das leis da mecânica dos fluidos. A resistência devido ao atrito pode ser calculada através da tensão de cisalhamento viscoso no fluido. Neste caso a viscosidade do fluido lubrificante é a propriedade física mais importante. A densidade é importante somente para mancais com fluido lubrificante gasoso e altamente pressurizado.

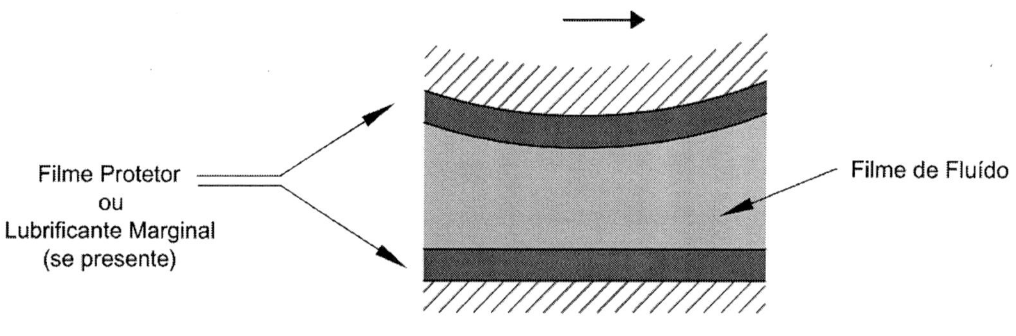

Figura 1.10 - Lubrificação hidrodinâmica

Neste modo de lubrificação assume-se que o fluido lubrificante "molha" adequadamente as superfícies de deslizamento. Para que haja uma lubrificação hidrodinâmica é necessária a ausência de qualquer interação das asperezas das superfícies, e para tanto, a espessura do filme tem que ser pelo menos de 2 (duas) a 5 (cinco) vezes maior que a rugosidade das superfícies.

$$5 \leq \lambda \leq 100 \tag{1.10}$$

É difícil estabelecer um limite superior para a espessura de filme em relação à rugosidade, uma vez que não existe um contorno físico embutido nas definições dos valores de rugosidade apresentadas anteriormente. Porém, é importante notar que espessuras de filme muito elevadas normalmente não geram muita capacidade de carga e, em aplicações práticas, estas espessuras raramente ultrapassam cem vezes o valor da rugosidade das superfícies. Lubrificação hidrodinâmica acontece sempre que $\lambda \geq 5$, assim sendo, tem-se que, para lubrificação hidrodinâmica o parâmetro λ obedece a expressão (1.10).

Capítulo 2 - Noções Básicas de Mancal

2.1 - Definição de mancal

Um mancal é um elemento de máquina normalmente usado entre duas peças rígidas. A função principal de um mancal é a de separar as peças rígidas, evitando o contato entre elas. Um mancal geralmente possui um fluido lubrificante, que é inserido entre as peças rígidas. No caso em que haja um movimento relativo entre ambas, a finalidade do mancal é, também, a de substituir o atrito seco entre as peças pelo atrito viscoso no fluido lubrificante, diminuindo assim a temperatura de funcionamento, o atrito e desgaste das superfícies das peças rígidas.

2.2 - Mancal estático (externamente pressurizado)

Em mancais estáticos, a função principal, a de separar peças rígidas em movimento relativo (ou não), é obtido através de um processo de **pressurização externa.** Neste caso a pressão interna no mancal não é produzida pelo movimento relativo (autopressurização) e existe sempre um filme de fluido pressurizado, mesmo quando as peças tiverem velocidade relativa nula. Um exemplo simples é o de um mancal radial cujo corte transversal é mostrado esquematicamente na figura 2.1.

Através da pressurização por uma bomba externa ao mancal, pode-se conseguir uma região de alta pressão na bolsa do mancal. A pressão do fluido lubrificante nas bolsas multiplicada pela área das mesmas gera uma força de sustentação que tende a separar o eixo do alojamento, mesmo quando não houver velocidade relativa entre ambos.

Devido ao fato de que não é necessário que haja velocidade relativa entre o eixo e alojamento, este tipo de mancal pode ser projetado para ser bastante rígido ("stiff"), não permitindo "grandes" deslocamentos entre as partes durante o funcionamento.

Este tipo de mancal é geralmente usado (às vezes necessário) para mecanismos de ultra precisão, tais como máquinas retificadoras de material frágil e equipamentos de "mecânica fina" em geral. Se o fluido lubrificante de um mancal estático for ar, o mesmo é denominado mancal **aerostático** e, se for líquido, o mesmo é denominado **hidrostático**.

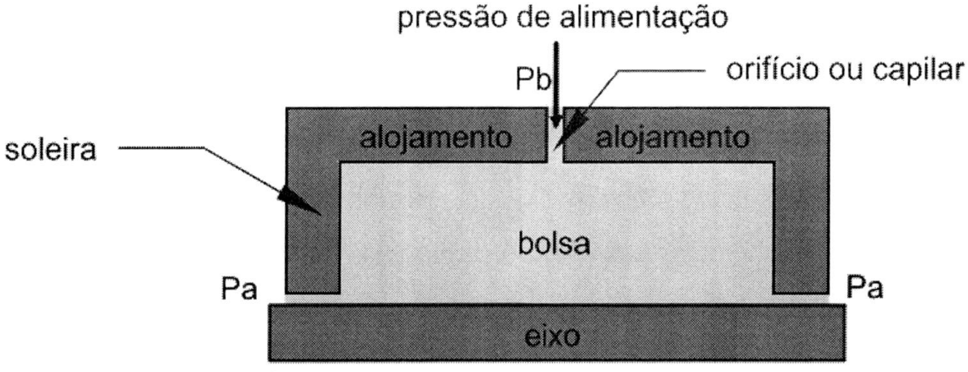

Figura 2.1 - Corte transversal de um mancal radial externamente pressurizado

2.3 - Mancal dinâmico (autopressurizável)

Um mancal dinâmico é um tipo específico de mancal, que possui a capacidade de auto pressurização, sem a necessidade de pressurização externa. Fisicamente isto ocorre devido à velocidade relativa não nula entre o eixo e o alojamento do mancal. A velocidade relativa entre essas duas partes pode causar dois fenômenos: o fenômeno "**wedge**" ou efeito cunha e o fenômeno "**squeeze**" ou efeito de prensamento do fluido lubrificante, que geram pressão interna no mesmo. Estes mecanismos serão explicados a seguir.

2.4 - Mecanismos de autopressurização

Conforme já mencionado, a autopressurização em mancais dinâmicos ocorre devido a dois fenômenos denominados "**wedge**" (ou efeito cunha), e "**squeeze**" (ou efeito de prensamento do fluido lubrificante).

2.4.1 - Efeito "wedge" (cunha)

O efeito "wedge" ou efeito cunha pode ser melhor compreendido observando-se a figura 2.2.

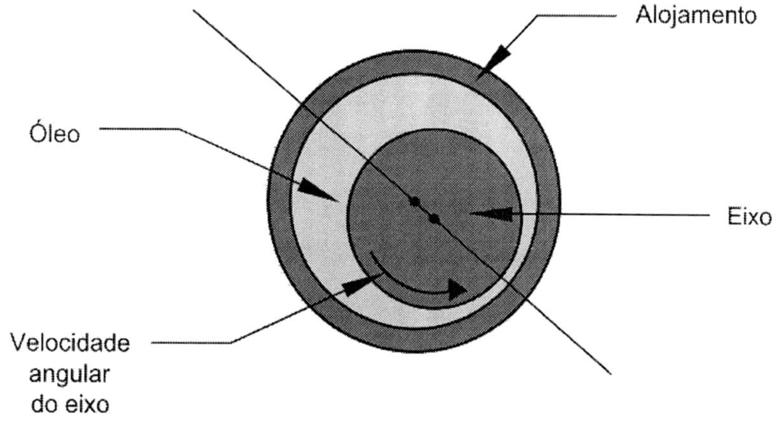

Figura 2.2 - Efeito "wegde" (cunha)

Conforme pode ser visto, devido à rotação do eixo as partículas do fluido são levadas, por arraste, de uma região de maior volume para uma região de menor volume, aumentando a densidade do fluido e consequentemente sua pressão, gerando assim um gradiente de pressão hidrodinâmica, ou uma região de alta pressão entre as superfícies de deslizamento na região de menor volume.

Esta pressão hidrodinâmica tende a separar o eixo do alojamento. Se o mancal for devidamente projetado, não haverá contato entre ambas as partes e o atrito seco que haveria entre elas é transferido para o atrito viscoso no fluido lubrificante.

2.4.2 – Efeito "squeeze" (prensamento do filme de óleo)

O efeito de prensamento do fluido pode ser melhor entendido analisando-se a figura 2.3. Se durante o funcionamento do mancal houver uma velocidade radial do eixo (V), as partículas do fluido serão prensadas entre o eixo e o alojamento, e a pressão hidrodinâmica nessa região aumenta drasticamente. A este fenômeno de autopressurização dá-se o nome de "squeeze", ou prensamento do fluido lubrificante.

Assim como no caso anterior, essa pressão hidrodinâmica gera uma força que tende a separar o eixo do alojamento. Se o mancal for devidamente projetado, não haverá contato entre ambas as partes e, assim, como no caso anterior, o atrito seco que haveria entre elas é transferido para o atrito viscoso no fluido lubrificante.

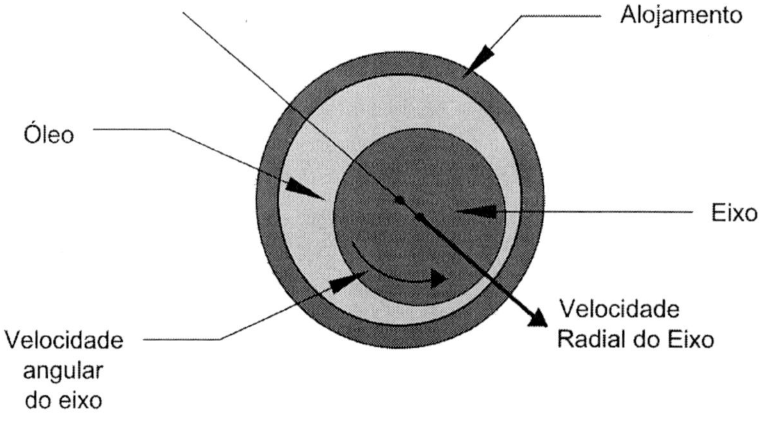

Figura 2.3 - Efeito de prensamento do fluido lubrificante

2.4.3 - Efeito conjunto de pressurização

Estes dois efeitos cunha ("wedge") e prensamento do filme de óleo ("squeeze"), obtidos isoladamente ou simultaneamente geram um campo de pressão termodinâmica que é o agente responsável pela capacidade de sustentação de carga em mancais dinâmicos. A soma das pressões pontuais obtidas por esses dois mecanismos multiplicada pela área da superfície de deslizamento (a integral da pressão com relação à área) do mancal irá gerar uma força de sustentação que tende a separar o eixo do alojamento. Se o fluido lubrificante de um mancal dinâmico for ar, o mesmo é denominado mancal **aerodinâmico** e, se for líquido, o mesmo é denominado **hidrodinâmico**.

2.5 - Tipos de mancais de deslizamento

Conforme já mencionado, um mancal hidrodinâmico é um elemento de máquina usado para separar peças rígidas, em movimento relativo, diminuindo o atrito e consequente desgaste superficial das mesmas. Neste capítulo serão abordados os diferentes tipos de mancais dinâmicos com fluido lubrificante líquido, ou mancais hidrodinâmicos.

2.5.1 - Mancais radiais

Um mancal radial é composto por um alojamento cilíndrico e um eixo em seu interior, ambos separados por um fluido lubrificante, conforme esquematizado na figura 2.4.

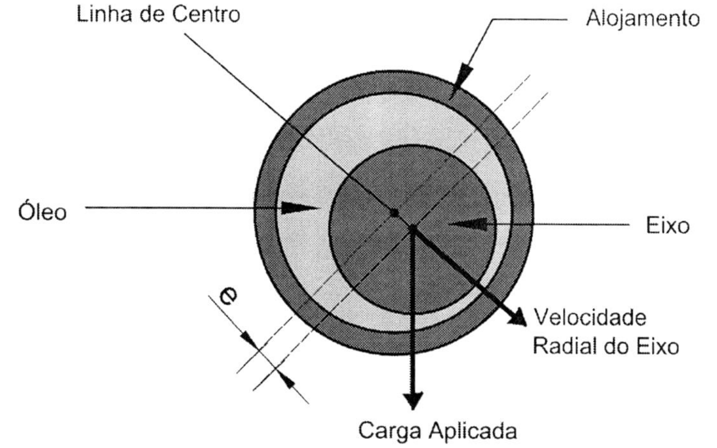

Figura 2.4 - Mancal hidrodinâmico radial

Este tipo de mancal é usado para separar peças com carga radial, ou quando existe uma carga radial aplicada a um eixo com velocidade angular relativa (ao alojamento) não nula.

2.5.2 - Mancais axiais

Um mancal axial, às vezes chamado de arruela de encosto, é composto por duas superfícies circulares, separadas por um fluido lubrificante, conforme esquematizado na figura 2.5. Este tipo de mancal é usado para separar peças com carga de contato axial.

É importante ressaltar aqui um detalhe extremamente importante com relação a este tipo de mancal. Como se trata de um mancal dinâmico (sem pressurização externa), o mesmo deve possuir um mecanismo de autopressurização, já mencionado anteriormente. **Se as duas superfícies de deslizamento forem planas, este "mancal" não terá a capacidade de gerar pressão hidrodinâmica!** Para que haja um mecanismo de autopressurização, análogo ao mancal radial, é necessário que existam regiões convergentes entre as superfícies de deslizamento. Isto pode ser obtido somente se uma das superfícies de deslizamento possuir regiões inclinadas (denominadas de sapatas), conforme mostrado na figura 2.6.

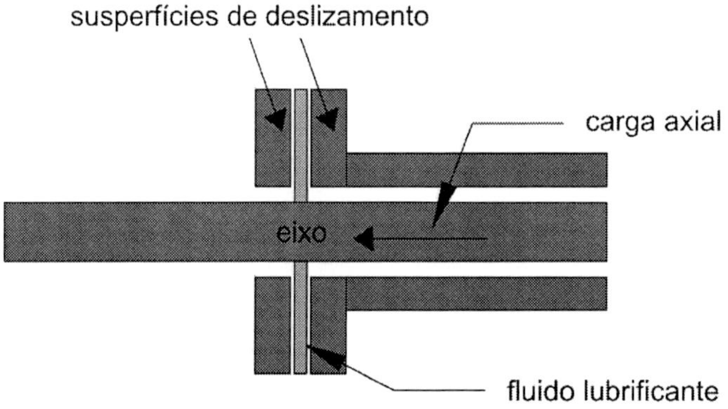

Figura 2.5 - Mancal axial

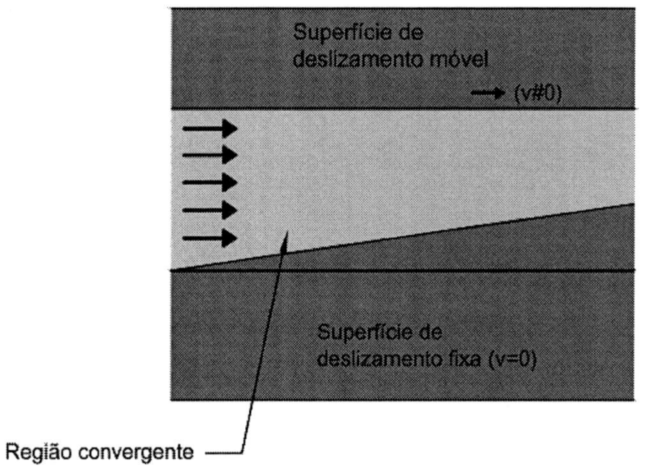

Figura 2.6 - Regiões inclinadas ou sapatas na superfície de deslizamento de mancais hidrodinâmicos axiais

Como pode ser visto pela figura 2.6, o fluido é arrastado pela superfície móvel, de uma região de maior volume para uma região de menor volume, aumentando, consequentemente, sua densidade e pressão. Ou seja, o fluido passa através de uma região convergente e isso faz com que sua pressão aumente ao longo da superfície de deslizamento. Este mecanismo é responsável pela autopressurização do fluido e consequente capacidade de sustentação hidrodinâmica do mancal.

Duas arruelas com superfícies planas e em movimento relativo não constituem necessariamente um mancal hidrodinâmico. A inserção de um fluido lubrificante entre ambas apenas diminui o coeficiente de atrito, mas, se não houver sapatas em uma das superfícies, o conjunto é normalmente chamado de arruela de encosto, e não pode, rigorosamente falando, ser denominado de mancal hidrodinâmico.

2.5.3 - Mancais mistos

Quando houver a necessidade de um mancal que tenha ambas as capacidades de carga (radial e axial), existem basicamente quatro tipos de configurações que podem ser empregadas:

A - Combinação de dois mancais separados: um radial e um axial

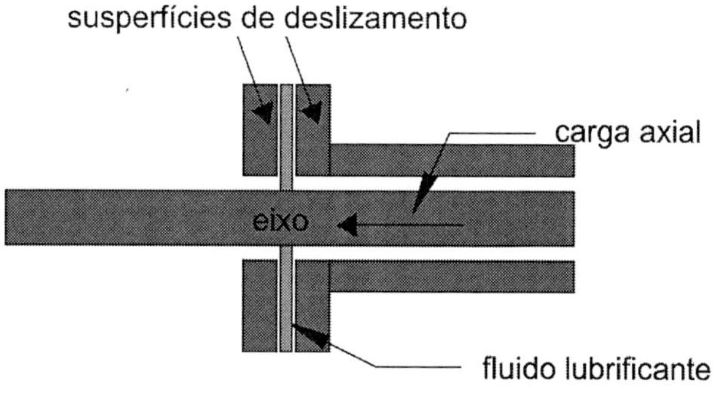

Figura 2.7 - Mancal misto

B - Mancal Cônico

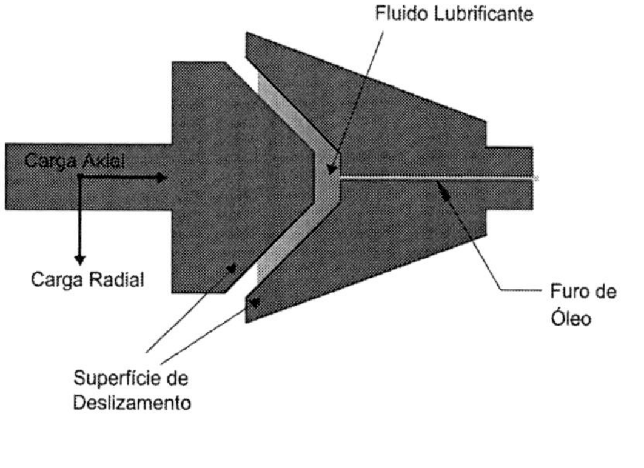

Figura 2.8 - Mancal cônico

C - Mancal Esférico

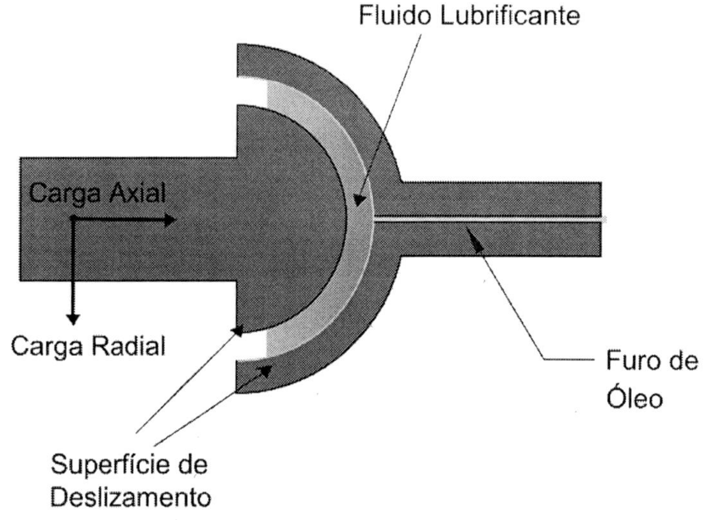

Figura 2.9 - Mancal esférico

D - Um sistema de mancal que possui ambas capacidades de carga (radial e axial) e cujas operações estejam interligadas de alguma maneira

Existe um número muito grande de combinações possíveis de geometrias e configurações que podem ser usadas. Na realidade, para cada nova aplicação específica é possível projetar um novo mancal misto, cujas interligações operacionais sejam inéditas ou não convencionais.

2.6 - Fator de excentricidade em mancais radiais

Fator de Excentricidade (ε) é um número adimensional definido pela razão da excentricidade pela folga radial.

$$\varepsilon = \frac{e}{c} \qquad 0 \leq \varepsilon \leq 1 \tag{2.1}$$

A folga radial é a distância entre a superfície do eixo e a superfície do alojamento de um mancal radial concêntrico. Em mancais radiais, a espessura do filme de fluido lubrificante varia em função do ângulo θ, que é o ângulo medido a partir da linha de centros do mancal, conforme ilustrado na figura 2.10. Usando a lei de cossenos para triângulos tem-se:

$$(R + h)^2 = (R + C)^2 + e^2 - 2e(R + C)\cos(\alpha) \tag{2.2}$$

$$\cos(\alpha) = \cos(\pi - \theta) = -\cos(-\theta) = -\cos(\theta) \tag{2.3}$$

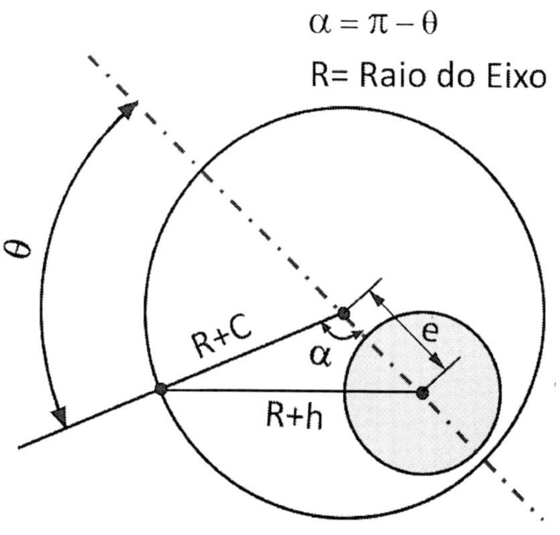

Figura 2.10 – Espessura de filme em função do ângulo θ em mancais radiais

Substituindo $\cos(\alpha)$ tem-se:

$$R^2 + 2Rh + h^2 = R^2 + 2RC + C^2 + e^2 + 2eR\cos(\theta) + 2eC\cos(\theta) \tag{2.4}$$

Desprezando h^2, C^2, e^2 e eC na equação acima, tem-se:

$$2Rh = 2RC + 2\,Re\cos(\theta) \tag{2.5}$$

Dividindo os dois lados da equação (2.5) por 2R, tem-se:

$$h = C + e\cdot\cos(\theta) = C + C\cdot\varepsilon\cdot\cos(\theta) = C\left[1 + \varepsilon\cdot\cos(\theta)\right] \tag{2.6}$$

Resultando em:

$$h(\theta) = C\left[1 + \varepsilon \cdot \cos(\theta)\right] \tag{2.7}$$

Para um mancal radial com folga radial C e fator de excentricidade ε conhecidos, a equação (2.7) fornece o valor da espessura do filme de fluido lubrificante em função do ângulo θ medido a partir da linha de centros do mancal, conforme esquematizado na figura 2.10.

Capítulo 3 – Elementos de Mecânica dos Fluidos

A equação de Reynolds é derivada a partir das equações de conservação da massa e das equações de Navier-Stokes.

Um enfoque matematicamente mais rigoroso para a dedução das equações acima é através do teorema de transporte de Reynolds, mais detalhes podem ser vistos em [R1472]. Porém, para tornar o material deste livro mais acessível, inclusive a alunos de graduação, será usado aqui um enfoque menos rigoroso, porém mais simples: o de um elemento de volume fixo no espaço. Este enfoque, apesar de menos rigoroso, é mais fácil de entender, mais intuitivo e produz as mesmas equações.

3.1 - A equação de conservação da massa em coordenadas Cartesianas

Considere um elemento de volume fixo $\Delta\forall$ com relação a um sistema fixo de coordenadas, imerso num fluido arbitrário com velocidade $\vec{V}$ onde:

$$\vec{V} = u\,\hat{\vec{i}} + v\,\hat{\vec{j}} + w\,\hat{\vec{k}}$$

$$\left|\hat{\vec{i}}\right| = \left|\hat{\vec{j}}\right| = \left|\hat{\vec{k}}\right| = 1$$

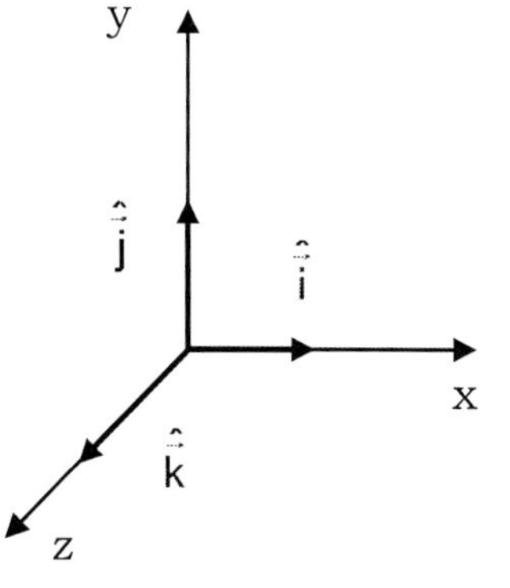

O elemento de volume $\Delta\forall$ tem arestas $\Delta x, \Delta y$ e Δz. Num intervalo de tempo Δt a variação de massa em $\Delta\forall$ é dada por:

$$\Delta M = (\dot{m}_e - \dot{m}_s)\,\Delta t \tag{3.1}$$

Onde: $\dot{m}_e$ é vazão mássica que entra em $\Delta\forall$, devido à velocidade do fluido $[\,kg/s\,]$;

$\dot{m}_s$ é a vazão mássica que deixa $\Delta\forall$, devido à velocidade do fluido $[\,kg/s\,]$.

A vazão mássica que entra no volume de controle é:

$$\dot{m}_e = (\dot{m}_x)_x + (\dot{m}_y)_y + (\dot{m}_z)_z \tag{3.2}$$

A vazão mássica que sai do volume de controle é:

$$\dot{m}_s = (\dot{m}_x)_{x+\Delta x} + (\dot{m}_y)_{y+\Delta y} + (\dot{m}_z)_{z+\Delta z} \tag{3.3}$$

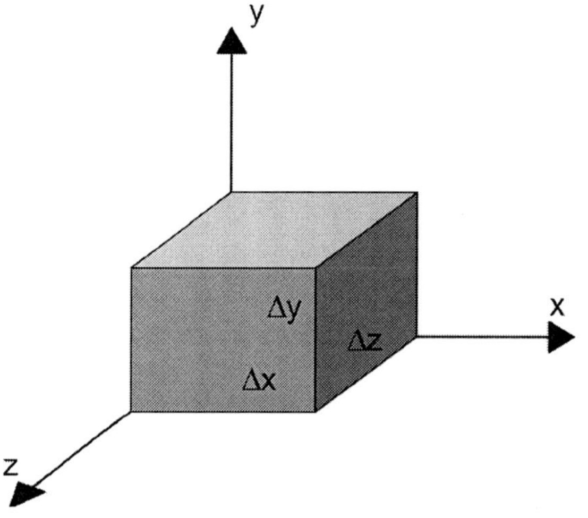

Figura 3.1 - Elemento de volume

Usando uma série de Taylor de primeira ordem para representar os termos da equação anterior, tem–se:

$$\dot{m}_s = \left[\left(\dot{m}_x + \frac{\partial \dot{m}_x}{\partial x}\Delta x\right)_x + \left(\dot{m}_y + \frac{\partial \dot{m}_y}{\partial y}\Delta y\right)_y + \left(\dot{m}_z + \frac{\partial \dot{m}_z}{\partial z}\Delta z\right)_z\right] \tag{3.4}$$

Substituindo por (3.4) e (3.2) na equação (3.1), tem-se:

$$\Delta M = \left\{ \left[(\dot{m}_x)_x - \left(\dot{m}_x + \frac{\partial \dot{m}_x}{\partial x}\Delta x\right)_x\right] + \left[(\dot{m}_y)_y - \left(\dot{m}_y + \frac{\partial \dot{m}_y}{\partial y}\Delta y\right)_y\right] + \left[(\dot{m}_z)_z - \left(\dot{m}_z + \frac{\partial \dot{m}_z}{\partial z}\Delta z\right)_z\right] \right\}\Delta t$$

E assim a variação de massa no volume de controle é dada por:

$$\Delta M = -\left[\frac{\partial \dot{m}_x}{\partial x}\Delta x + \frac{\partial \dot{m}_y}{\partial y}\Delta y + \frac{\partial \dot{m}_z}{\partial z}\Delta z\right]\Delta t \qquad (3.5)$$

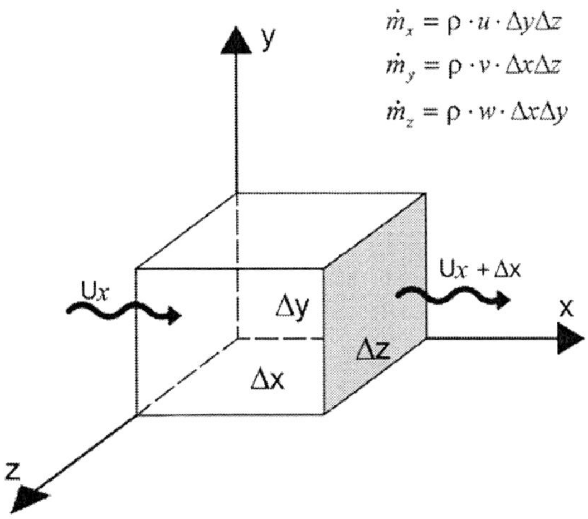

Figura 3.2 - Balanço de massa

Substituindo pelos termos anteriores na equação (3.5), tem-se:

$$\Delta M = -\left[\frac{\partial(\rho u)}{\partial x} + \frac{\partial(\rho v)}{\partial y} + \frac{\partial(\rho w)}{\partial z}\right]\Delta\forall\Delta t \qquad (3.6)$$

Onde u, v, w (veja Figura 3.3) representam as componentes do vetor velocidade do mancal em questão.

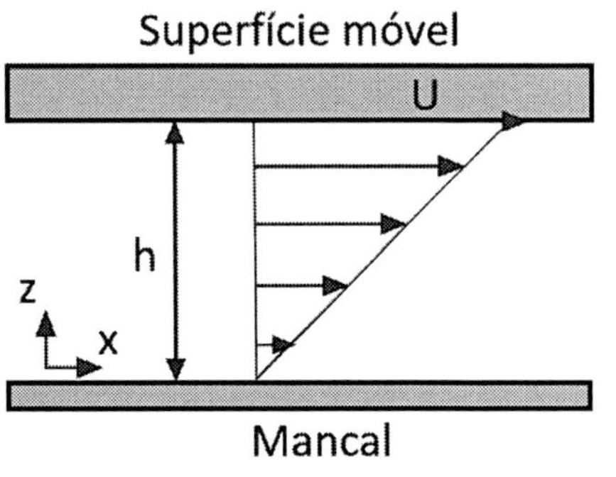

Figura 3.3 – Perfil de Velocidade Couette

Na equação anterior usou-se o fato de que Δx, Δy e Δz são constantes.

$$M = \rho\, \Delta\forall, \quad \Delta M = \rho\, \Delta(\Delta\forall) + \Delta\forall\Delta\rho$$

Substituindo pela expressão anterior em (3.6) e dividindo os dois lados da equação por $\Delta\forall\Delta t$, tem-se:

$$\frac{\Delta \rho}{\Delta t} = -\left[\frac{\partial(\rho u)}{\partial x} + \frac{\partial(\rho v)}{\partial y} + \frac{\partial(\rho w)}{\partial z}\right] \tag{3.7}$$

Aplicando-se o limite da equação (3.7) quando $\Delta t \rightarrow 0$, tem-se:

$$\frac{\partial \rho}{\partial t} = -\left[\frac{\partial(\rho u)}{\partial x} + \frac{\partial(\rho v)}{\partial y} + \frac{\partial(\rho w)}{\partial z}\right] \tag{3.8}$$

Finalmente resultando em:

$$\frac{\partial \rho}{\partial t} + \frac{\partial(\rho u)}{\partial x} + \frac{\partial(\rho v)}{\partial y} + \frac{\partial(\rho w)}{\partial z} = 0 \tag{3.9}$$

A expressão (3.9) que é a equação de conservação da massa para fluidos compressíveis e em coordenadas Cartesianas. A mesma pode também ser expressa em notação tensorial indicial:

$$\frac{\partial \rho}{\partial t} + \frac{\partial(\rho u_i)}{\partial x_i} = 0 \tag{3.10}$$

E, em notação tensorial direta:

$$\frac{\partial \rho}{\partial t} + \vec{\nabla}\cdot\left(\rho\vec{V}\right) = 0 \tag{3.11}$$

Casos particulares:

Se a densidade variar com as coordenadas espaciais mas não variar com o tempo, então tem-se:

$$\rho \neq f(t) \quad \Rightarrow \quad \frac{\partial \rho}{\partial t} = 0 \tag{3.12}$$

Neste caso a equação (3.9) passa a ser:

$$\frac{\partial(\rho u)}{\partial x} + \frac{\partial(\rho v)}{\partial y} + \frac{\partial(\rho w)}{\partial z} = 0 \tag{3.13}$$

Em notação tensorial indicial e direta, tem-se:

$$\frac{\partial(\rho u_i)}{\partial x_i} = 0 \quad ou \quad \vec{\nabla}\cdot(\rho\vec{V}) = 0 \tag{3.14}$$

Expandindo as derivadas da equação anterior tem-se:

$$\rho\frac{\partial u}{\partial x} + u\frac{\partial \rho}{\partial x} + \rho\frac{\partial v}{\partial y} + v\frac{\partial \rho}{\partial y} + \rho\frac{\partial w}{\partial z} + w\frac{\partial \rho}{\partial z} =$$

$$\rho\left[\frac{\partial u}{\partial x} + \frac{\partial v}{\partial y} + \frac{\partial w}{\partial z}\right] + \left[u\frac{\partial \rho}{\partial x} + v\frac{\partial \rho}{\partial y} + w\frac{\partial \rho}{\partial z}\right] = 0 \tag{3.15}$$

Se a densidade ρ não variar no espaço (ou com as coordenadas espaciais) tem-se:

$$\rho \neq f(x,y,z) \quad \Rightarrow \quad \frac{\partial \rho}{\partial x} = \frac{\partial \rho}{\partial y} = \frac{\partial \rho}{\partial z} = 0 \tag{3.16}$$

Substituindo pela equação (3.16) em (3.15) tem-se a equação para um fluido **incompressível**:

$$\frac{\partial u}{\partial x} + \frac{\partial v}{\partial y} + \frac{\partial w}{\partial z} = 0 \tag{3.17}$$

Em notação tensorial indicial:

$$\frac{\partial u_i}{\partial x_i} = 0 \tag{3.18}$$

e em notação tensorial direta:

$$\vec{\nabla} \cdot \vec{V} = 0 \tag{3.19}$$

Note que a expressão anterior é uma **condição necessária e suficiente** para que um fluido seja incompressível. Isto é facil de verificar; considere a equação (3.11), reproduzida abaixo:

$$\frac{\partial \rho}{\partial t} + \vec{\nabla} \cdot \left(\rho \vec{V}\right) = 0 \tag{3.20}$$

Expandindo as derivadas da equação anterior, tem-se:

$$\frac{\partial \rho}{\partial t} + \vec{\nabla} \cdot (\rho \vec{V}) = \frac{\partial \rho}{\partial t} + \vec{V} \cdot (\vec{\nabla} \rho) + \rho \vec{\nabla} \cdot \vec{V} = 0 \tag{3.21}$$

Os primeiros dois termos da equação do lado direito da expressão acima representam a derivada total da densidade em função do tempo. Assim sendo, tem-se:

$$\frac{\partial \rho}{\partial t} + \vec{\nabla} \cdot (\rho \vec{V}) = \frac{d\rho}{dt} + \rho \vec{\nabla} \cdot \vec{V} = 0 \tag{3.22}$$

Se o divergente da velocidade for nulo então a equação acima passa a ser:

$$\frac{\partial \rho}{\partial t} + \vec{\nabla} \cdot (\rho \vec{V}) = \frac{d\rho}{dt} + \rho \vec{\nabla} \cdot \vec{V} = \frac{d\rho}{dt} = 0 \tag{3.23}$$

E consequentemente:

$$\frac{d\rho}{dt} = 0 \tag{3.24}$$

E, neste caso, a densidade não varia nem com as coordenadas espaciais e nem com o tempo, o que implica que o fluido é incompressível. É importante notar aqui que divergente da velocidade, nulo é uma condição necessária e suficiente para que a densidade do fluido seja constante.

3.2 - As equações de conservação da quantidade de movimento em coordenadas cartesianas

Considere um fluido arbitrário com velocidade $\vec{V}$ dada por

$$\vec{V} = u\,\hat{i} + v\,\hat{j} + w\,\hat{k} \tag{3.25}$$

A quantidade de massa contida num elemento de volume $\Delta\forall$ é dada por $\rho\Delta\forall$. Neste caso, consideraremos um elemento de volume que não está fixo, mas tem a mesma velocidade do fluido (**Enfoque Lagrangiano**).

Somatória das forças atuantes na direção x

As forças atuantes na superfície do elemento de volume podem ser decompostas nas três direções, observando-se a figura 3.4.

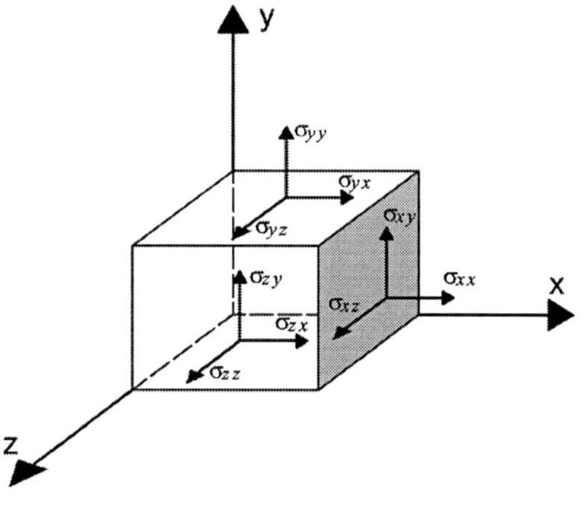

Figura 3.4 - Tensões normais e cizalhantes num elemento de volume

O componente da força na direção x é dado por:

$$f_x = \Big\{ \Big[(\sigma_{xx})_{x+\Delta x}\, \Delta y \Delta z + (\sigma_{yx})_{y+\Delta y}\, \Delta x \Delta z + (\sigma_{zy})_{z+\Delta z}\, \Delta y \Delta x \Big]$$

(3.26)

$$- \Big[(\sigma_{xx})_x\, \Delta y \Delta z + (\sigma_{yx})_y\, \Delta y \Delta z + (\sigma_{zx})_z\, \Delta y \Delta x \Big] \Big\}$$

Usando uma série de Taylor de primeira ordem para a aproximação dos valores da tensão nos pontos $x + \Delta x$, $y + \Delta y$ e $z + \Delta z$, tem-se:

$$f_x = \left[\left(\sigma_{xx} + \frac{\partial \sigma_{xx}}{\partial x} \Delta x \right)_x \Delta y \Delta z + \left(\sigma_{yx} + \frac{\partial \sigma_{yx}}{\partial y} \Delta y \right)_y \Delta x \Delta z + \left(\sigma_{zx} + \frac{\partial \sigma_{zx}}{\partial z} \Delta z \right)_z \Delta y \Delta x \right] \quad (3.27)$$

$$- \left[\left(\sigma_{xx} \right)_x \Delta y \Delta z + \left(\sigma_{yx} \right)_y \Delta x \Delta z + \left(\sigma_{zx} \right)_z \Delta y \Delta x \right]$$

Simplificando:

$$f_x = \left[\frac{\partial \sigma_{xx}}{\partial x} + \frac{\partial \sigma_{yx}}{\partial y} + \frac{\partial \sigma_{zx}}{\partial z} \right] \Delta \forall \quad (3.28)$$

A velocidade $\vec{V} = u\hat{i} + v\hat{j} + w\hat{k}$ pode ser decomposta nas três direções. Na direção x:

$$\Delta \forall\, \rho \frac{du}{dt} = f_x + \left[\frac{\partial \sigma_{xx}}{\partial x} + \frac{\partial \sigma_{yx}}{\partial y} + \frac{\partial \sigma_{zx}}{\partial z} \right] \Delta \forall \quad (3.29)$$

Dividindo os dois lados da equação anterior por $\Delta \forall$, tem-se:

$$\rho \frac{du}{dt} = f_x''' + \frac{\partial \sigma_{xx}}{\partial x} + \frac{\partial \sigma_{yx}}{\partial y} + \frac{\partial \sigma_{zx}}{\partial z} \tag{3.30}$$

Onde f_x''' é o componente x da força devido a campos externos por unidade de volume $\left(N/m^3\right)$.

Seguindo o mesmo procedimento para as outras duas direções, obtêm-se as equações de conservação da quantidade de movimento:

$$\rho \frac{du}{dt} = f_x''' + \frac{\partial \sigma_{xx}}{\partial x} + \frac{\partial \sigma_{yx}}{\partial y} + \frac{\partial \sigma_{zx}}{\partial z}$$

$$\rho \frac{dv}{dt} = f_y''' + \frac{\partial \sigma_{xy}}{\partial x} + \frac{\partial \sigma_{yy}}{\partial y} + \frac{\partial \sigma_{zy}}{\partial z} \tag{3.33}$$

$$\rho \frac{dw}{dt} = f_z''' + \frac{\partial \sigma_{xz}}{\partial x} + \frac{\partial \sigma_{yz}}{\partial y} + \frac{\partial \sigma_{zz}}{\partial z}$$

Em notação tensorial indicial:

$$\rho \frac{du_j}{dt} = f_j''' + \frac{\partial \sigma_{ij}}{\partial x_i} \tag{3.34}$$

Ou em notação tensorial direta:

$$\rho \frac{d\vec{V}}{dt} = \vec{f}''' + \vec{\nabla} \cdot \bar{\bar{\sigma}} \tag{3.35}$$

3.3 - As equações de Navier–Stokes em coordenadas cartesianas

O tensor de tensões internas para um fluido Newtoniano, com a hipótese de Stokes:

$$\left(\lambda = -\frac{2}{3}\mu\right)$$

É dado por:

$$\sigma_{ij} = -p\,\delta_{ij} + \mu\left(\frac{\partial u_i}{\partial x_j} + \frac{\partial u_j}{\partial x_i}\right) - \frac{2}{3}\mu\,\delta_{ij}\frac{\partial u_k}{\partial x_k} \tag{3.36}$$

Que pode ser expresso em notação tensorial direta:

$$\bar{\bar{\sigma}} = \rho\bar{\bar{I}} + 2\mu\bar{\bar{D}} - \frac{2}{3}\mu\,\mathrm{tr}(\bar{\bar{I}}) \tag{3.37}$$

Onde:

$$\bar{\bar{D}} = \frac{1}{2}\left(\bar{\bar{L}} + \bar{\bar{L}}^T\right)$$

$$\bar{\bar{L}} = \underbrace{\frac{1}{2}\left(\bar{\bar{L}} + \bar{\bar{L}}^T\right)}_{\bar{\bar{D}}} + \underbrace{\frac{1}{2}\left(\bar{\bar{L}} - \bar{\bar{L}}^T\right)}_{\bar{\bar{W}}} \tag{3.38}$$

$$\sigma_{xx} = -p + \mu\left(\frac{\partial u}{\partial x} + \frac{\partial u}{\partial x}\right) - \frac{2}{3}\mu\left(\frac{\partial u}{\partial x} + \frac{\partial v}{\partial y} + \frac{\partial w}{\partial z}\right) \tag{3.39}$$

$$\sigma_{yx} = \mu\left(\frac{\partial v}{\partial x} + \frac{\partial u}{\partial y}\right); \quad \sigma_{zx} = \mu\left(\frac{\partial w}{\partial x} + \frac{\partial u}{\partial z}\right) \tag{3.40}$$

$$\sigma_{xy} = \mu\left(\frac{\partial u}{\partial y} + \frac{\partial v}{\partial x}\right); \quad \sigma_{zy} = \mu\left(\frac{\partial w}{\partial y} + \frac{\partial v}{\partial z}\right) \tag{3.41}$$

$$\sigma_{yy} = -p + \mu\left(\frac{\partial v}{\partial y} + \frac{\partial v}{\partial y}\right) - \frac{2}{3}\mu\left(\frac{\partial u}{\partial x} + \frac{\partial v}{\partial y} + \frac{\partial w}{\partial z}\right) \qquad (3.42)$$

$$\sigma_{xz} = \mu\left(\frac{\partial u}{\partial z} + \frac{\partial w}{\partial x}\right); \quad \sigma_{yz} = \mu\left(\frac{\partial v}{\partial z} + \frac{\partial w}{\partial y}\right) \qquad (3.43)$$

$$\sigma_{zz} = -p + \mu\left(\frac{\partial w}{\partial z} + \frac{\partial w}{\partial z}\right) - \frac{2}{3}\mu\left(\frac{\partial u}{\partial x} + \frac{\partial v}{\partial y} + \frac{\partial w}{\partial z}\right) \qquad (3.44)$$

O tensor de tensões internas $\overline{\overline{\sigma}}$ para um fluido Newtoniano é dado por:

$$\overline{\overline{\sigma}} = \begin{pmatrix} \sigma_{xx} & \sigma_{xy} & \sigma_{xz} \\ \sigma_{yx} & \sigma_{yy} & \sigma_{yz} \\ \sigma_{zx} & \sigma_{zy} & \sigma_{zz} \end{pmatrix} \qquad (3.45)$$

Os elementos do tensor acima podem ser expressos em notação tensorial indicial:

$$\sigma_{ij} = -p\,\delta_{ij} + \mu\left(\frac{\partial u_j}{\partial x_i} + \frac{\partial u_i}{\partial x_j}\right) + \lambda\,\delta_{ij}\frac{\partial u_k}{\partial x_k} \qquad (3.46)$$

e em notação tensorial direta:

$$\overline{\overline{\sigma}} = -p\overline{\overline{I}} + 2\mu\overline{\overline{D}} + \lambda\,\mathrm{tr}(\overline{\overline{D}})\overline{\overline{I}} \qquad (3.47)$$

Expandindo os termos do tensor e expressando-o na forma convencional ou forma matricial, sem usar notação tensorial, tem-se:

$$\bar{\bar{\sigma}} = \begin{bmatrix} \left(-p+2\mu\dfrac{\partial u}{\partial x}+\lambda\theta\right) & \mu\left(\dfrac{\partial u}{\partial y}+\dfrac{\partial v}{\partial x}\right) & \mu\left(\dfrac{\partial u}{\partial z}+\dfrac{\partial w}{\partial x}\right) \\ \mu\left(\dfrac{\partial v}{\partial x}+\dfrac{\partial u}{\partial y}\right) & \left(-p+2\mu\dfrac{\partial v}{\partial y}+\lambda\theta\right) & \mu\left(\dfrac{\partial v}{\partial z}+\dfrac{\partial w}{\partial y}\right) \\ \mu\left(\dfrac{\partial w}{\partial x}+\dfrac{\partial u}{\partial z}\right) & \mu\left(\dfrac{\partial w}{\partial y}+\dfrac{\partial v}{\partial z}\right) & \left(-p+2\mu\dfrac{\partial w}{\partial z}+\lambda\theta\right) \end{bmatrix} \tag{3.48}$$

onde:

$$\theta = \frac{\partial u}{\partial x}+\frac{\partial v}{\partial y}+\frac{\partial w}{\partial z} = \vec{\nabla}\cdot\vec{V} = \frac{\partial u_k}{\partial x_k} \tag{3.49}$$

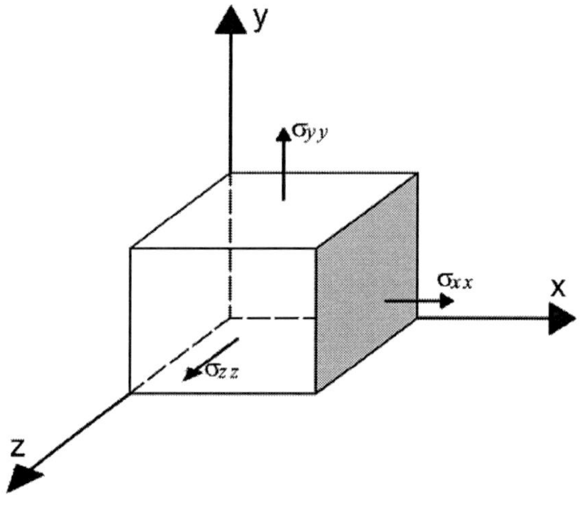

Figura 3.4 - Tensões normais num elemento de volume

Seja $\overline{p}$ a pressão mecânica média que atua no elemento do fluido

$$\overline{p} = -\frac{1}{3}\left(\sigma_{xx} + \sigma_{yy} + \sigma_{zz}\right) \tag{3.50}$$

O sinal negativo na equação (3.50) é devido ao fato de que a pressão hidrodinâmica (ou termodinâmica) exerce uma tensão compressiva no fluido, e, portanto, de acordo com a convenção para sinais de tensão a mesma é negativa. Usando os termos

σ_{xx}, σ_{yy} e σ_{zz}

Definidos anteriormente e substituindo na equação anterior tem-se:

$$\overline{p} = -\frac{1}{3}\left[-3p + 2\mu\underbrace{\left(\frac{\partial u}{\partial x} + \frac{\partial v}{\partial y} + \frac{\partial w}{\partial z}\right)}_{\theta} + 3\lambda\theta\right] \tag{3.51}$$

$$\overline{p} = p - \frac{2}{3}\mu\,\theta - \lambda\theta \quad \Rightarrow \quad \overline{p} = p - \theta\left(\mu + \frac{2\lambda}{3}\right) \tag{3.52}$$

De acordo com a equação anterior pode-se notar que para que a pressão média $\overline{p}$ seja igual à pressão a p é necessário que:

$$\frac{2\mu}{3} + \lambda = 0 \quad \Rightarrow \quad \lambda = -\frac{2}{3}\mu \tag{3.53}$$

onde λ é o segundo coeficiente de viscosidade. Esta condição é chamada de **hipótese** de Stokes.

As equações de conservação da quantidade de movimento podem ser expressas em notação tensorial direta:

$$\rho\frac{d\vec{V}}{dt} = \vec{f}''' + \vec{\nabla}\cdot\overline{\overline{\sigma}} \tag{3.54}$$

e em notação tensorial indicial:

$$\rho\frac{du_j}{dt} = f_j''' + \frac{\partial\sigma_{ij}}{\partial x_i} \tag{3.55}$$

Expandindo as derivadas da equação anterior, tem-se:

$$\rho \frac{d\,u}{d\,t} = f_x''' + \frac{\partial\, \sigma_{xx}}{\partial\, x} + \frac{\partial\, \sigma_{xy}}{\partial\, y} + \frac{\partial\, \sigma_{xz}}{\partial\, z}$$

$$\rho \frac{d\,v}{d\,t} = f_y''' + \frac{\partial\, \sigma_{yx}}{\partial\, x} + \frac{\partial\, \sigma_{yy}}{\partial\, y} + \frac{\partial\, \sigma_{yz}}{\partial\, z} \qquad (3.56)$$

$$\rho \frac{d\,w}{d\,t} = f_z''' + \frac{\partial\, \sigma_{zx}}{\partial\, x} + \frac{\partial\, \sigma_{zy}}{\partial\, y} + \frac{\partial\, \sigma_{zz}}{\partial\, z}$$

Os componentes do tensor de tensões internas são dados a seguir:

$$\sigma_{xx} = -p + 2\mu \frac{\partial\, u}{\partial\, x} - \frac{2}{3}\mu\,\theta$$

$$\sigma_{xy} = \mu\left(\frac{\partial\, u}{\partial\, y} + \frac{\partial\, v}{\partial\, x}\right) \qquad (3.57)$$

$$\sigma_{xz} = \mu\left(\frac{\partial\, u}{\partial\, z} + \frac{\partial\, w}{\partial\, x}\right)$$

Substituindo pelas expressões da equação (3.57) na equação (3.56) e fazendo uso da propriedade de simetria do tensor de tensões internas:

$$\sigma_{xy} = \sigma_{yx}; \qquad \sigma_{xz} = \sigma_{zx}; \qquad \sigma_{yz} = \sigma_{zy} \qquad (3.58)$$

tem-se:

$$\rho \frac{d u}{d t} = f_x''' - \frac{\partial p}{\partial x} + \frac{\partial}{\partial x}\left[2\mu \frac{\partial u}{\partial x} - \frac{2}{3}\mu\,\theta\right] +$$

$$\frac{\partial}{\partial y}\left[\mu\left(\frac{\partial u}{\partial y} + \frac{\partial v}{\partial x}\right)\right] + \frac{\partial}{\partial z}\left[\mu\left(\frac{\partial u}{\partial z} + \frac{\partial w}{\partial x}\right)\right] \tag{3.59}$$

$$\rho \frac{d v}{d t} = f_y''' - \frac{\partial p}{\partial y} + \frac{\partial}{\partial x}\left[\mu\left(\frac{\partial v}{\partial x} + \frac{\partial u}{\partial y}\right)\right] +$$

$$\frac{\partial}{\partial y}\left[2\mu \frac{\partial v}{\partial y} - \frac{2}{3}\mu\,\theta\right] + \frac{\partial}{\partial z}\left[\mu\left(\frac{\partial u}{\partial y} + \frac{\partial v}{\partial z}\right)\right] \tag{3.60}$$

$$\rho \frac{d w}{d t} = f_z''' - \frac{\partial p}{\partial z} + \frac{\partial}{\partial x}\left[\mu\left(\frac{\partial w}{\partial x} + \frac{\partial u}{\partial z}\right)\right] +$$

$$\frac{\partial}{\partial y}\left[\mu\left(\frac{\partial w}{\partial y} + \frac{\partial v}{\partial z}\right)\right] + \frac{\partial}{\partial z}\left[2\mu \frac{\partial w}{\partial z} - \frac{2}{3}\mu\,\theta\right] \tag{3.61}$$

As equações (3.59), (3.60) e (3.61) são as equações de Navier-Stokes, em coordenadas cartesianas, para um fluido Newtoniano com viscosidade e densidade variável em termos de gradiente de velocidade.

3.4 - Casos particulares das equações de Navier-Stokes em coordenadas cartesianas

- **Fluido compressível e viscosidade constante.**

Neste caso a viscosidade não varia com as coordenadas espaciais, ou seja:

$$\mu \neq f(x, y, z) \tag{3.62}$$

Neste caso tem-se:

$$\rho \frac{du}{dt} = f_x''' - \frac{\partial p}{\partial x} + \mu \frac{\partial}{\partial x}\left[2\frac{\partial u}{\partial x} - \frac{2}{3}\theta\right] + \mu \frac{\partial}{\partial y}\left[\left(\frac{\partial u}{\partial y} + \frac{\partial v}{\partial x}\right)\right] + \mu \frac{\partial}{\partial z}\left[\left(\frac{\partial u}{\partial z} + \frac{\partial w}{\partial x}\right)\right] \tag{3.63}$$

$$\rho \frac{dv}{dt} = f_y''' - \frac{\partial p}{\partial y} + \mu \frac{\partial}{\partial x}\left[\left(\frac{\partial v}{\partial x} + \frac{\partial u}{\partial y}\right)\right] + \mu \frac{\partial}{\partial y}\left[2\frac{\partial v}{\partial y} - \frac{2}{3}\theta\right] + \mu \frac{\partial}{\partial z}\left[\left(\frac{\partial u}{\partial y} + \frac{\partial v}{\partial z}\right)\right] \tag{3.64}$$

$$\rho \frac{dw}{dt} = f_z''' - \frac{\partial p}{\partial z} + \mu \frac{\partial}{\partial x}\left[\left(\frac{\partial w}{\partial x} + \frac{\partial u}{\partial z}\right)\right] + \mu \frac{\partial}{\partial y}\left[\left(\frac{\partial u}{\partial y} + \frac{\partial v}{\partial z}\right)\right] + \mu \frac{\partial}{\partial z}\left[2\frac{\partial w}{\partial z} - \frac{2}{3}\theta\right] \tag{3.65}$$

Em notação tensorial direta, tem-se:

$$\rho \frac{d\vec{V}}{dt} = \vec{f}''' - \vec{\nabla} p + \frac{\mu}{3}\vec{\nabla}\theta + \mu\nabla^2\vec{V} \tag{3.66}$$

onde ∇^2 é o operador Laplaciano e θ é o divergente da velocidade do fluido, ou seja:

$$\nabla^2 = \left(\frac{\partial^2}{\partial x^2} + \frac{\partial^2}{\partial y^2} + \frac{\partial^2}{\partial z^2} \right) \tag{3.67}$$

$$\theta = \vec{\nabla} \cdot \vec{V} = \frac{\partial u_k}{\partial x_k} = \left(\frac{\partial u}{\partial x} + \frac{\partial v}{\partial y} + \frac{\partial w}{\partial z} \right) \tag{3.68}$$

- **Fluido incompressível e viscosidade constante.**

Neste caso tem-se:

$$\vec{\nabla} \cdot \vec{V} = \frac{\partial u_k}{\partial x_k} = \theta = 0 \tag{3.69}$$

Substituindo pela equação (3.68) na equação (3.66), tem-se:

$$\rho \frac{d\vec{V}}{dt} = \vec{f}''' - \vec{\nabla} p + \mu \nabla^2 \vec{V} \tag{3.70}$$

Expandindo as derivadas da equação anterior, tem-se:

$$\rho \frac{du}{dt} = f_x''' - \frac{\partial p}{\partial x} + \mu \left(\frac{\partial^2 u}{\partial x^2} + \frac{\partial^2 u}{\partial y^2} + \frac{\partial^2 u}{\partial z^2} \right) \tag{3.71}$$

$$\rho \frac{dv}{dt} = f_y''' - \frac{\partial p}{\partial y} + \mu \left(\frac{\partial^2 v}{\partial x^2} + \frac{\partial^2 v}{\partial y^2} + \frac{\partial^2 v}{\partial z^2} \right) \tag{3.72}$$

$$\rho \frac{dw}{dt} = f_z''' - \frac{\partial p}{\partial z} + \mu \left(\frac{\partial^2 w}{\partial x^2} + \frac{\partial^2 w}{\partial y^2} + \frac{\partial^2 w}{\partial z^2} \right) \tag{3.73}$$

- **Fluido incompressível e viscosidade variável.**

Neste caso, tem-se:

$$\mu = f(x,y,z) \quad \text{e} \quad \vec{\nabla}\cdot\vec{V} = \frac{\partial u_k}{\partial x_k} = \theta = 0 \tag{3.74}$$

Substituindo pela equação (3.74) nas equações (3.71), (3.72) e (3.73), tem-se:

$$\rho\frac{du}{dt} = f_x''' - \frac{\partial p}{\partial x} + \frac{\partial}{\partial x}\left[2\mu\frac{\partial u}{\partial x}\right] + \frac{\partial}{\partial y}\left[\mu\left(\frac{\partial u}{\partial y} + \frac{\partial v}{\partial x}\right)\right] + \frac{\partial}{\partial z}\left[\mu\left(\frac{\partial u}{\partial z} + \frac{\partial w}{\partial x}\right)\right] \tag{3.75}$$

$$\rho\frac{dv}{dt} = f_y''' - \frac{\partial p}{\partial y} + \frac{\partial}{\partial x}\left[\mu\left(\frac{\partial v}{\partial x} + \frac{\partial u}{\partial y}\right)\right] + \frac{\partial}{\partial y}\left[2\mu\frac{\partial v}{\partial y}\right] + \frac{\partial}{\partial z}\left[\mu\left(\frac{\partial u}{\partial y} + \frac{\partial v}{\partial z}\right)\right] \tag{3.76}$$

$$\rho\frac{dw}{dt} = f_z''' - \frac{\partial p}{\partial z} + \frac{\partial}{\partial x}\left[\mu\left(\frac{\partial w}{\partial x} + \frac{\partial u}{\partial z}\right)\right] + \frac{\partial}{\partial y}\left[\mu\left(\frac{\partial u}{\partial y} + \frac{\partial v}{\partial z}\right)\right] + \frac{\partial}{\partial z}\left[2\mu\frac{\partial w}{\partial z}\right] \tag{3.77}$$

As equações (3.75), (3.76) e (3.77) são as equações de Navier-Stokes para um fluido incompressível e viscosidade variável.

3.5 – A equação de conservação da massa e as equações de Navier-Stokes em coordenadas cilíndricas

A dedução das equações de conservação da massa e as equações de Navier-Stokes pode ser feita da mesma maneira que no caso de coordenadas cartesianas. Uma outra maneira de se obter estas equações em coordenadas cilíndricas é fazendo uso de técnicas de transformação de coordenadas [02]. As mesmas podem também ser encontradas em [03]. Estas equações são reproduzidas a seguir:

Conservação da massa

$$\frac{\partial \rho}{\partial t} + \frac{1}{r}\frac{\partial}{\partial r}(\rho r V_r) + \frac{1}{r}\frac{\partial}{\partial \theta}(\rho V_\theta) + \frac{\partial}{\partial z}(\rho V_z) = 0 \tag{3.78}$$

que também pode ser expressa da seguinte maneira:

$$\frac{\partial \rho}{\partial t} + \rho\left[\frac{1}{r}\frac{\partial (r V_r)}{\partial r} + \frac{1}{r}\frac{\partial V_\theta}{\partial \theta} + \frac{\partial V_z}{\partial z}\right] + v_r\frac{\partial \rho}{\partial r} + \frac{v_\theta}{r}\frac{\partial \rho}{\partial \theta} + v_z\frac{\partial \rho}{\partial z} = 0 \tag{3.79}$$

Se o fluido for incompressível, então, conforme mencionado anteriormente, o divergente da velocidade deve ser nulo. Lembre-se de que esta é uma condição suficiente e necessária para que o fluido seja incompressível. Neste caso tem-se:

$$\nabla \cdot \vec{V} = \left[\frac{1}{r}\frac{\partial (r V_r)}{\partial r} + \frac{1}{r}\frac{\partial V_\theta}{\partial \theta} + \frac{\partial V_z}{\partial z}\right] = 0 \tag{3.80}$$

As equações de Navier-Stokes para um fluido incompressível e coordenadas cilíndricas são:

Componente na direção r:

$$\rho\left(\frac{\partial V_r}{\partial t} + V_r\frac{\partial V_r}{\partial r} + \frac{V_\theta}{r}\frac{\partial V_r}{\partial \theta} - \frac{V_\theta^2}{r} + V_z\frac{\partial V_r}{\partial z}\right) = -\frac{\partial p}{\partial r}$$

(3.81)

$$+\mu\left[\frac{\partial}{\partial r}\left(\frac{1}{r}\frac{\partial (rV_r)}{\partial r}\right) + \frac{1}{r^2}\frac{\partial^2 V_r}{\partial \theta^2} - \frac{2}{r^2}\frac{\partial V_\theta}{\partial \theta} + \frac{\partial^2 V_r}{\partial z^2}\right] + \rho * f_r'''$$

Componente na direção θ:

$$\rho\left(\frac{\partial V_\theta}{\partial t} + v_r\frac{\partial V_\theta}{\partial r} + \frac{v_\theta}{r}\frac{\partial V_\theta}{\partial \theta} - \frac{V_r * V_\theta}{r} + v_z\frac{\partial V_\theta}{\partial z}\right) = -\frac{1}{r}\frac{\partial p}{\partial \theta} +$$

(3.82)

$$\mu\left[\frac{\partial}{\partial r}\left(\frac{1}{r}\frac{\partial (rV_\theta)}{\partial r}\right) + \frac{1}{r^2}\frac{\partial^2 V_\theta}{\partial \theta^2} + \frac{2}{r^2}\frac{\partial V_r}{\partial \theta} + \frac{\partial^2 V_\theta}{\partial z^2}\right] + \rho * f_\theta'''$$

Componente na direção z:

$$\rho\left(\frac{\partial V_z}{\partial t} + v_r\frac{\partial V_z}{\partial r} + \frac{v_\theta}{r}\frac{\partial V_z}{\partial \theta} + v_z\frac{\partial V_z}{\partial z}\right) = -\frac{\partial p}{\partial \theta} +$$

$$\mu\left[\frac{1}{r}\frac{\partial}{\partial r}\left(r\frac{\partial V_z}{\partial r}\right) + \frac{1}{r^2}\frac{\partial^2 V_z}{\partial \theta^2} + \frac{\partial^2 V_z}{\partial z^2}\right] + \rho f_z$$ (3.83)

As equações anteriores podem ser expressas da seguinte maneira:

Componente r

$$\rho\left(\frac{d\,V_r}{d\,t}-\frac{V_\theta^2}{r}\right)=-\frac{\partial\,p}{\partial\,r}+$$

$$\mu\left[\frac{\partial}{\partial\,r}\left(\frac{1}{r}\frac{\partial\,(rV_r)}{\partial\,r}\right)+\frac{1}{r^2}\frac{\partial^2 V_r}{\partial\,\theta^2}-\frac{2}{r^2}\frac{\partial\,V_\theta}{\partial\,\theta}+\frac{\partial^2 V_r}{\partial\,z^2}\right]+\rho\,f_r''' \tag{3.84}$$

Onde:

$$\frac{d\,V_r}{d\,t}=\frac{\partial\,V_r}{\partial\,t}+V_r\frac{\partial\,V_r}{\partial\,r}+\frac{V_\theta}{r}\frac{\partial\,V_r}{\partial\,\theta}+v_z\frac{\partial\,V_r}{\partial\,z} \tag{3.85}$$

Componente θ:

$$\rho\left(\frac{d\,V_\theta}{d\,t}+\frac{V_r\,V_\theta}{r}\right)=-\frac{1}{r}\frac{\partial\,p}{\partial\,\theta}+$$

$$\mu\left[\frac{\partial}{\partial\,r}\left(\frac{1}{r}\frac{\partial\,(rV_\theta)}{\partial\,r}\right)+\frac{1}{r^2}\frac{\partial^2 V_\theta}{\partial\,\theta^2}+\frac{2}{r^2}\frac{\partial\,V_r}{\partial\,\theta}+\frac{\partial^2 V_\theta}{\partial\,z^2}\right]+\rho\,f_\theta''' \tag{3.86}$$

Onde:

$$\frac{d\,V_\theta}{d\,t}=\frac{\partial\,V_\theta}{\partial\,t}+v_r\frac{\partial\,V_\theta}{\partial\,r}+\frac{V_\theta}{r}\frac{\partial\,V_\theta}{\partial\,\theta}+v_z\frac{\partial\,V_\theta}{\partial\,z} \tag{3.87}$$

Componente z:

$$\rho \frac{dV_z}{dt} = -\frac{\partial p}{\partial z} +$$

$$\mu \left[\frac{1}{r} \frac{\partial}{\partial r} \left(r \frac{\partial V_z}{\partial r} \right) + \frac{1}{r^2} \frac{\partial^2 V_z}{\partial \theta^2} + \frac{\partial^2 V_z}{\partial z^2} \right] + \rho f_z''' \tag{3.88}$$

Onde:

$$\frac{dV_z}{dt} = \frac{\partial V_z}{\partial t} + V_r \frac{\partial V_z}{\partial r} + \frac{V_\theta}{r} \frac{\partial V_z}{\partial \theta} + V_z \frac{\partial V_z}{\partial z} \tag{3.89}$$

O termo

$$\rho \frac{V_\theta^2}{r} \tag{3.90}$$

é a força centrípeta. A mesma representa a força efetiva na direção r devido ao movimento do fluido no sentido azimutal (θ). É curioso notar que este termo não precisa ser adicionado às equações anteriores baseando-se em argumentos físicos, pois o mesmo aparece automaticamente ao se fazer a transformação do sistema de coordenadas cartesianas para cilíndricas.

O termo

$$\rho \frac{V_r V_\theta}{r} \tag{3.91}$$

é a força de Coriolis. A mesma é uma força na direção r, às vezes denominada, também de força fictícia. Esta força aparece sempre que houver escoamento em ambas as direções θ e r. Analogamente à força centrífuga, este termo aparece automaticamente ao se fazer a transformação do sistema de coordenadas cartesianas para cilíndricas.

Capítulo 4 – Elementos de Métodos Numéricos

Neste capítulo serão apresentadas algumas técnicas de métodos numéricos que serão usadas posteriormente, neste livro, para a solução de equações que irão surgir no desenvolvimento dos vários temas relacionados com lubrificação e mancais hidrodinâmicos.

4.1 – Solução numérica de sistemas lineares

Um sistema linear de ordem n é um conjunto de equações lineares dado por:

$$\begin{array}{ccccccccc} a_{11}x_1 & + & a_{12}x_2 & + & \cdots & + & a_{1n}x_n & = & b_1 \\ a_{21}x_1 & + & a_{22}x_2 & + & \cdots & + & a_{2n}x_n & = & b_2 \\ \cdot & & & & & & \cdot & & \cdot \\ \cdot & & & & & & \cdot & & \cdot \\ \cdot & & & & & & \cdot & & \cdot \\ a_{n1}x_1 & + & a_{n2}x_2 & + & \cdots & + & a_{nn}x_n & = & b_n \end{array} \tag{4.1}$$

Que pode ser representado matricialmente por:

$$\tilde{A}\vec{x} = \vec{b} \tag{4.2}$$

Onde $\widetilde{A}$ é a matriz dos coeficientes:

$$\widetilde{A} = \begin{bmatrix} a_{11} & a_{12} & a_{13} & \ldots & a_{1n} \\ \cdot & & & & \\ \cdot & & & & \\ \cdot & & & & \\ \cdot & & & & \\ a_{n1} & a_{n2} & a_{n3} & \ldots & a_{nn} \end{bmatrix} \tag{4.3}$$

$\vec{x} = \begin{bmatrix} x_{1,} & x_2, & \cdots x_n \end{bmatrix}^T$ é o vetor das incógnitas e $\vec{b} = \begin{bmatrix} b_{1,} & b_2 & \cdots & b_n \end{bmatrix}^T$ é o vetor dos termos independentes

Considere um sistema linear de ordem 2 dado por:

$$x_1 + x_2 = 2 \tag{4.4}$$

$$-x_1 + 2x_2 = 1 \tag{4.5}$$

Somando as duas equações acima, tem-se $3x_2 = 3$, e consequentemente $x_2 = 1$. Substituindo o valor de x_2 em qualquer uma das equações acima, obtém-se $x_1 = 1$. Assim sendo, tem-se que a solução desse sistema é dada por

$$\vec{x} = \begin{bmatrix} 1 \\ 1 \end{bmatrix} = [1, 1]^T \tag{4.6}$$

Da equação (4.4) tem-se:

$$x_2 = 2 - x_1 \tag{4.7}$$

Da equação (4.5) tem-se:

$$x_2 = \frac{1}{2}(1 + x_1) \tag{4.8}$$

Plotando o gráfico das equações (4.7) e (4.8) no R^2, tem-se:

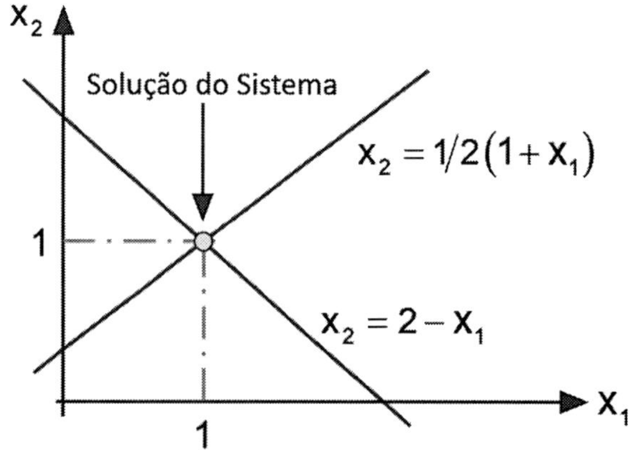

Figura 4.1 - Solução do sistema linear

Como pode ser visto, do ponto de vista geométrico, a solução de um sistema linear de ordem 2 é o conjunto das 2 coordenadas que definem o ponto (único) de interseção das retas representadas pelas equações do sistema. A solução de um sistema de ordem n é o conjunto das n coordenadas que definem o ponto de interseção dos n hiperplanos no R^n.

4.1.1 - Classificação de sistemas lineares

Um sistema linear nem sempre possui solução. A interpretação geométrica usada no R^2 pode ser generalizada para a classificação de sistemas de qualquer ordem (desde que finito). Assim sendo, pode-se classificar sistemas lineares em três categorias distintas.

(i) Sistema determinado

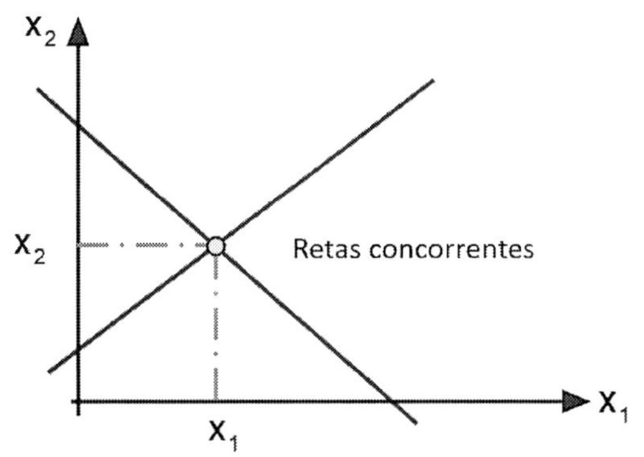

Este tipo de sistema **possui solução única**

(ii) - Sistema inconsistente

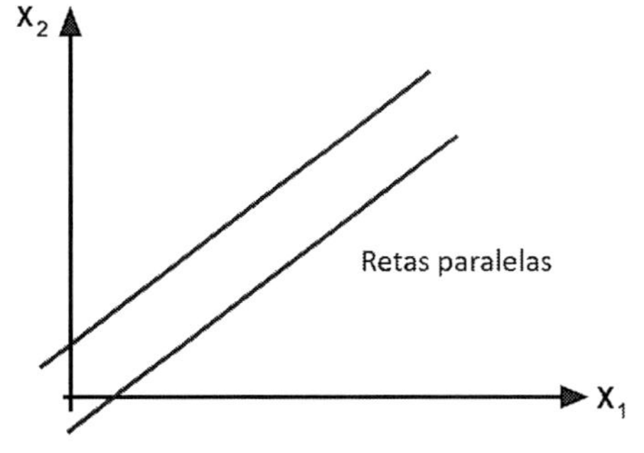

Este tipo de sistema **não possui solução,** visto que as retas não se interceptam.

(iii) Sistema Indeterminado

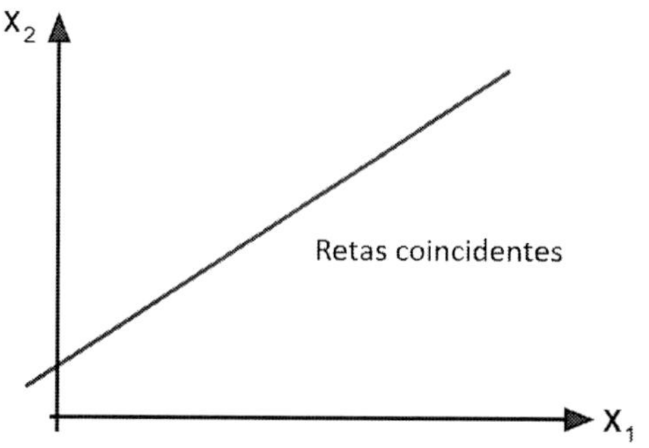

Possui um **número infinito de soluções.** Cada ponto pertence simultaneamente às duas retas.

4.1.2 - Métodos diretos de solução de sistemas lineares

Métodos diretos são procedimentos para o cálculo da solução de um sistema linear através de uma metodologia que é matematicamente exata. Porém, é importante salientar, que isto não implica necessariamente que a solução obtida através destes procedimentos seja a solução exata do sistema linear. Como trabalhamos com um número finito (e relativamente pequeno) de casas decimais, pode haver um truncamento (ou erro) na representação dos números envolvidos e, estes erros, caso hajam, se acumulam através das muitas operações necessárias para a obtenção da solução do sistema. Devido a este fato, a aplicação de um método direto para a obtenção da solução de um sistema linear não produz necessariamente a solução exata do sistema.

4.1.2.1 - Regra de Cramer

Neste método, a solução do sistema linear é dada por:

$$x_i = \frac{D_i}{D}; \qquad i = 1, 2, \cdots, n \tag{4.9}$$

onde: $D = \det(\tilde{A})$ é o determinante da matriz dos coeficientes.

$D_i = \det(A_i)$ onde A_i é construída a partir de $\tilde{A}$, substituindo sua i-ésima coluna pelo vetor dos termos independentes ($\vec{b}$).

Exemplo:

$$\begin{aligned} x_1 + x_2 &= 2 \\ -x_1 + 2x_2 &= 1 \end{aligned} \qquad (4.10)$$

Neste caso:

$$\tilde{A} = \begin{bmatrix} 1 & 1 \\ -1 & 2 \end{bmatrix}; \qquad \tilde{A}_1 = \begin{bmatrix} 2 & 1 \\ 1 & 2 \end{bmatrix}; \qquad \tilde{A}_2 = \begin{bmatrix} 1 & 2 \\ -1 & 1 \end{bmatrix} \qquad (4.11)$$

$$\vec{x} = [x_1, x_2]^T; \qquad \vec{b} = [2, 1]^T \qquad (4.12)$$

$$\det(\tilde{A}) = 3; \qquad \det(\tilde{A}_1) = 3; \qquad \det(\tilde{A}_2) = 3 \qquad (4.13)$$

$$x_1 = \frac{D_1}{D} = \frac{3}{3} = 1; \qquad x_2 = \frac{D_2}{D} = \frac{3}{3} = 1 \qquad (4.14)$$

O determinante de uma matriz de ordem n pode ser obtido pela expansão de Laplace, dada a seguir:

$$\det(\tilde{A}) = \sum_{j=1}^{n} (-1)^{i+1} a_{i,j} \det(\tilde{A}_{i,j}) \qquad (4.15)$$

Onde i é o índice de uma linha qualquer e $\tilde{A}_{i,j}$ é a matriz obtida de $\tilde{A}$ retirando-se a i-ésima linha e a j-ésima coluna. O número total de operações necessárias para resolver um sistema de ordem n pelo método de Cramer pode ser calculado pela seguinte fórmula:

$$N = (n + 1)(A_n + M_n) + n$$

(4.16)

onde:

$$A_n = n - 1 + nA_{n-1}$$
$$M_n = n + nM_{n-1} \tag{4.17}$$

n	M_n	A_n	N
2	2	1	11
5	205	119	1349
6	1236	719	13691
.	.	.	.
.	.	.	.
.	.	.	.
25	$\cong 3{,}6.10^{27}$	$\cong 2{,}4.10^{27}$	$\cong 1{,}1.10^{27}$

Tabela 1.1 – Número total de operações usadas na regra de Cramer

Estimando-se em 5 segundos o tempo para efetuar uma operação com uma calculadora, o tempo necessário para resolver um sistema de ordem 6 é:

$$t = \frac{13691 * 5}{3600} \approx 19 \text{ horas} \tag{4.18}$$

A tabela 1.1 mostra o valor calculado pelas fórmulas anteriores para n variando de 2 a 25. Considerando um computador com uma velocidade média de processamento de 10 Gips (10 trilhões de instruções por segundos), para a solução de um sistema de ordem 25, usando o método de Cramer, o tempo necessário seria:

$$t = \frac{(1.1 * 10^{27}) * (10 * 10^{-9})}{(3600 * 24 * 365)} \approx 3.5 * 10^{9} \text{ anos !} \tag{4.19}$$

≈ 3.5 bilhões de anos !!!

Conclusão: o método de Cramer **é** inviável para sistemas de grande porte.

4.1.2.2 - Eliminação de Gauss

Um sistema linear (de ordem 3, para simplificar a álgebra) da forma

$$\begin{bmatrix} a_{11} & a_{12} & a_{13} \\ 0 & a_{22} & a_{23} \\ 0 & 0 & a_{nn} \end{bmatrix} \begin{bmatrix} x_1 \\ x_2 \\ x_3 \end{bmatrix} = \begin{bmatrix} b_1 \\ b_2 \\ b_3 \end{bmatrix} \tag{4.20}$$

onde $a_{ii} \neq 0$; $i = 1, 2, 3$ é dito um sistema triangular (devido a seu formato). A solução deste sistema é dada pela fórmula de recorrência (ou "back substitution"):

$$x_n = \frac{b_n}{a_{nn}} \tag{4.21}$$

$$x_i = \frac{1}{a_{ii}} \left[b_i - \sum_{\substack{i=1 \\ j \neq i}}^{N} a_{ij} x_j \right]; \qquad i = (n-1), (n-2), \cdots, 1 \tag{4.22}$$

O método de Eliminação de Gauss é uma maneira sistemática de transformar um sistema linear qualquer em um sistema triangular equivalente. Este método faz uso da seguinte propriedade de álgebra linear:

> ***"A solução de um sistema linear não se altera se subtrairmos de uma equação qualquer outra equação do sistema multiplicada por uma constante".***

Algorítimo para triangularização de um sistema de ordem 3.

Dado:

$$\begin{bmatrix} a_{11} & a_{12} & a_{13} \\ a_{21} & a_{22} & a_{23} \\ a_{31} & a_{32} & a_{33} \end{bmatrix} \begin{bmatrix} x_1 \\ x_2 \\ x_3 \end{bmatrix} = \begin{bmatrix} b_1 \\ b_2 \\ b_3 \end{bmatrix} \tag{4.23}$$

Constrói-se a matriz aumentada:

$$\begin{pmatrix} a_{11} & a_{12} & a_{13} & b_1 \\ a_{21} & a_{22} & a_{23} & b_2 \\ a_{31} & a_{32} & a_{33} & b_3 \end{pmatrix} \quad (4.24)$$

$$\begin{matrix} l_1 = l_1 \\ l_2 = a_{11}l_2 - a_{21}l_1 \\ l_3 = a_{11}l_3 - a_{31}l_1 \end{matrix} \rightarrow \begin{bmatrix} a_{11} & a_{12} & a_{13} & b_1 \\ & a_{22}^{(1)} & a_{23}^{(1)} & b_2^{(1)} \\ & a_{32}^{(1)} & a_{33}^{(1)} & b_3^{(1)} \end{bmatrix} \quad (4.25)$$

$$\begin{matrix} l_1 = l_1 \\ l_2 = l_2 \\ l_3 = a_{22}^{(1)}l_3 - a_{32}^{(1)}l_2 \end{matrix} \rightarrow \begin{bmatrix} a_{11} & a_{12} & a_{13} & b_1 \\ & a_{22}^{(1)} & a_{23}^{(1)} & b_2^{(1)} \\ & & a_{33}^{(2)} & b_3^{(2)} \end{bmatrix} \quad (4.26)$$

O número total de operações necessário para a solução de um sistema de ordem n é

$$N = \frac{4n^3 + 9n^2 - 7n}{6} \quad (4.27)$$

A tabela 1.2 mostra o número de operações necessárias para a solução de um sistema linear por eliminação de Gauss para algumas ordens.

n	2	3	4	5	6	20
N	9	28	62	115	191	5910

Tabela 1.2 - Número de operações necessárias pelo método de eliminação de Gauss

Para resolver um sistema de ordem 20, com este método, usando o mesmo computador (10 GIP) é necessário um tempo de processamento de:

$t = (5.91 * 10^{+3}) * (1.0 * 10^{-10}) = 5.91 \times 10^{-7}$ s !!!

4.1.3 - Métodos iterativos de solução de sistemas lineares

Considere um sistema linear determinado de ordem n dado por:

$$\tilde{A}\vec{x} = \vec{b} \tag{4.28}$$

Com solução exata dada por $\vec{x}^{*}$.

4.1.3.1 – Gauss-Seidel

O método iterativo de Gauss Seidel consiste em calcular uma sequência de aproximações

$$\vec{x}^{(1)}, \vec{x}^{(2)}, \cdots, \vec{x}^{(k)}, \cdots \tag{4.29}$$

da solução exata $\vec{x}^{*}$, a partir de uma estimativa inicial $\vec{x}^{(0)}$, através da fórmula

$$x_i^{(k)} = \frac{1}{a_{ii}}\left[b_i - \sum_{j=1}^{i-1} a_{ij} x_j^{(k)} - \sum_{j=i+1}^{n} a_{ij} x_j^{(k-1)} \right]; \quad i = 1,2,\cdots,n \tag{4.30}$$

Critério de parada.

O processo iterativo deve parar quando k=K, onde K é o nível de iteração tal que:

$$\frac{\left| x_i^{(K)} - x_i^{(K-1)} \right|}{\left| x_i^{(K)} \right| + \in} < \delta; \quad i = 1,2,\cdots,n \tag{4.31}$$

onde: δ é um número positivo inversamente proporcional à precisão desejada;

$\in$ é um número bem pequeno ($\in << \delta$) usado para evitar divisão por zero.

Exemplo numérico

$$\begin{aligned} 5x_1 + 3x_2 &= 15 \\ -4x_1 + 10x_2 &= 19 \end{aligned} \tag{4.32}$$

Com aproximação inicial: $\vec{x}^{(0)} = [0,0]^T$

E precisão $\delta = 0.005$.

As variáveis podem ser isoladas da seguinte forma:

$$x_1^{(k)} = \frac{1}{5}\left[15 - 3x_2^{(k-1)}\right] \tag{4.33}$$

$$x_2^{(k)} = \frac{1}{10}\left[19 + 4x_1^{(k)}\right] \tag{4.34}$$

Onde k representa a iteração atual e (k-1) representa a iteração anterior.
Na primeira iteração (k=1) obtém-se (lembrando que $x_1^{(0)} = 0;\ x_2^{(0)} = 0$):

$$\begin{aligned} x_1^{(1)} &= \frac{1}{5}[15 - 3(0)] = 3.000 \\ x^{(2)} &= \frac{1}{10}[19 + 4(3.000)] = 3.000 \end{aligned} \tag{4.35}$$

Na segunda iteração (k=2) chegamos a $\left[x_1^{(1)} = 3.000\ ;\ x_2^{(1)} = 3.100\right]$

E continuamos a alimentar as Equações (4.33 e 4.34), sempre com os valores obtidos mais recentemente:

$$\begin{aligned} x_1^{(2)} &= \frac{1}{5}[15 - 3(3.100)] = 1.140 \\ x_2^{(2)} &= \frac{1}{10}[19 - 4(1.140)] = 2.356 \end{aligned} \tag{4.36}$$

Na quinta iteração tem-se:

$$\vec{x}^{(5)} = \left[x_1^{(5)} = 1.505 \; ; \quad x_2^{(5)} = 2.502 \right]$$

E finalmente:

$$\vec{x}^{(6)} = \left[x_1^{(6)} = 1.499 \; ; \; x_2^{(6)} = 2.500 \right]$$

Verifica-se as convergências a partir das duas variáveis em questão:

$$\frac{\left| x_1^{(6)} - x_1^{(5)} \right|}{\left| x_1^{(6)} \right| + \varepsilon} \cong 0.004 < \delta \quad \text{e} \quad \frac{\left| x_2^{(6)} - x_2^{(5)} \right|}{\left| x_2^{(6)} \right| + \varepsilon} \cong 0.0008 < \delta \tag{4.37}$$

Conclui-se que a convergência foi atingida (a partir do critério estabelecido) e termina-se o processo iterativo. Neste caso, a solução obtida foi:

$$\vec{x} = (1.499, \; 2.500)^T \tag{4.38}$$

Enquanto que a solução exata é:

$$\vec{x}^* = (1.500, \; 2.500)^T \tag{4.39}$$

Uma interpretação geométrica do processo iterativo é dada a seguir:

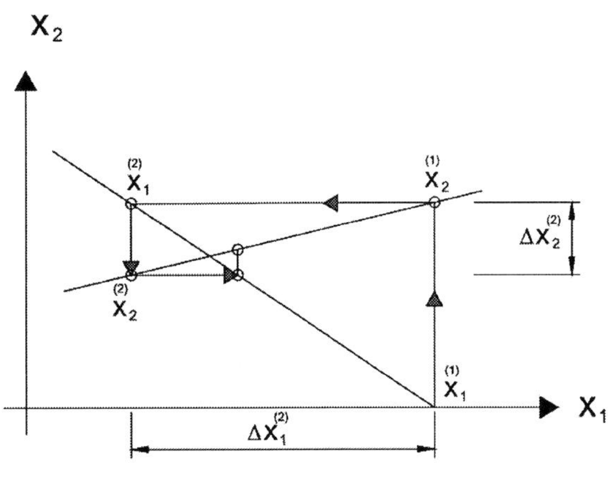

Considere o mesmo sistema linear, porém com alteração na ordem das linhas:

$$\begin{aligned} -4x_1 + 10x_2 &= 19 \\ 5x_1 + 3x_2 &= 15 \end{aligned} \tag{4.40}$$

As equações podem ser rearranjadas da seguinte forma:

$$\begin{aligned} x_1^{(k)} &= -\frac{1}{4}\left[19 - 10x_2^{(k-1)}\right] \\ x_2^{(k)} &= \frac{1}{3}\left[15 - 5x_1^{(k)}\right] \end{aligned} \tag{4.41}$$

com a seguinte estimativa inicial $\vec{x}^{(0)} = \left[0, 0\right]^T$ e o critério de parada $\delta = 0.005$

Na primeira iteração (k=1) temos (lembrando que $\vec{x}^{(0)} = \left[x_1^{(0)} = 0,\ x_2^{(0)} = 0\right]$):

$$\begin{aligned} x_1^{(1)} &= \frac{-1}{4}\left[19 - 10(0)\right] = -4.750 \\ x_2^{(1)} &= \frac{1}{3}\left[15 - 5(-4.750)\right] = 12.917 \end{aligned} \tag{4.42}$$

E na segunda iteração (k=2) temos (lembrando que $\vec{x}^{(1)} = \left[x_1^{(1)} = -4.750\ ;\ x_2^{(1)} = 12.917\right]$)

$$\begin{aligned} x_1^{(2)} &= -\frac{1}{4}\left[19 - 10(12.917)\right] = 27.543 \\ x_2^{(2)} &= \frac{1}{3}\left[15 - 5(27.543)\right] = -40.905 \end{aligned} \tag{4.43}$$

Como pode ser visto pelo exemplo anterior, uma simples troca na ordem das linhas do sistema linear original ocasionou uma divergência no método de solução do sistema linear por Gauss-Seidel, ou seja o método de Gauss-Seidel não pode ser aplicado para a solução desse sistema se a ordem das linhas for trocada. Isto implica dizer que existem restrições para a solução de sistemas lineares através do método de Gaus-Seidel. Como podemos saber a priori se um sistema linear pode ou não ser resolvido por Gaus-Seidel, e como será visto posteriormente, por qualquer método iterativo de solução? Na realidade, existem critérios que respondem a essa pergunta, este tema será abordado no capítulo 4.1.3.3.

4.1.3.2 - O método da relaxação

Considere o método de Gauss-Seidel dado por:

$$x_i^{(k+1)} = \frac{1}{a_{ii}}\left[b_i - \sum_{j=1}^{i-1} a_{ij}\, x_j^{(k+1)} - \sum_{j=i+1}^{n} a_{ij}\, x_j^{(k)} \right] \tag{4.44}$$

Pode-se definir o incremento em Δx_i dado pela k-ésima iteração através da equação:

$$\Delta x_i^{(k+1)} = x_i^{(k+1)} - x_i^{(k)} \tag{4.45}$$

Neste processo iterativo existem (no R^2) dois tipos de convergência, como ilustrado nas figuras 4.2 e 4.3.

(i) Convergência Alternada

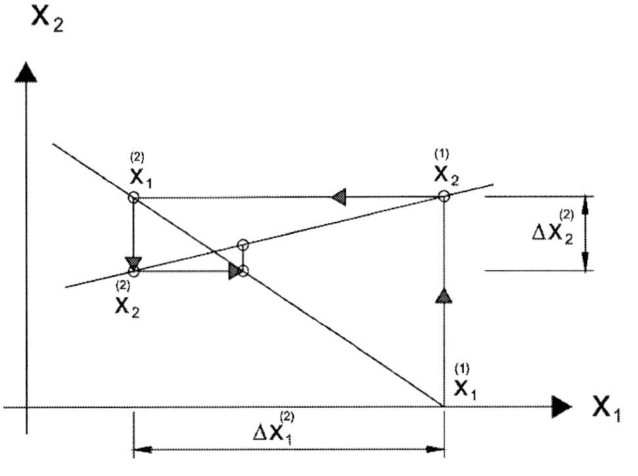

Figura 4.2 - Convergência alternada

Como pode ser observado:

- No caso de convergência alternada, os incrementos $\Delta x_i^{(k)}$ dados por Gauss-Seidel são maiores que o necessário.

- No caso de convergência monotônica, os incrementos $\Delta x_i^{(k)}$ são menores que o necessário.

Este problema pode ser "atenuado" se multiplicarmos o incremento $\Delta x_i^{(k)}$ dado por Gauss-Seidel por um fator β (chamado de coeficiente de relaxação). O valor de β varia, dependendo do tipo de convergência em questão:

Convergência alternada → $\beta < 1$

Convergência monotônica → $\beta > 1$

(ii) Convergência Monotônica

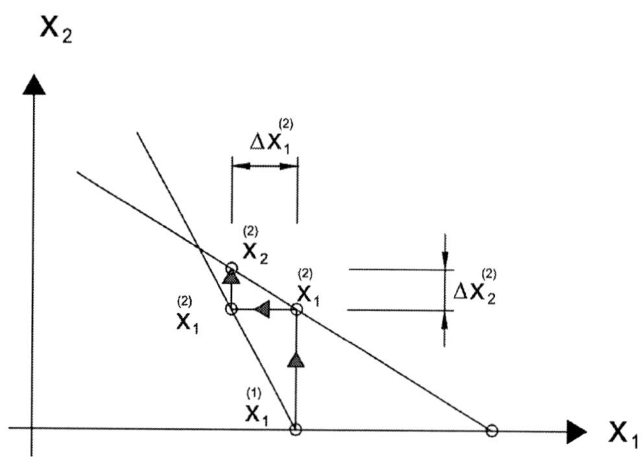

Figura 4.3 - Convergência monotônica

O valor do i-ésimo componente do vetor $\vec{X}$ dado pela k-ésima iteração, calculado pelo método da relaxação, é:

$$x_i^{(k+1)} = x_i^{(k)} + \beta\left[x_i^{\otimes} - x_i^{(k)}\right] \qquad (4.46)$$

Onde $x_i^{\otimes}$ é o valor de x_i , dado pela k-ésima iteração de Gauss–Seidel, ou seja;

$$x_i^{\otimes} = \frac{1}{a_{ii}}\left[b_i - \sum_{j=1}^{i-1} a_{ij}\, x_j^{(k+1)} - \sum_{b=i+1}^{n} a_{ij}\, x_j^{(k)}\right] \qquad (4.47)$$

Três casos distintos ocorrem:

$\beta < 1$ Sub-relaxação

$\beta = 1$ Gauss-Seidel

$\beta > 1$ Sobre Relaxação (SOR)

Como pode ser visto, o método de Gauss-Seidel é um caso particular do método da relaxação.

4.1.3.3 - Critérios de convergência

Como é de se esperar, um método iterativo de solução não pode ser usado para a obtenção da solução de um sistema linear arbitrário. Para que haja convergência do processo iterativo é necessário que a matriz dos coeficientes do sistema linear obedeça a certos critérios, dados a seguir.

Critério das linhas: Uma condição suficiente, mas não necessária para garantir a convergência do método de Gauss-Seidel e consequentemente também do método da relaxação é o critério das linhas. Dado um sistema linear determinado de ordem n, com todos os elementos da diagonal não nulos, então o processo iterativo sempre converge por Gauss-Seidel se o valor dos elementos das diagonais for maior em módulo que a soma em módulo de todos os outros elementos da linha correspondente, ou seja:

$$\sum_{\substack{j=1 \\ j \neq i}}^{n} \left| a_{ij} \right| < \left| a_{ii} \right|, \qquad i = 1,2,3,\ \ldots,\ n \qquad (4.48)$$

Exemplo 1: Considere o sistema linear anterior

$$\begin{aligned} 5x_1 + 3x_2 &= 8 \\ -3x_1 + 5x_2 &= 2 \end{aligned} \qquad (4.49)$$

É fácil verificar que este sistema satisfaz o critério das linhas e, portanto, pode ser resolvido por métodos iterativos. Porém, se a ordem das linhas for trocada, conforme mostrado a seguir:

$$\begin{aligned} -3x_1 + 5x_2 &= 2 \\ 5x_1 + 3x_2 &= 8 \end{aligned} \qquad (4.50)$$

o mesmo não satisfaz o critério das linhas. Este detalhe pode ser de grande importância do ponto de vista prático. Dado um sistema linear arbitrário, às vezes é necessário reordenar a sequência das linhas para que o mesmo possa ser resolvido por métodos iterativos.

Um outro critério, menos rigoroso, para testar a viabilidade da aplicação de métodos iterativos para a solução de sistemas lineares é dado a seguir.

Critério de Sassenfeld: Para estabelecer este critério, é necessário o cálculo dos valores de $\beta_1, \beta_2, \ldots, \beta_n$, obtidos através da recorrência:

$$\beta_1 = \left| \frac{1}{a_{11}} \right| \sum_{j=2}^{n} \left| a_{ij} \right|$$

$$\beta_i = \left| \frac{1}{a_{ii}} \right| \left[\sum_{j=1}^{i-1} \left| a_{ij} \right| \beta_j + \sum_{j=i+1}^{n} \left| a_{ij} \right| \right] \qquad (4.51)$$

Ou seja:

$$M = \max\{\ \beta_i\ \}, \qquad 1 \le i \le n$$

a condição M < 1 é suficiente, mas não necessária, para que as aproximações obtidas por métodos iterativos convirjam para a solução do sistema linear em questão.

Exemplo 2: Considere o seguinte sistema linear

$$\begin{aligned} 5x_1 + 2x_2 + 1x_3 &= 8 \\ 2x_1 + 5x_2 - 3x_3 &= 4 \\ 4x_1 - 3x_2 + 5x_3 &= 6 \end{aligned} \qquad (4.52)$$

Este sistema não satisfaz o critério das linhas. Isto pode ser visto de imediato observando a terceira linha. Aplicando o critério de Sassenfeld, tem-se:

$$\beta_1 = \left|\frac{1}{a_{11}}\right| \sum_{j=2}^{3} \left|a_{ij}\right| = \frac{1}{5}\left[\ |2| + |1|\right] = \frac{3}{5} \qquad (4.53)$$

$$\beta_2 = \left|\frac{1}{a_{22}}\right| \left[\sum_{j=1}^{1} \left|a_{21}\right| \beta_j + \sum_{j=3}^{3} \left|a_{23}\right|\right] = \frac{1}{5}\left[2 \times \frac{3}{5} + 3\right] = \frac{21}{25} \qquad (4.54)$$

$$\beta_3 = \left|\frac{1}{a_{33}}\right| \left[\sum_{j=1}^{2} \left|a_{3j}\right| \beta_j\right] = \frac{1}{5}\left[4 \times \frac{3}{5} + 3 \times \frac{21}{25}\right] = \frac{123}{125} \qquad (4.55)$$

Como pode ser visto M < 1 e, portanto, este sistema satisfaz o critério de Sassenfeld e pode ser resolvido por métodos iterativos. Um outro critério de convergência para métodos iterativos é dado a seguir:

Matriz positiva definida e simétrica: Qualquer sistema linear cuja matriz dos coeficientes seja simétrica e positiva definida, pode ser resolvido por métodos iterativos [35].

4.1.3.4 - Aspectos formais da convergência de métodos iterativos

Dado um sistema linear determinado de ordem n

$$\tilde{A}\vec{x} = b \tag{4.56}$$

com elementos da diagonal não nulos ($a_{ii} \neq 0$), pode-se decompor a matriz dos coeficientes ($\tilde{A}$) da seguinte maneira:

$$\tilde{A} = \tilde{D} - \tilde{L} - \tilde{U} \tag{4.57}$$

onde: $\tilde{D}$ contém os elementos da diagonal.

$\tilde{L}$ contém os elementos abaixo da diagonal multiplicados por -1.

$\tilde{U}$ contém os elementos acima da diagonal multiplicados por -1.

Exemplo: Considere a seguinte matriz

$$\tilde{A} = \begin{pmatrix} 1 & 2 & 3 \\ 4 & 5 & 6 \\ 7 & 8 & 9 \end{pmatrix} \tag{4.58}$$

Neste caso, tem-se:

$$\tilde{D} = \begin{pmatrix} 1 & 0 & 0 \\ 0 & 5 & 0 \\ 0 & 0 & 9 \end{pmatrix}; \quad \tilde{L} = \begin{pmatrix} 0 & 0 & 0 \\ -4 & 0 & 0 \\ -7 & -8 & 0 \end{pmatrix}; \quad \tilde{U} = \begin{pmatrix} 0 & -2 & -3 \\ 0 & 0 & -6 \\ 0 & 0 & 0 \end{pmatrix} \tag{4.59}$$

Qualquer método iterativo para a solução de sistemas lineares pode ser expresso por:

$$\vec{x}^{(k+1)} = \tilde{H}\vec{x}^{(k)} + \vec{g} \tag{4.60}$$

onde: $\tilde{H}$ é a matiz de incidência do processo iterativo. A mesma é uma matriz quadrada da mesma ordem que $\tilde{A}$ e é função de $\tilde{D}$, $\tilde{L}$ e $\tilde{U}$.

$\vec{g}$ é um vetor da mesma ordem que $\vec{b}$, e é função de $\tilde{D}$, $\tilde{L}$, $\tilde{U}$ e $\vec{b}$.

O método de Jacobi

Neste método, o valor da variável x_i dado pela k-ésima iteração é:

$$x_i^{(k+1)} = \frac{1}{a_{ii}}\left[b_i - \sum_{\substack{j=1 \\ j\neq i}}^{n} a_{ij}x_j^{(k)}\right] \tag{4.61}$$

que pode ser representado por:

$$\vec{x}^{(k+1)} = \tilde{D}^{-1}\left[\vec{b} + (\tilde{L} + \tilde{U})\,\vec{x}^{(k)}\right] \tag{4.62}$$

$$\vec{x}^{(k+1)} = \tilde{D}^{-1}(\tilde{L} + \tilde{U})\vec{x}^{(k)} + \tilde{D}^{-1}\vec{b} \tag{4.63}$$

Neste caso a matriz de incidência e o vetor g são:

$$\tilde{H} = \tilde{D}^{-1}(\tilde{L} + \tilde{U}); \qquad \vec{g} = \tilde{D}^{-1}\vec{b} \tag{4.64}$$

O método de Gauss-Seidel

Neste método, o valor de x_i dado pela k-ésima iteração é:

$$x_i^{(k+1)} = \frac{1}{a_{ii}}\left[b_i - \sum_{j=1}^{i-1} a_{ij}\, x_j^{(k+1)} - \sum_{j=i+1}^{n} a_{ij}\, x_j^{(k)} \right]$$

(4.65)

$$\vec{x}^{(k+1)} = \tilde{D}^{-1}\left[\vec{b} + \tilde{L}\vec{x}^{(k+1)} + \tilde{U}x^{(k)} \right]$$

O que resulta na seguinte fórmula:

$$\vec{x}^{(k+1)} = \tilde{D}^{-1}\vec{b} + \tilde{D}^{-1}\tilde{L}\vec{x}^{(k+1)} + \tilde{D}^{-1}\tilde{U}\vec{x}^{(k)} \quad (4.66)$$

Multiplicando os dois lados por $\tilde{D}$ e passando $x^{(k+1)}$ para o lado esquerdo, tem-se:

$$(\tilde{D} - \tilde{L})\vec{x}^{(k+1)} = \tilde{U}\vec{x}^{(k)} + \vec{b} \quad (4.67)$$

E assim:

$$\vec{x}^{(k+1)} = (\tilde{D} - \tilde{L})^{-1}\tilde{U}\vec{x}^{(k)} + (\tilde{D} - \tilde{L})^{-1}\vec{b} \quad (4.68)$$

Neste caso tem-se:

$$\tilde{H}_{GS} = (\tilde{D} - \tilde{L})^{-1}\tilde{U}; \qquad \vec{g}_{GS} = (\tilde{D} - \tilde{L})^{-1}\vec{b} \quad (4.69)$$

4.1.3.5 O Método da relaxação

Neste caso tem-se:

$$\vec{x}^{(k+1)} = \vec{x}^{(k)} + \beta\left[\vec{x}_{GS}^{(k+1)} - \vec{x}^{(k)} \right] =$$

(4.70)

$$(1 - \beta)\tilde{I}x^{(k)} + \beta\left[(\tilde{D} - \tilde{L})^{-1}\tilde{U}\vec{x}^{(k)} + (\tilde{D} - \tilde{L})^{-1}\vec{b} \right]$$

$$\vec{x}^{(k+1)} = \left[(1-\beta)\tilde{I} + \beta\,(\tilde{D} - \tilde{L})^{-1}\tilde{U}\right]\vec{x}^{(k)} + \beta\,(\tilde{D} - \tilde{L})^{-1}\vec{b} \qquad (4.71)$$

Ou seja:

$$\tilde{H}_R = \left[(1-\beta)\tilde{I} + \beta(\tilde{D} - \tilde{L})^{-1}\tilde{U}\right]; \qquad \vec{g}_R = \beta(\tilde{D} - \tilde{L})^{-1}\vec{b} \qquad (4.72)$$

Seja $\vec{x}^*$ a solução exata de um sistema linear determinado de ordem n. O valor de $\vec{x}$ dado pela k-ésima iteração de algum processo iterativo de solução pode ser expresso da seguinte maneira:

$$\vec{x}^{(k+1)} = \tilde{H}\vec{x}^{(k)} + \vec{g} \qquad (4.73)$$

Seja $\vec{e}^{(k)}$ a diferença (erro) entre $\vec{x}^{(k)}$ e $\vec{x}^*$, ou seja:

$$\vec{e}^{(k)} = \vec{x}^* - \vec{x}^{(k)} \qquad (4.74)$$

para k = 1, tem-se:

$$\vec{e}^{(1)} = \vec{x}^* - \vec{x}^{(1)} \qquad (4.75)$$

Substituindo por $\vec{x}^*$ e $\vec{x}^{(1)}$ em (4.73) e substituindo de volta em (4.75), tem-se:

$$\vec{e}^{(1)} = (\tilde{H}\vec{x}^* + \vec{g}) - (\tilde{H}\vec{x}^{(0)} + \vec{g}) =$$

$$(4.76)$$

$$\tilde{H}(\vec{x}^* - \vec{x}^{(0)}) = \tilde{H}\vec{e}^{(0)} = \vec{e}^{(1)}$$

para k = 2, tem-se:

$$\vec{e}^{(2)} = \vec{x}^* - \vec{x}^{(2)} =$$

$$(4.77)$$

$$(\tilde{H}\vec{x}^* + \vec{g}) - (\tilde{H}\vec{x}^{(1)} + \vec{g})$$

$$\vec{e}^{(2)} = \tilde{H}(\vec{x}^* - \vec{x}^{(1)}) = \tilde{H}\vec{e}^{(1)} = \vec{e}^{(2)} \tag{4.78}$$

Substituindo por $\vec{e}^{(1)}$ em $\vec{e}^{(2)}$ tem-se:

$$\vec{e}^{(2)} = \tilde{H}\left[\tilde{H}\vec{e}^{(0)}\right] = \left[\tilde{H}\right]^2 \vec{e}^{(0)} \tag{4.79}$$

Continuando este processo para k = 3, 4, ..., n, tem-se:

$$\vec{e}^{(n)} = \left[\tilde{H}\right]^n \vec{e}^{(0)} = \vec{x}^* - \vec{x}^{(n)} \tag{4.80}$$

Obviamente, o processo iterativo converge se, e somente se,:

$$\lim_{n\to\infty}\left\{\vec{e}^{(n)}\right\} = \lim_{n\to\infty}\left\{\tilde{H}^n \vec{e}^{(0)}\right\} = \vec{0} \tag{4.81}$$

Teorema: Dada uma matriz $\tilde{A}$, quadrada de ordem n, então o limite

$$\lim_{n\to\infty}\left\{\tilde{A}^n \vec{x}\right\} = 0 \tag{4.82}$$

Se, e somente se, $\rho(\tilde{A}) < 1$. Onde $\rho(\tilde{A})$ é o raio espectral de $\tilde{A}$, definido como:

$$\rho(\tilde{A}) = \max|\lambda_i|; \qquad i = 1,2,\cdots,n \tag{4.83}$$

e λ_i são os autovalores de $\tilde{A}$. Uma matriz de ordem 2 pode ter 2 autovetores linearmente independentes.

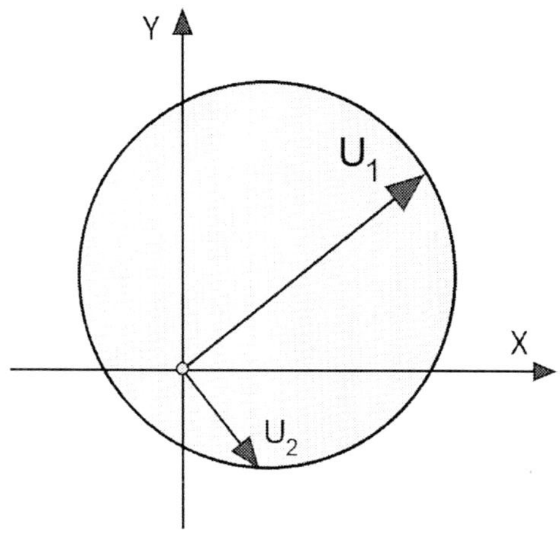

Figura 4.4 - Representação dos autovetores

Assim sendo, pode-se dizer que um método iterativo qualquer dado por:

$$\vec{x}^{(k+1)} = \tilde{H}\vec{x}^{(k)} = \vec{g} \tag{4.84}$$

Converge se, e somente se, todos os autovalores da matriz $\tilde{H}$ forem menor que 1 em módulo:

$$\left| \lambda_i \right| < 1 \quad ; \quad i = 1,2, \cdots , n \tag{4.85}$$

Exemplo: Considere o seguinte sistema linear

$$\begin{aligned} x_1 - \frac{1}{2} x_2 + 0x_3 &= 0 \\ -\frac{1}{2} x_1 + x_2 - \frac{1}{2} x_3 &= 0 \\ 0x_1 - \frac{1}{2} x_2 + x_3 &= 2 \end{aligned} \tag{4.86}$$

$$\tilde{A} = \begin{pmatrix} 1 & 0.5 & 0 \\ -0.5 & 1 & -1 \\ 0 & -0.5 & 1 \end{pmatrix}; \qquad \vec{b} = \begin{pmatrix} 0 \\ 0 \\ 2 \end{pmatrix} \tag{4.87}$$

$$\tilde{D}=\begin{pmatrix}1 & 0 & 0\\ 0 & 1 & 0\\ 0 & 0 & 1\end{pmatrix};\qquad \tilde{L}=\begin{pmatrix}1 & 0 & 0\\ 0.5 & 0 & 0\\ 0 & 0.5 & 1\end{pmatrix};\qquad \tilde{U}=\begin{pmatrix}0 & 0.5 & 0\\ 0 & 0 & 0.5\\ 0 & 0 & 1\end{pmatrix} \tag{4.88}$$

A matriz de incidência ($\tilde{H}$) do sistema para o método iterativo de Jacobi é dada por:

$$\tilde{H}_J = (\tilde{D}+\tilde{L})^{-1}\tilde{U} = \begin{pmatrix}1 & 0.5 & 0\\ 0.5 & 1 & 0.5\\ 0 & 0.5 & 1\end{pmatrix} \tag{4.89}$$

Neste caso

$$|\lambda_{max}| = 0.5 \quad \Rightarrow \quad \rho(\tilde{H}_J) = 0.5 \tag{4.90}$$

A matriz de incidência ($\tilde{H}$) do método de Gauss-Seidel é dada por:

$$\tilde{H}_{GS} = (\tilde{D}-\tilde{L})^{-1}\tilde{U} = \begin{pmatrix}0 & 0.500 & 0\\ 0 & 0.250 & 0.500\\ 0 & 0.125 & 0.250\end{pmatrix} \tag{4.91}$$

Neste caso, o raio espectral da matriz de incidência é:

$$|\lambda_{max}| = 0.25 \quad \Rightarrow \quad \rho(\tilde{H}_{GS}) = 0.25 \tag{4.92}$$

Para este sistema linear, ambos os métodos de Jacobi e Gauss-Seidel convergem! Note que:

$$\rho(\tilde{H}_{GS}) = \left[\,\rho(\tilde{H}_J)\,\right]^2 \tag{4.93}$$

O que significa que a velocidade de convergência de um método iterativo é inversamente proporcional ao raio espectral de $\tilde{H}$. Isto implica que quanto menor o raio espectral de $\tilde{H}$ maior é a velocidade de convergência do método iterativo.

Em vista das considerações expostas anteriormente, chega-se a algumas conclusões interessantes:

- Um método iterativo de solução de sistemas lineares converge à solução do sistema tão mais rápido quanto menor for o raio espectral da matriz de incidência ($\tilde{H}$);

- O método da relaxação, conforme explicado, consiste na inclusão de um fator de aceleração do processo iterativo. Isto quer dizer, então, que este fator diminui o raio espectral da matriz $\tilde{H}$;
- O fator ótimo de relaxação é aquele que minimiza o raio espectral da matriz $\tilde{H}$;

- Qualquer método iterativo que tenha uma matriz $\tilde{H}$ cujo raio espectral é maior ou igual a um não converge.

Verificando a terceira conclusão acima pode-se verificar que é possível calcular algebricamente o fator ótimo de relaxação para a solução de um sistema linear determinado. Para tanto é necessário calcular a matriz de incidência ($\tilde{H}$) que é função de beta e em seguida calcular seus autovalores que serão também função de beta. Porém, do ponto de vista prático, isto não é viável para sistemas de porte moderado. Isto se deve ao fato de que tanto o cálculo algébrico da matriz $\tilde{H}$ assim como o cálculo de seu raio espectral ambos são extremamente complexos.

O que se faz na prática é calcular o fator ótimo de relaxação numericamente. Sabe-se [19, 34 e 35] que o valor do mesmo deve estar entre 0 e 2. Dado um sistema linear, é então possível resolvê-lo pelo método da relaxação usando vários valores para beta dentro desse intervalo e anotar o respectivo número de iterações necessárias para convergência. O valor de beta que com o qual o método iterativo converge com o menor número de iterações possível, é o fator ótimo de relaxação.

4.2 – Solução numérica de sistemas não lineares

Neste capítulo será abordado o método de Newton-Raphson para a solução de sistemas de equações algébricas não lineares. Considere um sistema de equações algébricas, dado por:

$$
\begin{aligned}
f_1(x_1, x_2, \cdots, x_n) &= b_1 \\
f_2(x_1, x_2, \cdots, x_n) &= b_2 \\
&\vdots \\
f_n(x_1, x_2, \cdots, x_n) &= b_n
\end{aligned}
\tag{4.94}
$$

que pode ser expresso em forma matricial da seguinte maneira:

$$\vec{f}(\vec{x}) = \vec{b} \tag{4.95}$$

Onde

$$
\begin{aligned}
\vec{f} &= (f_1, f_2, \cdots, f_n)^T \\
\vec{x} &= (x_1, x_2, \cdots, x_n)^T \\
\vec{b} &= (b_1, b_2, \cdots, b_n)^T
\end{aligned}
\tag{4.96}
$$

O método de Newton-Raphson para a solução de sistemas de equações algébricas pode ser desenvolvido através de uma série de Taylor de primeira ordem. A equação (4.95) pode ser expressa da seguinte maneira:

$$\vec{H}(\vec{x}) = \vec{f}(\vec{x}) - \vec{b} = \vec{0} \tag{4.97}$$

A equação acima representa um sistema de equações algébricas homogêneas. Para que esta equação seja satisfeita é necessário encontrar um vetor $\vec{x}^*$ tal que:

$$\vec{H}(\vec{x}^*) = \vec{0} \tag{4.98}$$

No método de Newton-Raphson constrói-se uma sequência $\vec{x}^{(1)}, \vec{x}^{(2)}, \cdots, x^{(k)}, \cdots$ de aproximações da solução exata $\vec{x}^*$ do sistema. Suponha que a equação homogênea dada pela equação (4.98) com os valores de x dados pela (k+1)-ésima iteração possa ser expressa por uma série de Taylor de primeira ordem, da seguinte maneira:

$$\vec{H}^{(k+1)} = \vec{H}^{(k)} + \frac{\partial \vec{H}}{\partial \vec{x}} \left[\vec{x}^{(k)} - \vec{x}^{(k-1)} \right] \tag{4.99}$$

Assumindo que $\vec{x}^{(k+1)}$ satisfaça a equação homogênea, ou seja:

$$\vec{H}^{(k+1)} = \vec{H}\left[\vec{x}^{(k+1)} \right] = \vec{0} \tag{4.100}$$

Então, da equação (4.99), tem-se que:

$$\vec{H}^{(k+1)} = \vec{H}^{(k)} + \frac{\partial \vec{H}}{\partial \vec{x}} \left[\vec{x}^{(k)} - \vec{x}^{(k-1)} \right] = \vec{0} \tag{4.101}$$

reordenando a equação (4.101), tem-se:

$$\frac{\partial \vec{H}}{\partial \vec{x}} \left[\vec{x}^{(k)} - \vec{x}^{(k-1)} \right] = -\vec{H}^{(k)} \tag{4.102}$$

Adotando a seguinte convenção $\Delta\vec{x}^{(k)} = \left[\vec{x}^{(k)} - \vec{x}^{(k-1)} \right]$ e substituindo na equação (4.102), tem-se:

$$\left[\frac{\partial \vec{H}}{\partial \vec{x}} \right] \Delta\vec{x}^{(k)} = -\vec{H}^{(k)} \tag{4.103}$$

A equação (4.103) representa um sistema linear cujas incógnitas são as variáveis do vetor $\vec{x}$ dadas pela k-ésima iteração do método de Newton-Raphson para sistemas. O primeiro termo da equação anterior é a matriz Jacobiana do sistema, dada por:

$$\left[\frac{\partial \vec{H}}{\partial \vec{x}}\right] = \begin{bmatrix} \frac{\partial f_1}{\partial x_1} & \frac{\partial f_1}{\partial x_2} & \frac{\partial f_1}{\partial x_3} & \cdots & \frac{\partial f_1}{\partial x_n} \\ \frac{\partial f_2}{\partial x_1} & \frac{\partial f_2}{\partial x_1} & \frac{\partial f_2}{\partial x_3} & \cdots & \frac{\partial f_2}{\partial x_n} \\ & & \vdots & & \\ \frac{\partial f_n}{\partial x_1} & \frac{\partial f_n}{\partial x_2} & \frac{\partial f_n}{\partial x_3} & \cdots & \frac{\partial f_n}{\partial x_n} \end{bmatrix} \tag{4.104}$$

A solução do sistema dada pela equação (4.98) pode então ser calculada através de sucessivas soluções do sistema linear dado (4.103). O valor da aproximação da solução dado pela k-ésima iteração é:

$$\vec{x}^{(k)} = \vec{x}^{(k-1)} + \Delta x^{(k)} \tag{4.105}$$

Onde $\Delta x^{(k)}$ é o vetor solução do sistema linear dado pela equação (4.103). O processo iterativo é efetuado M vezes, onde M é um valor tal que;

$$\sum_{\lambda=1}^{M} \left| \frac{x_\lambda^{(M)} - x_\lambda^{(M-1)}}{x_\lambda^{(M)} + \varepsilon} \right| < \delta \tag{4.106}$$

Onde, como mencionado anteriormente, δ é um número positivo e pequeno, cujo valor é inversamente proporcional à precisão desejada e ε é um número bem pequeno para evitar divisão por zero. Para evitar que o processo entre num laço infinito é necessário estipular um número máximo de iterações. Seja K_{max} este número, então o critério de parada para o processo iterativo é:

$$\sum_{\lambda=1}^{n} \left| \frac{x_\lambda^{(k)} - x_\lambda^{(k-1)}}{x_\lambda^{(k)} + \varepsilon} \right| < \delta \quad \text{ou} \quad k \geq K_{max} \tag{4.107}$$

O método de Newton-Raphson desenvolvido anteriormente serve para resolver sistemas de equações não lineares. Porém, é importante observar que o mesmo serve, também, para resolver sistemas de equações lineares. Neste caso a matriz Jacobiana do sistema coincide com a matriz dos coeficientes de um sistema linear.

4.3 - Zero de funções

Considere uma função $f(x)$ definida num intervalo $[a, b]$. Às vezes é necessário conhecer valores de x nos quais a função dada assume valor nulo. Ou seja, deseja-se conhecer valores da raiz desta função no intervalo em questão. Isto implica dizer que se deseja encontrar um valor (ou valores) $x^* \in [a, b]$ tal que $f(x^*) = 0$. Existem diversos métodos numéricos para a solução deste tipo de problema. Neste capítulo serão abordados apenas dois: o método da bissecção e o método de Newton-Raphson

4.3.1 – O método da bissecção

Considere uma função $f(x)$ definida num intervalo $[x_{min}\ ,\ x_{max}]$. Se $f(x)$ for contínua no intervalo e se o produto $f(x_{min})\cdot f(x_{max})<0$, então esta função possui pelo menos uma raiz neste intervalo. O método da bissecção constrói uma sequência de intervalos que contém a raiz da função e estes intervalos diminuem em tamanho a cada iteração.

Em primeiro lugar calcula-se os limites do intervalo dado pela primeira iteração:

$$x_{min}^{(0)} = x_{min}; \qquad x_{max}^{(0)} = x_{max} \tag{4.108}$$

Em seguida calcula-se o valor de x dado pela primeira iteração:

$$x^{(0)} = \frac{x_{min}^{(0)} + x_{max}^{(0)}}{2} \tag{4.109}$$

e o seguinte produto:

$$f\left(x_{min}^{(0)}\right) \cdot f\left(x^{(0)}\right) \tag{4.110}$$

Na seguinte iteração, novos valores do intervalo e da variável x são novamente calculados da seguinte maneira:

$$f\left(x_{min}^{(0)}\right)\cdot f\left(x^{(0)}\right)\begin{cases} <0 \Rightarrow x_{min}^{(1)}=x_{min}^{(0)} \text{ e } x_{max}^{(1)}=x^{(0)} \\ \\ >0 \Rightarrow x_{min}^{(1)}=x^{(0)} \text{ e } x_{max}^{(1)}=x_{max}^{(0)} \end{cases} \tag{4.111}$$

$$x^{(1)} = \frac{x_{min}^{(1)} + x_{max}^{(1)}}{2} \tag{4.112}$$

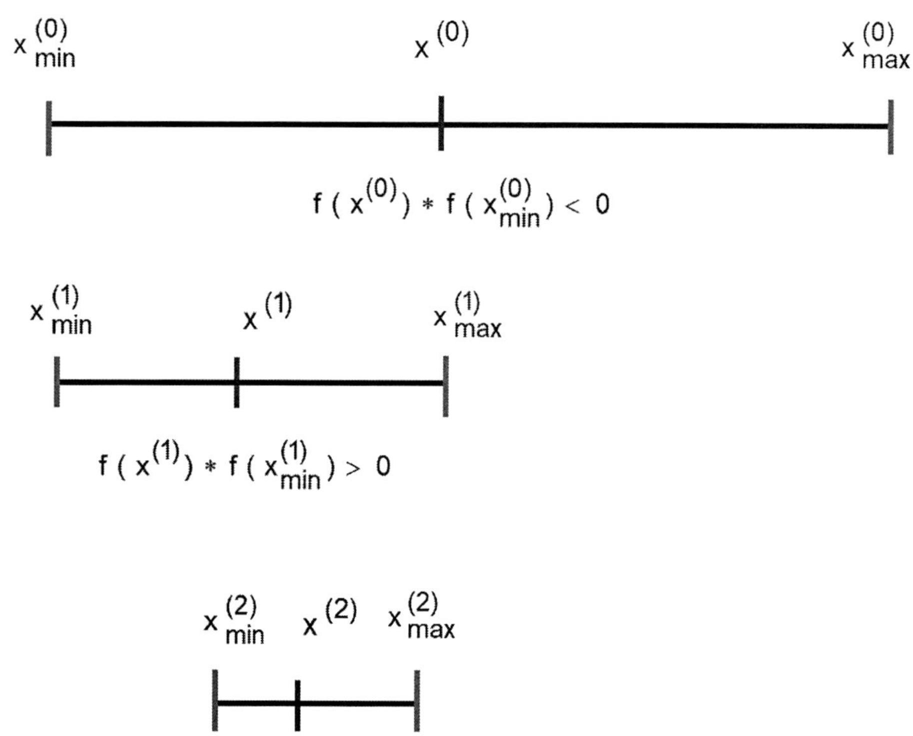

Figura 4.5 – Interpretação geométrica do algoritmo de bissecção

E assim por diante. O valor do intervalo dado pela k-ésima iteração é calculado em função do valor do produto da função nos valores de x calculados na iteração anterior:

$$f\left(x_{min}^{(0)}\right) \cdot f\left(x^{(0)}\right) \begin{cases} < 0 \Rightarrow x_{min}^{(k)} = x_{min}^{(k-1)} \text{ e } x_{max}^{(k)} = x^{(k-1)} \\ \\ > 0 \Rightarrow x_{min}^{(k)} = x^{(k-1)} \text{ e } x_{max}^{(k)} = x_{max}^{(k-1)} \end{cases} \tag{4.113}$$

E o valor da variável x dado pela k-ésima iteração é dado por:

$$x^{(k)} = \frac{x_{min}^{(k)} + x_{max}^{(k)}}{2} \tag{4.114}$$

O processo iterativo para quando:

$$\left| f\left(x^{(K)}\right) \right| < \delta \quad \text{ou} \quad K \geq K_{max} \tag{4.115}$$

Onde, como mencionado anteriormente, δ é um número positivo (pequeno) cujo valor é inversamente proporcional à precisão desejada. Uma interpretação geométrica deste algoritmo é esquematizada na figura 4.5.

4.3.2 – O método de Newton-Raphson

Considere uma função f(x) definida num intervalo $[x_{min}, x_{max}]$. Se f(x) for contínua no intervalo e se o produto $f(x_{min}) * f(x_{max}) < 0$, sabe-se, então, que esta função possui pelo menos uma raiz neste intervalo. Seja x^* o valor de x tal que:

$$f(x^*) = 0 \quad \text{e} \quad x^* \in [x_{min}, x_{max}] \tag{4.116}$$

O método de Newton-Raphson constrói uma sequência de aproximações de x^* a partir de uma estimativa inicial $x^{(0)}$, através da fórmula:

$$x^{(k+1)} = x^{(k)} - \frac{f\left(x^{(k)}\right)}{\left(\dfrac{df}{dx}\right)_{x=x^{(k)}}} \tag{4.117}$$

A expressão pode ser obtida pela aproximação do valor de x dada pela k-ésima iteração através de uma fórmula de Taylor de primeira ordem. Isto pode ser visto facilmente. Considere a seguinte aproximação:

$$f\left(x^{(k+1)}\right) \cong f\left(x^{(k)}\right) + \left(x^{(k+1)} - x^{(k)}\right)\left(\frac{df}{dx}\right)_{x=x^{(k)}} \tag{4.118}$$

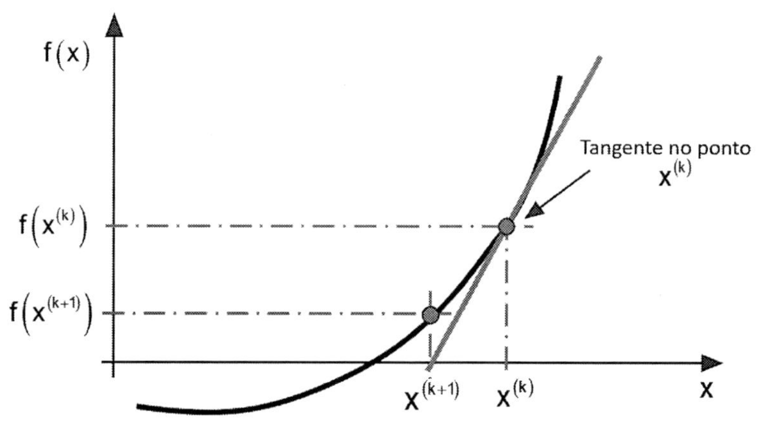

Figura 4.6 – Interpretação geométrica do método de Newton-Raphson

Assumindo que a expressão acima seja igual a zero, tem-se:

$$f\left(x^{(k+1)}\right) \approx f\left(x^{(k)}\right) + \left(x^{(k+1)} - x^{(k)}\right)\left(\frac{df}{dx}\right)_{x=x^{(k)}} = 0 \tag{4.119}$$

Reordenando a expressão (4.119), obtém-se a equação (4.117). Este método é, às vezes, também, denominado de método de projeção das tangentes. Uma interpretação geométrica deste método é dada na figura 4.6

4.3.3 – O método de Newton-Raphson para sistemas

Considere um sistema de equações algébricas homogêneas, dado por:

$$
\begin{aligned}
&f_1(x_1, x_2, \cdots , x_n) = 0 \\
&f_2(x_1, x_2, \cdots , x_n) = 0 \\
&\qquad\vdots \\
&f_n(x_1, x_2, \cdots , x_n) = 0
\end{aligned}
\tag{4.120}
$$

Este tipo de problema é análogo ao problema da solução de sistemas não lineares, discutido no subitem 4.2. Na realidade, este problema é um caso particular do problema anterior para quando o vetor independente (lado direito da equação) é nulo ($\vec{b} = 0$). A mesma metodologia discutida no capítulo 4.2 pode ser usada para resolver problemas desta natureza.

Conforme mencionado no subitem 4.2, o método de Newton-Raphson desenvolvido anteriormente serve, também, para resolver sistemas homogêneos de equações lineares e neste caso a matriz Jacobiana do sistema coincide com a matriz dos coeficientes de um sistema linear homogêneo.

4.4 – Solução numérica de equações de derivadas parciais

Existem diversos métodos para a solução de equações de derivadas parciais. Porém, os dois métodos a seguir são, talvez, os mais populares e têm sido usado com sucesso na área de lubrificação e mancais hidrodinâmicos: diferenças finitas e elementos finitos.

4.4.1 - O método das diferenças finitas

Para tornar o material aqui exposto mais voltado para o tema do livro (mancais hidrodinâmicos) faremos o desenvolvimento do método das diferenças finitas voltado para a solução da equação de Reynolds. É importante ter em mente, portanto, que este método pode ser aplicado para a solução de qualquer equação diferencial.

O primeiro passo para aplicar o método das diferenças finitas é a discretização do domínio. Considere um problema de lubrificação cuja superfície de deslizamento (aqui denominada de domínio) é definida por:

$$0 \leq x \leq L_x; \qquad 0 \leq z \leq L_z \tag{4.121}$$

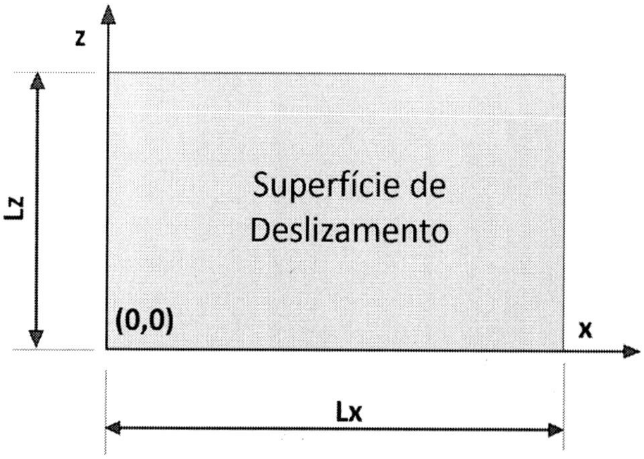

Figura 4.7 - Domínio do problema

Pode-se dividir este domínio em L_X pontos na direção x, e L_Z pontos na direção z. Desta maneira, obtém-se um espaço discreto com L_X X L_Z pontos. Neste novo domínio, a posição de qualquer ponto na malha é dada por:

$$(x,z)_{ij} = \left[(i-1)\Delta x, (j-1)\Delta z \right]; \qquad i = 1,2,\cdots,l_x; \qquad j = 1,2,\cdots,l_z \tag{4.122}$$

onde :

$$\Delta x = \frac{L_x}{(L_x - 1)}; \qquad \Delta z = \frac{L_z}{(L_z - 1)} \tag{4.123}$$

A pressão nestes pontos também pode ser representada analogamente

$$p(x,z)_{i,j} = p((i-1)\Delta x, (j-1)\Delta z) \tag{4.124}$$

Para facilitar a nomenclatura, usa-se $p_{i,j}$ para representar a pressão no ponto $\left[(i-1)\Delta x,\ (j-1)\Delta z\right]$. As pressões nos pontos vizinhos podem ser calculadas por séries de Taylor:

$$p_{i+1,j} = p_{i,j} + \frac{\partial p}{\partial x}\Delta x + \frac{\partial^2 p}{\partial x^2}\frac{\Delta x^2}{2!} + E_1(\Delta x^3) \tag{4.125}$$

$$p_{i-1,j} = p_{i,j} - \frac{\partial p}{\partial x}\Delta x + \frac{\partial^2 p}{\partial x^2}\frac{\Delta x^2}{2!} + E_2(\Delta x^3) \tag{4.126}$$

onde $E_1(\Delta x^3)$ e $E_2(\Delta x^3)$ significam erros de truncamento de terceira ordem. Subtraindo $p_{i-1,j}$ de $p_{i+1,j}$, tem-se:

$$p_{i+1,j} - p_{i-1,j} = 2\frac{\partial p}{\partial x}\Delta x + \theta(\Delta x^3) \tag{4.127}$$

Dividindo os dois lados da equação acima por $2\Delta x$ tem-se:

$$\frac{\partial p}{\partial x} = \frac{p_{i+1,j} - p_{i-1,j}}{2\Delta x} + \frac{\theta(\Delta x^3)}{\Delta x} \quad \Rightarrow \quad \theta(\Delta x^2) \tag{4.128}$$

Nas 2 equações anteriores a letra θ significa "da ordem de", ou seja $\theta(\Delta x^2)$ significa um erro da ordem de Δx^2. Desprezando o erro $\theta(\Delta x^2)$, tem-se:

$$\frac{\partial p}{\partial x} \simeq \frac{p_{i+1,j} - p_{i-1,j}}{2\Delta x} \tag{4.129}$$

A equação anterior é uma aproximação para $\frac{\partial p}{\partial x}$. A mesma é chamada de diferença central e tem **um erro de 2ª ordem.** Considere a seguinte expressão

$$p_{i+1,j} = p_{i,j} + \frac{\partial p}{\partial x}\Delta x + E(\Delta x^2) \tag{4.130}$$

Dividindo por ΔX, tem-se:

$$\frac{\partial p}{\partial x} = \frac{p_{i+1,j} - p_{i,j}}{\Delta x} + \theta(\Delta x) \qquad (4.131)$$

Desprezando $\theta(\Delta x)$ tem-se:

$$\frac{\partial p}{\partial x} \approx \frac{p_{i+1,j} - p_{i,j}}{\Delta x} \qquad (4.132)$$

A expressão anterior é uma aproximação de $\frac{\partial p}{\partial x}$ com erro de primeira ordem, chamada diferença lateral. Somando as equações (4.125) e (4.126) tem-se:

$$p_{i+1,j} + p_{i-1,j} = 2p_{i,j} + \frac{\partial^2 p}{\partial x^2}\Delta x^2 + \theta(\Delta x^4) \qquad (4.133)$$

Dividindo os dois lados por Δx^2, tem-se:

$$\frac{\partial^2 p}{\partial x^2} = \frac{p_{i+1,j} - 2p_{i,j} + p_{i-1,j}}{\Delta x^2} + \theta(\Delta x^2) \qquad (4.134)$$

Ou seja,

$$\frac{\partial^2 p}{\partial x^2} \cong \frac{p_{i+1,j} - 2p_{i,j} + p_{i-1,j}}{\Delta x^2} \qquad (4.135)$$

Analogamente, pode-se aproximar as derivadas no sentido z e também para as outras variáveis (h). Desenvolvendo as derivadas da equação de Reynolds, tem-se:

$$\frac{3h^2}{12\mu}\left(\frac{\partial h}{\partial x}\right)\left(\frac{\partial p}{\partial x}\right)+\frac{h^3}{12\mu}\left(\frac{\partial^2 p}{\partial x^2}\right)+\frac{3h^2}{12\mu}\left(\frac{\partial h}{\partial z}\right)\left(\frac{\partial p}{\partial z}\right)+$$

$$\frac{h^3}{12\mu}\left(\frac{\partial^2 p}{\partial z^2}\right)=\frac{U}{2}\left(\frac{\partial h}{\partial x}\right)+\frac{\partial h}{\partial t} \qquad (4.136)$$

Multiplicando os dois lados da equação por $\frac{12\mu}{3h^2}$ obtém-se:

$$\left(\frac{\partial h}{\partial x}\right)\left(\frac{\partial p}{\partial x}\right)+\frac{h}{3}\left(\frac{\partial^2 p}{\partial x^2}\right)+\left(\frac{\partial h}{\partial z}\right)\left(\frac{\partial p}{\partial z}\right)+\frac{h}{3}\left(\frac{\partial^2 p}{\partial z^2}\right)=$$

$$\frac{2\mu U}{h^2}\left(\frac{\partial h}{\partial x}\right)+\frac{4\mu}{h^2}\frac{\partial h}{\partial t} \qquad (4.137)$$

Substituindo pelas aproximações das derivadas na equação anterior, tem-se:

$$\left(\frac{h_{i+1,j}-h_{i-1,j}}{2\Delta x}\right)\left(\frac{p_{i+1,j}-p_{i-1,j}}{2\Delta x}\right)+\frac{h_{i,j}}{3}\left(\frac{p_{i+1,j}-2\,p_{i,j}+p_{i-1,j}}{\Delta x^2}\right)+$$

$$\left(\frac{h_{i,j+1}-h_{i,j-1}}{2\Delta z}\right)\left(\frac{p_{i,j+1}-p_{i,j-1}}{2\Delta z}\right)+\frac{h_{i,j}}{3}\left(\frac{p_{i,j+1}-2\,p_{i,j}+p_{i,j-1}}{\Delta z^2}\right)= \qquad (4.138)$$

$$\frac{2\mu U}{h_{i,j}^2}\left(\frac{h_{i+1,j}-h_{i-1,j}}{2\Delta x}\right)+\frac{4\mu}{h_{i,j}^2}\frac{\partial h}{\partial t}$$

A equação anterior pode ser expressa da seguinte maneira:

$$p_{i,j} = \frac{\left[C_e \, p_{i-1,j} + C_d \, p_{i+1,j} + C_i \, p_{i,j-1} + C_s \, p_{i,j+1} + C_c \right]}{D} \qquad (4.139)$$

A equação (4.139) representa um sistema de equações algébricas de ordem $L_x \times L_z$ equações, onde as incógnitas são as pressões nos pontos da malha (ou domínio discretizado).

A solução deste sistema linear através das técnicas de solução de sistemas lineares discutidas anteriormente, juntamente com a imposição das condições de contorno do problema em questão, fornecerão o valor da pressão em todos os pontos da malha, que é exatamente a solução da equação de Reynolds. Este ponto será elucidado em detalhe no subitem 7.3.

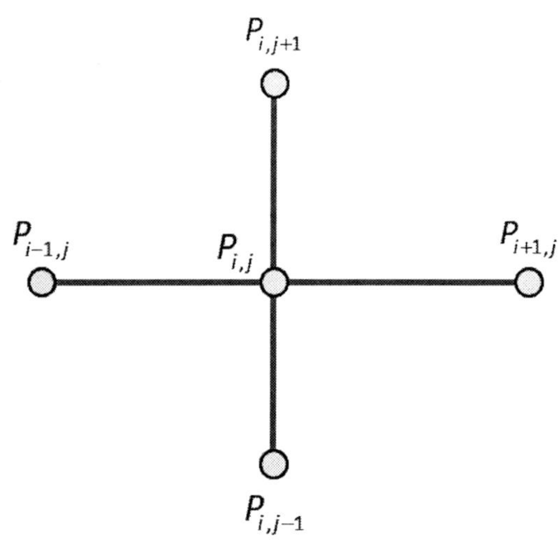

Figura 4.8 - Molécula computacional

A figura 4.8, denominada de molécula computacional, é um esquema geométrico que ajuda visualizar como o valor da pressão num determinado ponto é calculado em função do valor da pressão em outros pontos adjacentes da malha.

4.4.2 - O método dos elementos finitos

A maioria dos problemas de mecânica dos meios contínuos pode também ser formulado através de equações diferenciais que podem ser expressas da seguinte maneira:

$$L(\phi) - f = 0 \tag{4.140}$$

Onde f é uma função das variáveis independentes, ϕ é a função solução do problema e L é um operador diferencial, não necessariamente linear.

Exemplo 1: operador diferencial de 1ª ordem em 1D

$$L(\ ) = \frac{d(\ )}{d\,x} \tag{4.141}$$

Exemplo 2: operador de Laplace

$$L(\ ) = \frac{\partial^2(\ )}{\partial\,x^2} + \frac{\partial^2(\ )}{\partial\,y^2} + \frac{\partial^2(\ )}{\partial\,z^2} \tag{4.142}$$

Exemplo 3: Operador bi-harmônico em 2 dimensões

$$L(\ ) = \frac{\partial^4(\ )}{\partial\,x^4} + 2\,\frac{\partial^4(\ )}{\partial\,x^2\partial\,y^2} + \frac{\partial^4(\ )}{\partial\,y^4} \tag{4.143}$$

Uma grande quantidade de operadores diferenciais de 2ª ordem com n variáveis independentes pode ser expressa por:

$$L(\ ) = \sum_{i=1}^{n} a_i\,\frac{\partial^2(\ )}{\partial\,x_i^2} + \sum_{i=1}^{n} b_i\,\frac{\partial(\ )}{\partial\,x_i} + (\ )c + d \tag{4.144}$$

A solução geral de um problema da mecânica dos meios contínuos, devidamente expresso por uma equação diferencial pode ser resolvido, se conseguirmos encontrar uma função ϕ que satisfaça a igualdade representada pela equação diferencial.

A maioria dos problemas da mecânica dos meios contínuos pode também ser resolvida através de uma formulação integral (ao invés de diferencial). Neste caso, a integral (aqui chamada de funcional) representa alguma propriedade característica do problema em questão.

Exemplo 1: Elasticidade linear.

$$I = \underbrace{\frac{1}{2}\int_{\forall} \left[\left[\tilde{\delta}\right]\left[B\right]\left[C\right]\left[B\right]\left\{\tilde{\delta}\right\}\right] d\forall}_{\text{energia de deformação}} - \underbrace{\int_{\forall}\left[F^{*}\right]\left\{\tilde{\delta}\right\} d\forall}_{\text{devido a componentes externos}} - \underbrace{\int_{s}\left[T^{*}\right]\left\{\tilde{\delta}\right\} ds}_{\text{Forças de supeficies}} \qquad (4.145)$$

Onde define-se: $\tilde{\delta} = \{u, v, w\}; \quad \{E\} = [B]\{\tilde{\delta}\}$

Em elasticidade linear, dado um campo de forças de superfície e forças devido a campos externos atuando em um sólido, de todos os campos de deslocamento possíveis, aquele que satisfaz as condições de equilíbrio estável maximiza a energia potencial total do sólido.

Exemplo 2: Termodinâmica clássica

Para um sistema isolado, um estado de equilíbrio estável é aquele em que a entropia do sistema é máxima.

$$I = \int_{\forall} s \, d\forall \qquad (4.146)$$

O estado termodinâmico que maximiza o funcional anterior é o estado de solução do problema em questão.

Exemplo 3: Dinâmica dos Fluidos

(a) Fluido incompressível com viscosidade nula (inviscido) e irrotacional

$$\vec{\nabla}\cdot\vec{V}=0 \quad e \quad \vec{\nabla}\times\vec{V}=\vec{0} \tag{4.147}$$

o estado de equilíbrio estável é aquele em que a energia cinética é mínima.

(b) Para escoamentos irreversíveis (com atrito)

Um dos postulados da termodinâmica dos processos irreversíveis diz que um estado de equilíbrio estável é aquele em que a taxa de geração de entropia é mínima.

$$\mathrm{I} = \dot{\mathrm{S}} = \int_{\forall} \dot{\mathrm{s}}\ d\forall \tag{4.148}$$

Minimizando o funcional anterior, obtém-se a solução do problema em questão.

O primeiro passo na aplicação do Método dos Elementos Finitos é a construção de um funcional [23] que:

- Contenha as variáveis de interesse (ex: elasticidade linear $\overline{\delta} = \{\mathrm{u,v,w}\}$);
- Tenha um significado físico tal que minimizado ou maximizado obtém-se a solução do problema.

Porém, nem sempre é possível construir um funcional diretamente a partir de princípios físicos; neste caso, existem três enfoques que podem ser usados:

- Consulta a livros que possam ter o problema em questão e o princípio variacional equivalente;

- Manipulação matemática através de métodos variacionais;

- Usar derivadas de Frechet para testar a existência do princípio variacional.

Através de manipulação matemática:

$$\int_A \delta p \left[\vec{\nabla} \cdot \left(\frac{h^3}{12\mu} \vec{\nabla} p \right) - \frac{U}{2} \frac{\partial h}{\partial x} \right] dA \tag{4.149}$$

é possível mostrar (23) que o funcional da equação de Reynolds é:

$$I = \int \left\{ \frac{h^3}{24\mu} \left[\left(\frac{\partial p}{\partial x} \right)^2 + \left(\frac{\partial p}{\partial z} \right)^2 \right] + \frac{U}{2} \left(\frac{\partial h}{\partial x} \right) p \right\} dA \tag{4.150}$$

A minimização do funcional anterior fornecerá a solução da equação de Reynolds. Ao invés de minimizar o funcional no domínio todo, pode fazê-lo em subdomínios (chamados de elementos). Cada elemento terá uma geometria definida e conter um número finito de pontos (chamados de nós).

Dentro de cada elemento pode-se expressar a pressão ou espessura de filme h por uma função em x e z. Esta função é denominada de função de interpolação. O caso mais simples é o de uma função de interpolação polinomial.

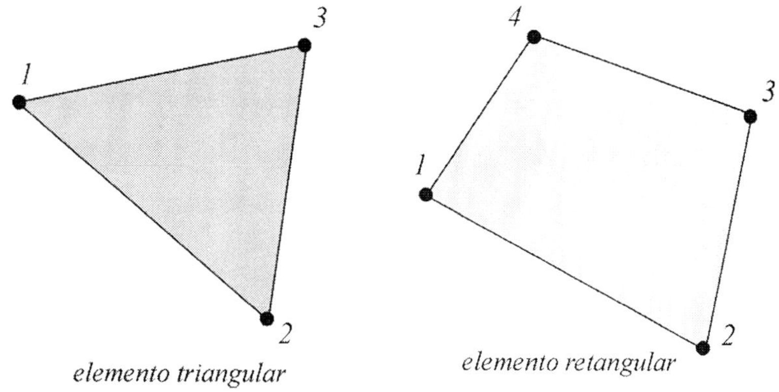

Figura 4.9 – Tipos de elementos

$$p^{(e)} = \sum_{i=1}^{r} \sum_{j=1}^{s} \alpha_{ij} \, x^{(i-1)} \, z^{(j-1)} \tag{4.151}$$

os coeficientes da equação anterior podem ser determinados através da solução do sistema linear dado a seguir:

$$p^{(e)}\left(x_k, z_k\right) = \sum_{i=1}^{r} \sum_{j=1}^{s} \alpha_{ij} \, x_k^{(i-1)} \, z_k^{(j-1)}; \quad k = 1, 2, \cdots, k \tag{4.152}$$

onde $\left[x_k, z_k \right]$ são as coordenadas do k-ésimo nó e K o número total de nós do elemento. Para que o sistema linear anterior seja determinado é necessário que:

$$\left[r \, x \, s \right] \leq k \tag{4.153}$$

Os coeficientes da função de interpolação (α_{ij}) são funções das coordenadas nodais e pressões nodais. É possível reordenar a equação (4.152) e obter uma expressão do tipo:

$$p^{(e)} = \sum_{k=1}^{K} N_k(x, z) \, p_k \tag{4.154}$$

Os coeficientes anteriores (N_k) são independentes da pressão, e na verdade, servem para expressar a variação de qualquer propriedade dentro do elemento. Por exemplo:

$$h^{(e)} = \sum_{k=1}^{K} N_k(x,z)h_k \tag{4.155}$$

Substituindo por $p^{(e)}$ e $h^{(e)}$ no funcional, tem-se:

$$I^{(e)} = \int_A \left\{ \begin{array}{l} \dfrac{1}{24\mu}\left[\left(\sum_{k=1}^{k} N_k h_k\right)^3\right] \times \left[\left(\sum_{k=1}^{k} \dfrac{\partial N_k}{\partial x} p_k\right)^2 + \left(\sum_{k=1}^{k} \dfrac{\partial N_k}{\partial z} p_k\right)^2\right] + \\ \\ \left[\dfrac{U}{2}\left(\sum_{k=1}^{k} \dfrac{\partial N_k}{\partial x} h_k\right)\left(\sum_{k=1}^{k} N_k p_k\right)\right] \end{array} \right\} dA \tag{4.156}$$

Para que o funcional anterior seja mínimo é necessário que:

$$\frac{\partial I^{(e)}}{\partial p_j} = 0; \qquad j = 1, 2, \cdots, K \tag{4.157}$$

Diferenciando o funcional anterior e igualando-o a zero, tem-se:

$$\int_A \left\{ \begin{array}{l} \dfrac{1}{12\mu}\left[\left(\sum_{k=1}^{k} N_k h_k\right)^3\right] \times \left[\sum_{k=1}^{k} \dfrac{\partial N_k}{\partial x} \dfrac{\partial N_j}{\partial x} p_k + \sum_{k=1}^{k} \dfrac{\partial N_k}{\partial z} \dfrac{\partial N_j}{\partial z} p_k\right] + \\ \\ \left[\dfrac{U}{2}\left(\sum_{k=1}^{k} \dfrac{\partial N_k}{\partial x} h_k\right) N_j\right] \end{array} \right\} dA = 0 \tag{4.158}$$

Trocando a ordem da somatória e da integral e notando o fato que $\rho_k \neq f(x, z)$, obtém-se:

$$\sum_{k=1}^{k} M_{jk}^{(e)} p_k = F_j^{(e)}$$

(4.159)

onde:

$$M_{jk} = \int_A \left\{ \frac{1}{12\mu} \left[\left(\sum_{k=1}^{k} N_k h_k \right)^3 \right] \left[\frac{\partial N_k}{\partial x} \frac{\partial N_j}{\partial x} + \frac{\partial N_k}{\partial z} \frac{\partial N_j}{\partial z} \right] \right\} dA \qquad (4.160)$$

A expressão anterior é denominada de matriz de rigidez do sistema .

$$F_j^{(e)} = -\int_A \left[\frac{U}{2} \left(\sum_{k=1}^{k} \frac{\partial N_k}{\partial x} h_k \right) N_j \right] dA \qquad (4.161)$$

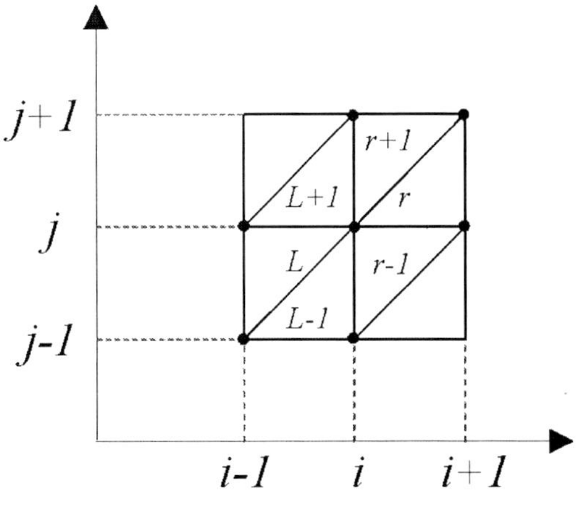

Figura 4.10 - Discretização do domínio em elementos triangulares

A equação (4.161) representa um sistema linear de ordem K, cujas incógnitas são p_k ; $k = 1,2, \cdots, K$, para um dado elemento. Para poder resolver o sistema, é necessário juntar as matrizes de todos os elementos e montar uma matriz global para o domínio em questão (a mesma incluirá as condições de contorno). Em geral, o formato da matriz global depende da matriz de incidência (molécula computacional). A figura 4.10 apresenta um esquema da distribuição dos elementos no caso de elementos triangulares.

Capítulo 5 – A Equação de Reynolds em Coordenadas Cartesianas

Neste capítulo será feita a dedução da equação de Reynolds em coordenadas cartesianas. Será deduzida a equação de Reynolds para mancais radiais, e será, também, feita uma breve interpretação física dos mecanismos de sustentação para mancais radiais e axiais.

5.1 – Dedução da equação de Reynolds para mancais radiais

A equação de Reynolds para mancais radiais pode ser deduzida a partir das equações de Navier-Stokes e conservação da massa em coordenadas cartesianas, apresentadas no capítulo anterior. Para tal, é necessário fazer algumas hipóteses simplificativas.

Hipóteses:

I - Ignora-se efeitos de curvatura.

Hipótese razoável uma vez que h<<D. Com esta hipótese pode-se usar as equações de conservação da massa e as equações de Navier-Stokes em coordenadas cartesianas;

II - Fluido Newtoniano

$$\sigma_{ij} = -p\delta_{ij} + \mu\left(\frac{\partial u_i}{\partial x_j} + \frac{\partial u_j}{\partial x_i}\right) - \frac{2}{3}\mu\delta_{ij}\frac{\partial u_k}{\partial x_k} \tag{5.1}$$

III - Fluido Incompressível.

$$\vec{\nabla}\cdot\vec{V} = \frac{\partial u_k}{\partial x_k} = \theta = 0 \tag{5.2}$$

IV - Escoamento laminar.

Hipótese razoável, uma vez que para mancais hidrodinâmicos convencionais o número de Reynolds é da ordem de 1(um):

$$R_e = \frac{vL}{\nu} \cong 1 << 1000 \tag{5.3}$$

Com as quatro primeiras hipóteses anteriores pode-se usar as equações de Navier-Stokes para fluidos Newtonianos incompressíveis e viscosidade variável, deduzidas no capítulo anterior e reproduzidas a seguir:

$$\rho \frac{du}{dt} = \rho f_x''' - \frac{\partial p}{\partial x} + \frac{\partial}{\partial x}\left[2\mu \frac{\partial u}{\partial x}\right] + \frac{\partial}{\partial y}\left[\mu\left(\frac{\partial u}{\partial y} + \frac{\partial v}{\partial x}\right)\right] + \frac{\partial}{\partial z}\left[\mu\left(\frac{\partial u}{\partial z} + \frac{\partial w}{\partial x}\right)\right] \tag{5.4}$$

$$\rho \frac{dv}{dt} = \rho f_y''' - \frac{\partial p}{\partial y} + \frac{\partial}{\partial x}\left[\mu\left(\frac{\partial v}{\partial x} + \frac{\partial u}{\partial y}\right)\right] + \frac{\partial}{\partial y}\left[2\mu \frac{\partial v}{\partial y}\right] + \frac{\partial}{\partial z}\left[\mu\left(\frac{\partial u}{\partial y} + \frac{\partial v}{\partial z}\right)\right] \tag{5.5}$$

$$\rho \frac{dw}{dt} = \rho f_z''' - \frac{\partial p}{\partial z} + \frac{\partial}{\partial x}\left[\mu\left(\frac{\partial w}{\partial x} + \frac{\partial u}{\partial z}\right)\right] + \frac{\partial}{\partial y}\left[\mu\left(\frac{\partial u}{\partial y} + \frac{\partial v}{\partial z}\right)\right] + \frac{\partial}{\partial z}\left[2\mu \frac{\partial w}{\partial z}\right] \tag{5.6}$$

V - Forças de campos externos desprezível.

Esta é uma hipótese razoável uma vez que para um fluido não ionizado e sem efeitos de campos eletromagnéticos, a única força de campo atuante no mesmo é a força gravitacional. E neste caso é facil de verificar que as forças devido às pressões internas no fluido são muito maiores (ordens de grandeza) que as forças gravitacionais.

VI - Forças inerciais desprezíveis.

Analogamente à hipótese anterior, as forças devido às pressões internas no fluido são muito maiores (ordens de grandeza) que as forças inerciais.

VII - Comparado com as derivadas

$$\frac{\partial u}{\partial y} \quad e \quad \frac{\partial w}{\partial y}$$

todas as outras derivadas são desprezíveis.

Esta hipótese é bastante razoável uma vez que, para um mancal típico, a espessura do filme (direção y) é da ordem de mícrons, ao passo que as outras dimensões são da ordem de milímetros. Assim sendo, tem-se uma relação de pelo menos 3 (três) ordens de grandeza entre as variáveis x e z e a variável ao longo da espessura de filme (y). Nem a velocidade do fluido na direção x(u) ou na direção z(w) variam muito nesta direção (y). Assim sendo esta hipótese torna-se bastante razoável.

Aplicando as hipóteses simplificativas I a VII nas equações anteriores, tem-se:

$$\frac{\partial p}{\partial x} = \frac{\partial}{\partial y}\left[\mu\left(\frac{\partial u}{\partial y}\right)\right] \tag{5.7}$$

$$\frac{\partial p}{\partial y} = \frac{\partial}{\partial x}\left[\mu\left(\frac{\partial u}{\partial y}\right)\right] + 2\frac{\partial}{\partial y}\left[\mu\frac{\partial v}{\partial y}\right] + \frac{\partial}{\partial z}\left[\mu\left(\frac{\partial w}{\partial y}\right)\right] \tag{5.8}$$

$$\frac{\partial p}{\partial z} = \frac{\partial}{\partial y}\left[\mu\left(\frac{\partial w}{\partial y}\right)\right] \tag{5.9}$$

VIII - A velocidade do fluido na direção y é desprezível.

Hipótese razoável uma vez que a grandeza da dimensão ao longo da espessura do filme é muito pequena e como será visto posteriomente (hipótese IX) não há gradiente de pressão nesta direção, ou seja, nada que possa acelerar o fluido. Como a velocidade do fluido é nula nas superfícies de deslizamento do mancal (região ortogonal à direção y), tem-se que a velocidade do fluido nesta direção é realmente nula.

Com a hipótese VII as equações anteriores passam a ser:

$$\frac{\partial p}{\partial x} = \frac{\partial}{\partial y}\left[\mu\left(\frac{\partial u}{\partial y}\right)\right] \tag{5.10}$$

$$\frac{\partial p}{\partial y} = \frac{\partial}{\partial x}\left[\mu\left(\frac{\partial u}{\partial y}\right)\right] + \frac{\partial}{\partial z}\left[\mu\left(\frac{\partial w}{\partial y}\right)\right] \tag{5.11}$$

$$\frac{\partial p}{\partial z} = \frac{\partial}{\partial y}\left[\mu\left(\frac{\partial w}{\partial y}\right)\right] \tag{5.12}$$

IX – A pressão não varia na direção y.

Aqui também trata-se de uma hipótese razoável, pois além da dimensão em questão ser desprezível com relação às outras, conforme discutido anteriormente, não existe nesta direção nenhum mecanismo (tal como os mecanismos de “wege” e “squeeze”) que propicie um aumento da pressão nesta direção.

Com a hipótese IX as equações anteriores podem ser expressas da seguinte maneira:

$$\frac{\partial p}{\partial x} = \frac{\partial}{\partial y}\left[\mu\left(\frac{\partial u}{\partial y}\right)\right] \tag{5.13}$$

$$\frac{\partial}{\partial x}\left[\mu\left(\frac{\partial u}{\partial y}\right)\right] + \frac{\partial}{\partial z}\left[\mu\left(\frac{\partial w}{\partial y}\right)\right] = 0 \tag{5.14}$$

$$\frac{\partial p}{\partial z} = \frac{\partial}{\partial y}\left[\mu\left(\frac{\partial w}{\partial y}\right)\right] \tag{5.15}$$

X – A viscosidade não varia na direção y. Hipótese razoável devido às mesmas explicações dadas anteriormente. Com esta hipótese as equações anteriores podem ser expressas da seguinte maneira:

$$\frac{\partial p}{\partial x} = \mu\,\frac{\partial^2 u}{\partial y^2} \tag{5.16}$$

$$\frac{\partial p}{\partial z} = \mu\,\frac{\partial^2 w}{\partial y^2} \tag{5.17}$$

Genericamente, uma variável qualquer tal como a velocidade do fluido pode ser função das coordenadas espaciais (x, y, z) e do tempo (t), ou seja:

$$u = f(t, x, y, z) \qquad \text{e} \qquad w = f(t, x, y, z) \tag{5.18}$$

E neste caso, de acordo com as regras do cálculo diferencial, as derivadas totais destas variáveis são dadas por:

$$\frac{du}{dt} = \frac{\partial u}{\partial t} + u\frac{\partial u}{\partial x} + v\frac{\partial u}{\partial y} + w\frac{\partial u}{\partial z}$$

$$\frac{dw}{dt} = \frac{\partial w}{\partial t} + u\frac{\partial w}{\partial x} + v\frac{\partial w}{\partial y} + w\frac{\partial w}{\partial z} \qquad (5.19)$$

Porém, como

$$\frac{\partial u}{\partial x}, \quad \frac{\partial u}{\partial z}, \quad \frac{\partial w}{\partial x} \quad e \quad \frac{\partial w}{\partial z} \qquad (5.20)$$

foram desprezadas anteriormente, tem-se:

$$\frac{du}{dt} = \frac{\partial u}{\partial t} + v\frac{\partial u}{\partial y}$$

$$\frac{dw}{dt} = \frac{\partial w}{\partial t} + v\frac{\partial w}{\partial y} \qquad (5.21)$$

De acordo com a hipótese VII, a velocidade do fluido na direção y(v) é nula. Neste caso as equações anteriores podem ser expressas da seguinte maneira:

$$\frac{\partial^2 u}{\partial y^2} \equiv \frac{d^2 u}{dy^2} \quad e \quad \frac{\partial^2 w}{\partial y^2} \equiv \frac{d^2 w}{dy^2} \qquad (5.22)$$

Usando as expressões acima nas equações (5.16) e (5.17), tem-se:

$$\frac{\partial p}{\partial x} = \mu\frac{d^2 u}{dy^2} \quad e \quad \frac{\partial p}{\partial z} = \mu\frac{d^2 w}{dy^2} \qquad (5.23)$$

Integrando as equações anteriores com relação a y, tem-se:

$$\frac{du}{dy} = \frac{1}{\mu}\left(\frac{\partial p}{\partial x}\right) y + C_1$$

$$u(y) = \frac{1}{2\mu}\left(\frac{\partial p}{\partial x}\right) y^2 + C_1 y + C_2 \tag{5.24}$$

As condições de contorno são as velocidades em y=0 e y=h, conforme ilustrado na figura 5.1. Observando-se esta figura, pode-se notar que na direção y as condições de contorno são:

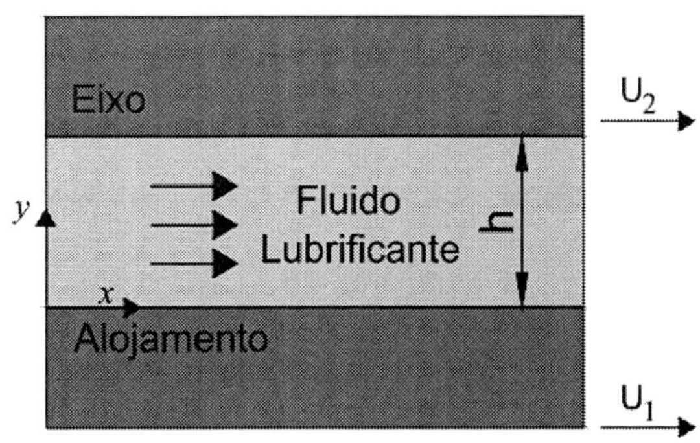

Figura 5.1 - Condições de contorno

$$u(y=0) = U_1 \quad ; \quad u(y=h) = U_2 \tag{5.25}$$

Com estas condições de contorno obtém-se:

$$u(y) = \frac{1}{2\mu}\left(\frac{\partial p}{\partial x}\right)\left[y\,(y-h)\right] + \left(\frac{U_2 - U_1}{h}\right) y + U_1 \tag{5.26}$$

Analogamente:

$$w(y) = \frac{1}{2\mu}\left(\frac{\partial p}{\partial z}\right) y^2 + C_1\, y + C_2 \tag{5.27}$$

Na direção z as condições de contorno são dadas pelo escoamento de Poisuielle: $w(y=0)=w(y=h)=0$, conforme ilustrado na figura 5.3:

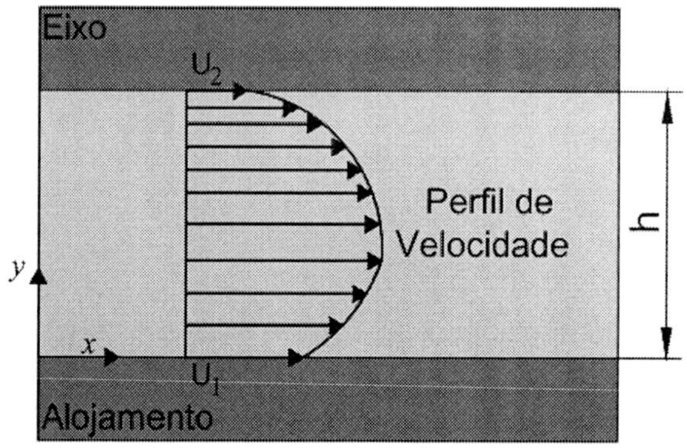

Figura 5.2 - Condições de contorno

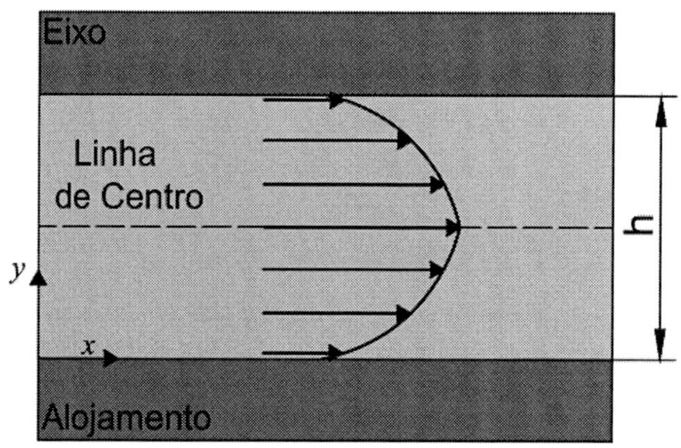

Figura 5.3 - Escoamento de Poisuielle

$$w(y)=\frac{1}{2\mu}\left(\frac{\partial p}{\partial z}\right)[\,y(y-h)\,] \tag{5.28}$$

A equação de conservação da massa para um fluido incompressível, deduzida anteriormente é:

$$\vec{\nabla}\cdot\vec{V}=\frac{\partial u_k}{\partial x_k}=\frac{\partial u}{\partial x}+\frac{\partial v}{\partial y}+\frac{\partial w}{\partial z}=0$$

Da equação anterior obtém-se:

$$\frac{\partial v}{\partial y} = -\frac{\partial u}{\partial x} - \frac{\partial w}{\partial z} \tag{5.29}$$

Substituindo por u e w na equação anterior tem-se:

$$\frac{\partial v}{\partial y} = -\frac{\partial}{\partial x}\left\{\frac{1}{2\mu}\left(\frac{\partial p}{\partial x}\right)\left[y(y-h)\right] + \left(\frac{U_2 - U_1}{h}\right)y + U_1\right\}$$

$$- \frac{\partial}{\partial z}\left\{\frac{1}{2\mu}\left(\frac{\partial p}{\partial z}\right)\left[y(y-h)\right]\right\} \tag{5.30}$$

multiplicando a equação anterior por –1, usando a aproximação $\frac{\partial v}{\partial y} \simeq \frac{d v}{d y}$ (hipótese VII) e integrando-a com relação a y tem-se, no intervalo $\left[0, h(x)\right]$:

$$-\int_{y=0}^{y=h(x)} \frac{d v}{d y} dy = -V(y = h) =$$

$$\int_{y=0}^{y=h(x)} \frac{\partial}{\partial x}\left\{\frac{1}{2\mu}\left(\frac{\partial p}{\partial x}\right)\left[y(y-h)\right] + \left(\frac{U_2 - U_1}{h}\right)y + U_1\right\} dy + \tag{5.31}$$

$$\int_{y=0}^{y=h(x)} \frac{\partial}{\partial z}\left\{\frac{1}{2\mu}\left(\frac{\partial p}{\partial z}\right)\left[y(y-h)\right]\right\} dy$$

A regra de Leibnitz para a derivada de uma integral definida é dada a seguir:

$$\frac{\partial}{\partial \alpha}\int_{\phi_1}^{\phi_2} F\,dx = \int_{\phi_1}^{\phi_2} \frac{\partial F}{\partial \alpha}\,dx + F(\phi_2)\frac{\partial \phi_2}{\partial \alpha} - F(\phi_1)\frac{\partial \phi_1}{\partial \alpha} \tag{5.32}$$

Como $F(\phi_1)\dfrac{\partial \phi_1}{\partial \alpha}$ é nulo neste caso, tem-se:

$$\int_{0}^{\phi_2} \frac{\partial F}{\partial \alpha}\,dx = \frac{\partial}{\partial \alpha}\int_{0}^{\phi_2} F\,dx + F(\phi_2)\frac{\partial \phi_2}{\partial \alpha} \tag{5.33}$$

Usando a regra de Leibnitz para o primeiro termo do lado direito da equação (5.31), tem-se:

$$\int_{y=0}^{y=h(x)} \frac{\partial}{\partial x}\left\{\frac{1}{2\mu}\left(\frac{\partial p}{\partial x}\right)\left[y\left(y-h\right)\right]+\left(\frac{U_2-U_1}{h}\right)y+U_1\right\}dy =$$

$$\frac{\partial}{\partial x}\int_{y=0}^{h}\left\{\frac{1}{2\mu}\left(\frac{\partial p}{\partial x}\right)\left[y\left(y-h\right)\right]+\left(\frac{U_2-U_1}{h}\right)y+U_1\right\}dy \tag{5.34}$$

$$-\left\{\frac{\partial}{\partial x}\left[\frac{-h^3}{12\mu}\left(\frac{\partial p}{\partial x}\right)+\left(\frac{U_2+U_1}{2}\right)h\right]+\left(\frac{U_2+U_1}{2}\right)\frac{\partial h}{\partial x}\right\}$$

ou

$$\int_{y=0}^{y=h(x)} \frac{\partial}{\partial x}\left\{\frac{1}{2\mu}\left(\frac{\partial p}{\partial x}\right)\left[y\left(y-h\right)\right]+\left(\frac{U_2-U_1}{h}\right)y+U_1\right\}dy =$$

$$\frac{\partial}{\partial x}\left[\frac{-h^3}{12\,\mu}\left(\frac{\partial p}{\partial x}\right)+\left(\frac{U_2+U_1}{2}\right)h\right] \tag{5.35}$$

$$-\left\{\frac{\partial}{\partial x}\left[\frac{1}{2\mu}\left(\frac{\partial p}{\partial x}\right)\left[h\left(h-h\right)\right]\right]+\left[\left(\frac{U_2-U_1}{h}\right)h\right]+U_1\right\}\frac{\partial h}{\partial x}$$

Então

$$\int_{y=0}^{y=h(x)} \frac{\partial}{\partial x}\left\{\frac{1}{2\,\mu}\left(\frac{\partial p}{\partial x}\right)\left[y\left(y-h\right)\right]+\left(\frac{U_2-U_1}{h}\right)y+U_1\right\}dy =$$

$$\frac{\partial}{\partial x}\left[\frac{-h^3}{12\mu}\left(\frac{\partial p}{\partial x}\right)\right]+h\frac{\partial}{\partial x}\left[\left(\frac{U_2+U_1}{2}\right)\right]+\left[\left(\frac{U_2+U_1}{2}\right)\right]\frac{\partial h}{\partial x}-U_2\frac{\partial h}{\partial x} \tag{5.36}$$

A derivada parcial da soma das velocidades com relação a x é nula. Assim sendo, tem-se:

$$\int_{y=0}^{y=h(x)} \frac{\partial}{\partial x}\left\{\frac{1}{2\,\mu}\left(\frac{\partial p}{\partial x}\right)\left[y\left(y-h\right)\right]+\left(\frac{U_2-U_1}{h}\right)y+U_1\right\}dy =$$

$$\frac{\partial}{\partial x}\left[\frac{-h^3}{12\,\mu}\left(\frac{\partial p}{\partial x}\right)\right]+\left[\left(\frac{-U_2+U_1}{2}\right)\right]\frac{\partial h}{\partial x} \tag{5.37}$$

Usando a regra de Leibnitz para o segundo termo do lado direito da equação (5.31), tem-se:

$$\int_{y=0}^{y=h(x)} \frac{\partial}{\partial z}\left\{\frac{1}{2\mu}\left(\frac{\partial p}{\partial z}\right)\left[y\left(y-h\right)\right]\right\} dy = \frac{\partial}{\partial z}\int_{y=0}^{y=h(x)} \left\{\frac{1}{2\mu}\left(\frac{\partial p}{\partial z}\right)\left[y\left(y-h\right)\right]\right\} dy \tag{5.38}$$

$$-\frac{\partial}{\partial z}\left\{\frac{1}{2\mu}\left(\frac{\partial p}{\partial z}\right)\left[h\left(h-h\right)\right]\right\}$$

Então

$$\int_{y=0}^{y=h(x)} \frac{\partial}{\partial z}\left\{\frac{1}{2\mu}\left(\frac{\partial p}{\partial z}\right)\left[y\left(y-h\right)\right]\right\} dy = \tag{5.39}$$

$$\frac{\partial}{\partial z}\left\{\frac{-h^3}{12\mu}\left(\frac{\partial p}{\partial z}\right)\right\} - \frac{\partial}{\partial z}\left\{\frac{1}{2\mu}\left(\frac{\partial p}{\partial z}\right)\left[h\left(h-h\right)\right]\right\}$$

O segundo termo do lado direito da equação anterior é nulo. Assim sendo, tem-se:

$$\int_{y=0}^{y=h(x)} \frac{\partial}{\partial z}\left\{\frac{1}{2\mu}\left(\frac{\partial p}{\partial z}\right)\left[y\left(y-h\right)\right]\right\} dy = \tag{5.40}$$

$$\frac{\partial}{\partial z}\left\{\frac{-h^3}{12\mu}\left(\frac{\partial p}{\partial z}\right)\right\}$$

Substituindo pelas equações (5.37) e (5.40) na equação (5.31) tem-se:

$$-\int_{y=0}^{y=h(x)} \frac{d\,v}{d\,y}\,dy = -V =$$

(5.41)

$$\frac{\partial}{\partial x}\left[\frac{-h^3}{12\mu}\left(\frac{\partial p}{\partial x}\right)\right] + \left[\left(\frac{-U_2 + U_1}{2}\right)\right]\frac{\partial h}{\partial x} + \frac{\partial}{\partial z}\left\{\frac{-h^3}{12\mu}\left(\frac{\partial p}{\partial z}\right)\right\}$$

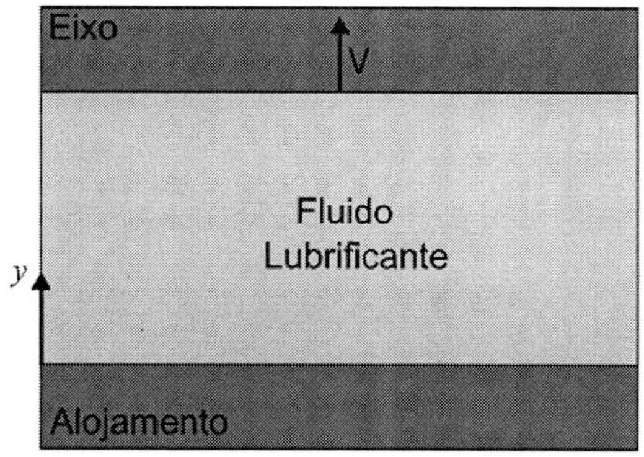

Figura 5.4 - Velocidade de separação das superfícies

Da equação (5.41) tem-se que:

$$\frac{\partial}{\partial x}\left[\frac{h^3}{12\mu}\left(\frac{\partial p}{\partial x}\right)\right] + \frac{\partial}{\partial z}\left\{\frac{-h^3}{12\mu}\left(\frac{\partial p}{\partial z}\right)\right\} = \left[\left(\frac{U_2 - U_1}{2}\right)\right]\frac{\partial h}{\partial x} - V$$

Se V for a velocidade de aproximação das superfícies de deslizamento, ao invés de velocidade de separação, então o sinal do último termo da equação anterior é positivo, e, neste caso a equação anterior passa a ser:

$$\frac{\partial}{\partial x}\left[\frac{h^3}{12\mu}\left(\frac{\partial p}{\partial x}\right)\right] + \frac{\partial}{\partial z}\left\{\frac{-h^3}{12\mu}\left(\frac{\partial p}{\partial z}\right)\right\} = \left[\left(\frac{U_2 - U_1}{2}\right)\right]\frac{\partial h}{\partial x} + V \qquad (5.42)$$

que é a **equação geral de Reynolds** para fluidos incompressíveis.

5.2 – A equação geral de Reynolds para mancais radiais

A equação geral de Reynolds para fluidos incompressíveis deduzida anteriormente é:

$$\frac{\partial}{\partial x}\left[\frac{h^3}{12\mu}\left(\frac{\partial p}{\partial x}\right)\right] + \frac{\partial}{\partial z}\left[\frac{h^3}{12\mu}\left(\frac{\partial p}{\partial z}\right)\right] = \left(\frac{U_2 - U_1}{2}\right)\frac{\partial h}{\partial x} + V \tag{5.43}$$

Para um mancal radial, ignorando-se os efeitos de curvatura, tem-se:

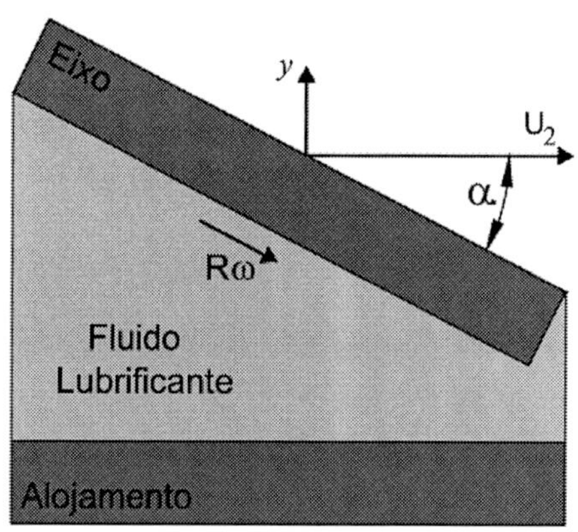

Figura 5.5 - Mancal radial

$$U_2 = R\omega\cos(\alpha) = R\omega\left[1 + \frac{\alpha^2}{2!} + \frac{\alpha^4}{4!} + \cdots\right] \tag{5.44}$$

A tangente do ângulo α é $\tan(\alpha) = \frac{\partial h}{\partial x}$. Como $\alpha << 1$ tem-se que $U_2 \cong R\omega$

$$V = \frac{dh}{dt} = \frac{\partial h}{\partial t} + \frac{\partial h}{\partial x}\frac{dx}{dt} = \frac{\partial h}{\partial t} + U_2\frac{\partial h}{\partial x} \tag{5.45}$$

Então

$$V = \frac{\partial h}{\partial t} + U_2\frac{\partial h}{\partial x} \tag{5.46}$$

Substituindo por (5.45) em (5.43) tem-se:

$$\frac{\partial}{\partial x}\left(\frac{h^3}{12\mu}\frac{\partial p}{\partial x}\right)+\frac{\partial}{\partial z}\left(\frac{h^3}{12\mu}\frac{\partial p}{\partial z}\right)=\left(\frac{U_1+U_2}{2}\right)\frac{\partial h}{\partial x}+\frac{\partial h}{\partial t} \tag{5.47}$$

onde: U_1 é a velocidade circunferencial do alojamento do mancal (m/s);

U_2 é a velocidade circunferencial da superfície do eixo do mancal (m/s);

$\frac{\partial h}{\partial t}$ é a a derivada parcial da espessura do filme com relação ao tempo (m/s);

A equação acima é a equação de Reynolds para mancais radiais com fluido incompressível.

Em mancais hidrodinâmicos radiais convencionais, geralmente, a velocidade circunferencial do alojamento é nula (alojamento fixo). Neste caso $U_1=0$, e a equação (5.47) pode ser escrita da seguinte maneira:

$$\frac{\partial}{\partial x}\left(\frac{h^3}{12\mu}\frac{\partial p}{\partial x}\right)+\frac{\partial}{\partial z}\left(\frac{h^3}{12\mu}\frac{\partial p}{\partial z}\right)=\frac{R\,\omega}{2}\frac{\partial h}{\partial x}+\frac{\partial h}{\partial t} \tag{5.48}$$

Onde U é a velocidade circunferencial do eixo do mancal. A equação anterior é a equação de Reynolds para um mancal hidrodinâmico radial com alojamento fixo.

Para um mancal com carregamento estático a espessura de filme não varia com o tempo, ou seja:

$$\left(\frac{\partial h}{\partial t}\right)=0$$

E neste caso tem-se:

$$\frac{\partial}{\partial x}\left(\frac{h^3}{12\mu}\frac{\partial p}{\partial x}\right)+\frac{\partial}{\partial z}\left(\frac{h^3}{12\mu}\frac{\partial p}{\partial z}\right)=\frac{U}{2}\frac{\partial h}{\partial x} \qquad (5.49)$$

A equação acima é a equação de Reynolds para um mancal hidrodinâmico radial com alojamento fixo e carregamento estático.

5.3 – Mecanismo de sustentação em mancais radiais e mancais axiais – interpretação física

A equação geral de Reynolds dada a seguir

$$\frac{\partial}{\partial x}\left(\frac{h^3}{12\mu}\frac{\partial p}{\partial x}\right)+\frac{\partial}{\partial z}\left(\frac{h^3}{12\mu}\frac{\partial p}{\partial z}\right)=\left(\frac{U_1-U_2}{2}\right)\frac{\partial h}{\partial x}+V \qquad (5.50)$$

é a equação que rege os fenômenos que acontecem num mancal com duas superfícies planas (mancal de encosto).

Observando-se o lado direito da equação (5.50) nota-se que se U_1 for igual a U_2 então o primeiro termo do lado direito da equação (5.50) é nulo:

$$\left(\frac{U_1-U_2}{2}\right)\frac{\partial h}{\partial x}=0 \qquad (5.51)$$

Substituindo pela equação (5.51) na equação (5.50), tem-se:

$$\frac{\partial}{\partial x}\left(\frac{h^3}{12\mu}\frac{\partial p}{\partial x}\right)+\frac{\partial}{\partial z}\left(\frac{h^3}{12\mu}\frac{\partial p}{\partial z}\right)=V \qquad (5.52)$$

O que implica dizer que um mancal de encosto não gera pressão hidrodinâmica pelo mecanismo de "wedge" se a diferença entre as velocidades das superfícies de deslizamento for nula. Nesto caso, o único mecanismo de geração de pressão é o "squeeze" ou prensamento do filme do fluido lubrificante.

Este fenômeno pode ser melhor entendido através do funcionamento de um esqui aquático, que é, na realidade, um mancal de encosto, conforme ilustrado na figura (5.6). Quando a velocidade do eski for igual à velocidade da água, então não existe o efeito wedge e haverá uma velocidade vertical para baixo que prensa o fluido e gera uma força de sustentação devido ao fenômeno de squeeze. Consequentemente o esquiador tende a afundar na água.

α: ângulo de ataque

Se U1=U2 então não existe força de sustentação

Figura 5.6 – Geração de pressão hidrodinâmica numa prancha de surf ou mancal de encosto

Agora fica fácil comparar os mecanismos de sustentação de um mancal radial com os de um mancal de encosto (mancal plano). O lado direito da equação de Reynolds para um mancal radial com carregamento estático é:

$$\left(\frac{U_1 + U_2}{2}\right)\frac{\partial h}{\partial x} \tag{5.53}$$

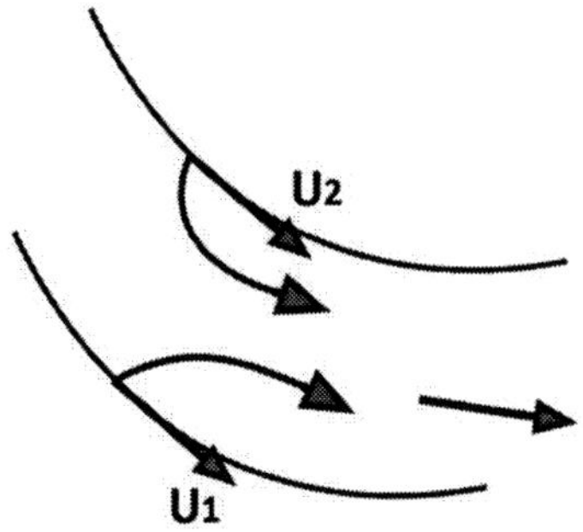

Figura 5.7 – Velocidades tangenciais das superfícies de deslizamento num mancal hidrodinâmico radial

A equação (5.53) mostra que o componente da força de sustentação hidrodinâmica devido ao componente wedge é proporcional à soma das velocidades das superfícies de deslizamento:

$$\left(U_1 + U_2\right)$$

Onde: U_1 = Velocidade tangencial da superfície do alojamento do mancal (m/s);
U_2 = Velocidade tangencial da superfície do eixo do mancal (m/s).

Isto quer dizer que ambas velocidades contribuem para arrastar partículas de fluido para a região convergente, conforme ilustrado na figura 5.7.

CAPÍTULO 6 - Soluções Analíticas da Equação de Reynolds para Mancais Radiais

Quando se projeta um mancal hidrodinâmico, objetiva-se ter um mancal que tenha uma longa vida operacional sem apresentar falhas prematuras. Para que isto aconteça, é necessário controlar certos parâmetros operacionais que podem encurtar a vida útil do mancal. Em geral, é desejável:

01. Minimizar a pressão máxima do filme de óleo (POFP);
02. Maximizar a espessura mínima do filme de óleo (MOFT);
03. Minimizar a potência de acionamento do mancal (PLDF);
04. Maximizar a vazão de óleo do mancal (AOFR);

Existem várias alterações que podem ser feitas na fase de projeto, para melhorar os parâmetros operacionais de mancais mencionados anteriormente. Pode-se, por exemplo:

- Aumentar o raio do eixo do mancal;
- Aumentar a largura do mancal;
- Aumentar o diâmetro do eixo do mancal;
- Aumentar a velocidade angular do eixo do mancal;
- Alterar a folga radial do mancal;
- Diminuir a temperatura de entrada ou usar um óleo com viscosidade maior.

Porém, para saber como a variação das características acima podem influenciar os itens (1 a 4) acima mencionados é necessário resolver a equação de Reynolds e isto envolve o uso de métodos numéricos e análise computacional. Isto pode se tornar uma difícil tarefa para quem não tem familiaridade com o assunto.

Porém, para alguns casos de mancais hidrodinâmicos radiais, a equação de Reynolds pode ser simplificada e assim poder obter uma solução analítica sem a necessidade de análise computacional.

Todavia, para certos tipos de mancal, com características geométricas bem particulares, é possível fazer aproximações que simplificam bastante a equação de Reynolds para mancais hidrodinâmicos radiais. Em alguns casos, é possível resolvê-la analiticamente. Existem dois tipos de mancal para os quais foram desenvolvidas soluções analíticas: mancais infinitamente longos (teoria de Sommerfeld) e mancais infinitamente curtos (teoria de Ockvirk).

A equação de Reynolds para um mancal hidrodinâmico radial com alojamento fixo e carregamento estático, deduzida no capítulo 5 (equação 5.49) é reproduzida a seguir:

$$\frac{\partial}{\partial x}\left(\frac{h^3}{12\mu}\frac{\partial p}{\partial x}\right)+\frac{\partial}{\partial z}\left(\frac{h^3}{12\,\mu}\frac{\partial p}{\partial z}\right)=\frac{U}{2}\frac{\partial h}{\partial x} \tag{6.1}$$

A seguir serão considerados os dois tipos particulares de mancais radiais hidrodinâmicos mencionados anteriormente.

6.1 - Mancal infinitamente longo (Teoria de Sommerfeld)

Existem certos tipos de mancais hidrodinâmicos radiais onde a largura é muito maior que o diâmetro, conforme esquematizado na figura 6.1.

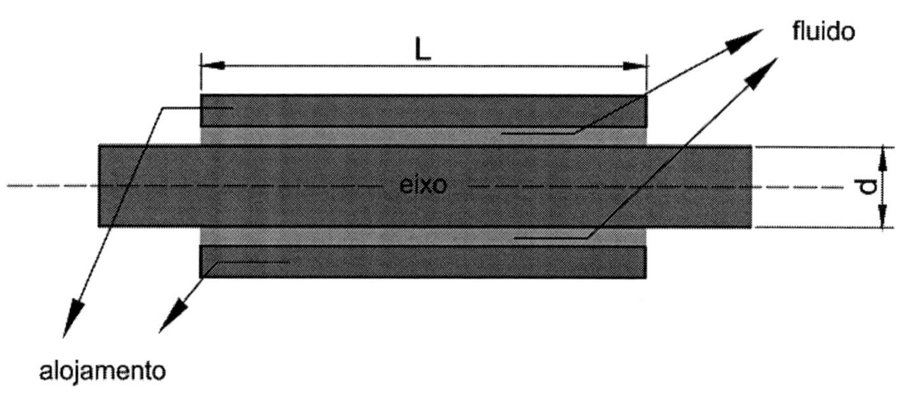

Figura 6.1 - Mancal infinitamente longo

Neste caso, tem-se:

$$\frac{L}{D} \gg 1 \tag{6.1.2}$$

Para este tipo de mancal, devido à expressão (6.1.2), a derivada parcial da pressão com relação a x (sentido circunferencial) é muito maior do que a derivada parcial da pressão com relação a z sentido axial, ou seja::

$$\frac{\partial p}{\partial x} \gg \frac{\partial p}{\partial z} \tag{6.1.3}$$

Neste caso, pode-se desprezar a derivada parcial da pressão com relação a z na equação (6.1) e a mesma passa a ser:

$$\frac{d}{dx}\left(\frac{h^3}{12\mu}\frac{dp}{dx}\right) = \frac{U}{2}\frac{dh}{dx} \tag{6.1.4}$$

Substituindo x por $R\theta$ na equação anterior e multiplicando a mesma por $12R\mu$, tem-se:

$$\frac{d}{d\theta}\left(h^3 \frac{dp}{d\theta}\right) = 6\,\mu\,U\,R\frac{dh}{dx} \tag{6.1.5}$$

Integrando a equação anterior com relação a θ, tem-se:

$$\frac{dp}{d\theta} = 6\,\mu\,U\,R\frac{h + C_1}{h^3} \tag{6.1.6}$$

A pressão varia com relação a θ, e existe um valor de espessura de filme no qual a derivada anterior é nula

$$\frac{dp}{d\theta} = 6\,\mu\,U\,R\frac{h_0 + C_1}{h^3} = 0 \tag{6.1.7}$$

Seja h_0 o valor da espessura de filme neste ponto. Assim sendo, tem-se:

$$C_1 = -h_0 \tag{6.1.8}$$

Substituindo pelo valor de C_1 dado pela equação anterior na equação (6.1.6), tem-se:

$$\frac{dp}{d\theta} = 6\,\mu\,U R \frac{h - h_0}{h^3} \tag{6.1.9}$$

A espessura de filme h, deduzida anteriormente, é dada por:

$$h(\theta) = C\left[1 + \varepsilon\cos(\theta)\right] \tag{6.1.10}$$

Integrando a equação (6.1.9) com relação a θ, tem-se:

$$p = \frac{6\mu UR}{C^2}\left\{\int \frac{d\theta}{\left[1 + \varepsilon\cos(\theta)\right]^2} - \frac{h_0}{C}\int \frac{d\theta}{\left[1 + \varepsilon\cos(\theta)\right]^3}\right\} + C_2 \tag{6.1.11}$$

Para integrar a equação acima, faz-se a seguinte transformação de coordenadas:

$$1 + \varepsilon\cos(\theta) = \frac{1 - \varepsilon^2}{1 - \varepsilon\cos(\psi)} \tag{6.1.12}$$

Reordenando a equação anterior, tem-se:

$$\cos(\theta) = \frac{1}{\varepsilon}\left[-1 + \frac{1 - \varepsilon^2}{1 - \varepsilon\cos(\psi)}\right] =$$

$$\frac{1}{\varepsilon}\left\{\frac{\left[1 - \varepsilon^2\right] - \left[1 - \varepsilon\cos(\psi)\right]}{1 - \varepsilon\cos(\psi)}\right\} = \frac{\cos(\psi) - \varepsilon}{1 - \varepsilon\cos(\psi)} \tag{6.1.13}$$

$$\Rightarrow \qquad \cos(\theta) = \frac{\cos(\psi) - \varepsilon}{1 - \varepsilon\cos(\psi)} \tag{6.1.14}$$

Considere a seguinte relação trigonométrica:

$$\text{sen}^2(\theta) + \cos^2(\theta) = 1 \tag{6.1.15}$$

Substituindo por $\cos(\theta)$ dado pela equação (6.1.14) na equação anterior, tem-se:

$$\text{sen}^2(\theta) + \left[\frac{\cos(\psi) - \varepsilon}{1 - \varepsilon\cos(\psi)}\right]^2 = 1 \tag{6.1.16}$$

Da equação anterior tem-se:

$$\text{sen}^2(\theta) = 1 - \left[\frac{\cos(\psi) - \varepsilon}{1 - \varepsilon\cos(\psi)}\right]^2 = 1 - \left\{\frac{\cos^2(\psi) - 2\,\varepsilon\cos(\psi) + \varepsilon^2}{\left[1 - \varepsilon\cos(\psi)\right]^2}\right\} =$$

$$\left\{\frac{\left[1 - 2\varepsilon\cos(\psi) + \varepsilon^2\cos^2(\psi)\right] - \left[\cos^2(\psi) - 2\,\varepsilon\cos(\psi) + \varepsilon^2\right]}{\left[1 - \varepsilon\cos(\psi)\right]^2}\right\} \tag{6.1.17}$$

Reordenando a equação (6.1.17), tem-se:

$$\text{sen}^2(\theta) = \frac{(1 - \varepsilon^2)\,\text{sen}^2(\psi)}{\left[1 - \varepsilon\cos(\psi)\right]^2} \tag{6.1.18}$$

Ou seja,

$$\text{sen}(\theta)=\frac{\sqrt{(1-\varepsilon^2)}\cdot\text{sen}(\psi)}{\left[1-\varepsilon\cos(\psi)\right]} \tag{6.1.19}$$

Diferenciando um dos termos acima, tem-se:

$$d\theta=\frac{(1-\varepsilon^2)^{1/2}\,d\psi}{\left[1-\varepsilon\cos(\psi)\right]} \tag{6.1.20}$$

As condições de contorno em $\theta = 0$ e $\theta = 2\pi$ são as mesmas na coordenada ψ, e, portanto, as condições de contorno são:

$$\begin{aligned} &p(\psi=0)=p_a \\ &p(0)=p(2\pi) \end{aligned} \tag{6.1.21}$$

Considere a primeira integral no lado direito da equação (6.1.11):

$$\int \frac{d\theta}{\left[1+\varepsilon\cos(\theta)\right]^2} \tag{6.1.22}$$

Substituindo pelas expressões dadas pelas equações (6.1.12) e (6.1.20) na equação anterior, tem-se:

$$\begin{aligned} &\int\left\{\left[\frac{1-\varepsilon\cos(\psi)}{1-\varepsilon^2}\right]^2\cdot\left[\frac{1-\varepsilon^2}{1-\varepsilon\cos(\psi)}\right]\right\}d\psi= \\ &\int\left[\frac{1-\varepsilon\cos(\psi)}{1-\varepsilon^2}\right]d\psi=\frac{\left[\psi-e\,sen(\psi)\right]}{\left[1-e^2\right]^{3/2}} \end{aligned} \tag{6.1.23}$$

O mesmo pode ser feito com a segunda integral do lado direito da equação (6.1.11). Fazendo a álgebra e integrando a equação resultante, obtêm-se:

$$\int \frac{d\theta}{\left[1+\varepsilon\cos(\theta)\right]^3} = \frac{1}{\left[1-\varepsilon^2\right]^{3/2}}\left[\psi - 2\,\varepsilon\,\text{sen}(\psi) + \frac{\varepsilon^2\psi}{2} + \frac{\varepsilon^2\text{sen}(2\psi)}{4}\right] \tag{6.1.24}$$

Substituindo pelas integrais acima na equação (6.1.11), tem-se:

$$p(\psi) = \frac{6\,\mu\,U\,R}{C^2}\left\{\frac{\psi - \varepsilon\,\text{sen}(\psi)}{\left(1-\varepsilon^2\right)^{3/2}} - \frac{h_0}{C\left(1-\varepsilon^2\right)^{3/2}} * \left[\psi - 2\varepsilon\,\text{sen}(\psi) + \frac{\varepsilon^2\psi}{2} + \frac{\varepsilon^2\text{sen}(2\psi)}{4}\right]\right\} + C_2 \tag{6.1.25}$$

Aplicando a primeira condição de contorno da equação (6.21) na equação anterior, tem-se:

$$C_2 = p_a \tag{6.1.26}$$

Aplicando a segunda condição de contorno da equação (6.1.21) na equação (6.1.25), tem-se:

$$h_0 = \frac{2\,C\,(1-\varepsilon^2)}{2+\varepsilon^2} \tag{6.1.27}$$

Substituindo pelas expressões dadas pelas equações (6.1.26) e (6.1.27) na equação (6.1.25), tem-se:

$$p(\theta) = p_a + \frac{6\mu U R\varepsilon}{C^2}\frac{\left[2+\varepsilon\cos(\theta)\right]\cdot sen(\theta)}{(2+\varepsilon^2)\left[1+\varepsilon\cos(\theta)\right]^2} \tag{6.1.28}$$

Onde: p_a é a pressão atmosférica [Pa];

U é a velocidade circunferencial do eixo do mancal [m/s];

C é a folga radial do mancal [m];

μ é a viscosidade do fluido lubrificante [Pas];

θ é o ângulo a partir da linha de centros do mancal [rad];

R é o raio do eixo do mancal [m];

ε é o fator de excentricidade do mancal [-].

A expressão da equação (6.1.28) fornece a pressão ao longo da circunferência do mancal em função dos dados operacionais. Esta solução analítica da equação de Reynolds para mancais infinitamente longos foi desenvolvida por Sommerfeld em 1904 [30, 34].

6.2 - A equação de Reynolds para mancais infinitamente curtos - teoria de Ockvirk

Este capítulo apresenta, em detalhes, a teoria de mancais infinitamente curtos (teoria de Ocvirk) para mancais hidrodinâmicos radiais com carregamento estático. Através desta será possível conseguir uma solução analítica aproximada da equação de Reynolds cujo resultado se aproxima do resultado real no caso de mancais hidrodinâmicos cuja largura é bem menor que o diâmetro do eixo.

A ideia de apresentar esta teoria em detalhe foi norteada pelo fato de que a mesma resolve analiticamente a equação de Reynolds e apresenta todas as expressões matemáticas para o cálculo dos principais fenômenos que acontecem num mancal hidrodinâmico radial durante condições reais de operação. Desta maneira, torna-se possível apresentar aos leitores praticamente todas as expressões matemáticas que são usadas para calcular os parâmetros operacionais de mancais hidrodinâmicos radiais.

Através do uso e manipulação destas expressões é possível avaliar como o comportamento de um mancal hidrodinâmico radial se altera em condições reais de operação em função dos valores de suas variáveis de projeto tal como o diâmetro e rotação do eixo, a viscosidade do óleo, a largura, a folga radial e o fator de excentricidade do mancal.

Conforme mostrado anteriormente (equação 6.1), a equação de Reynolds para mancais de deslizamento radiais e carregamento estático é:

$$\frac{\partial}{\partial x}\left[\frac{h^3}{12\,\mu}\left(\frac{\partial p}{\partial x}\right)\right]+\frac{\partial}{\partial z}\left[\frac{h^3}{12\,\mu}\left(\frac{\partial p}{\partial z}\right)\right]=\frac{R\,\omega}{2}\,\frac{\partial h}{\partial x} \qquad (6.2.1)$$

Quando a largura do mancal é muito menor que o diâmetro do eixo, usa-se na literatura o nome de "mancal infinitamente curto", conforme ilustrado na figura 6.2.1.

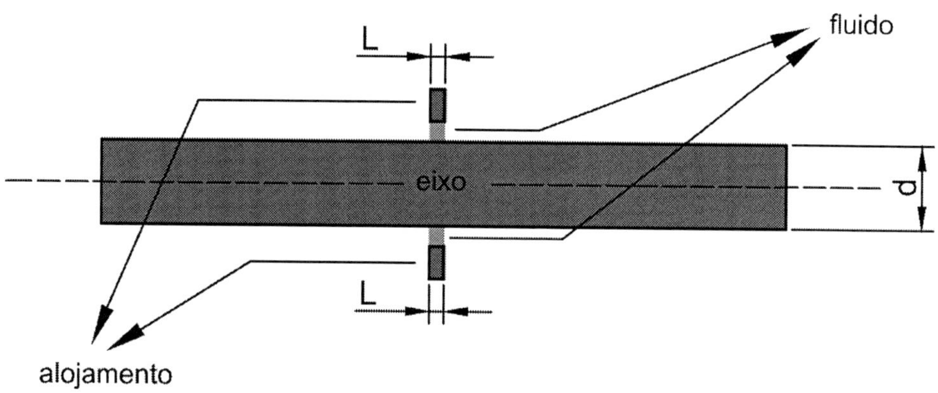

Figura 6.2.1 - Mancal infinitamente curto

Isto acontece sempre que:

$$\frac{L}{D} \ll 1 \qquad (6.2.2)$$

Quando isto acontece, o módulo do valor da derivada da pressão com relação a x é desprezível com relação ao módulo do valor da derivada com relação a z:

$$\left|\left(\frac{\partial p}{\partial x}\right)\right| << \left|\left(\frac{\partial p}{\partial z}\right)\right| \tag{6.2.3}$$

Desta maneira, pode-se eliminar a derivada parcial da pressão com relação a x sem alterar significativamente o valor da solução da equação de Reynolds. Neste caso a equação (6.2.1) pode ser escrita da seguinte maneira:

$$\frac{d}{dz}\left[\frac{h^3}{12\mu}\left(\frac{dp}{dz}\right)\right] = \frac{R\omega}{2}\frac{\partial h}{\partial x} \tag{6.2.4}$$

A expressão acima é a equação de Reynolds para mancais infinitamente curtos e com carregamento estático.

A equação (6.2.4) possui solução analítica e, portanto, não é necessário o uso de métodos numéricos para a solução da mesma. Resolvendo a equação (6.2.4) analiticamente é possível obter todas as expressões que representam os parâmetros operacionais de um mancal hidrodinâmico radial infinitamente curto (cuja largura é bem menor que seu diâmetro) em condições reais de operação.

Integrando a equação (6.2.4) com relação a z tem-se:

$$\frac{h^3}{12\mu}\left(\frac{dp}{dz}\right) = \left(\frac{R\omega}{2}\frac{\partial h}{\partial x}\right) z + C_1 \tag{6.2.5}$$

A equação acima pode ser escrita da seguinte forma:

$$\frac{dp}{dz} = \frac{12\mu}{h^3}\left[\left(\frac{R\omega}{2}\frac{\partial h}{\partial x}\right) z + C_1\right] \tag{6.2.6}$$

Integrando a equação acima mais uma vez com relação a z, tem-se:

$$p(z) = \frac{12\,\mu}{h^3}\left[\left(\frac{R\omega}{4}\frac{\partial h}{\partial x}\right)z^2 + C_1 z + C_2\right] \tag{6.2.7}$$

As condições de contorno são:

$$p\left(z=-\frac{L}{2}\right) = p\left(z=+\frac{L}{2}\right) = 0 \tag{6.2.8}$$

Substituindo a primeira condição de contorno na equação (6.2.7):

$$p(z=-\frac{L}{2}) = \frac{12\mu}{h^3}\left[\left(\frac{R\,\omega}{4}\frac{\partial h}{\partial x}\right)\left(\frac{-L}{2}\right)^2 + C_1\left(\frac{-L}{2}\right) + C_2\right] =$$

$$= \frac{12\mu}{h^3}\left[\left(\frac{R\omega}{4}\frac{\partial h}{\partial x}\right)\frac{L}{4} - C_1\frac{L}{2} + C_2\right] = 0 \tag{6.2.9}$$

Substituindo a segunda condição de contorno na equação (6.2.7):

$$p(z=+\frac{L}{2}) = \frac{12\mu}{h^3}\left[\left(\frac{R\omega}{4}\frac{\partial h}{\partial x}\right)\left(\frac{+L}{2}\right)^2 + C_1\left(\frac{+L}{2}\right) + C_2\right] =$$

$$= \frac{12\mu}{h^3}\left[\left(\frac{R\,\omega}{4}\frac{\partial\, h}{\partial\, x}\right)\frac{L^2}{4} + C_1\frac{L}{2} + C_2\right] = 0 \tag{6.2.10}$$

Subtraindo a equação (6.2.9) da equação (6.2.10), tem-se:

$$C_1\, L = 0 \quad \Rightarrow \quad C_1 = 0$$

Substituindo pelo valor de C_1 em (6.2.9) ou (6.2.10), tem-se:

$$C_2 = -\left(\frac{U}{16}\frac{\partial h}{\partial x}\right)L^2 = -\left(\frac{R\,\omega}{16}\frac{\partial h}{\partial x}\right)L^2 \tag{6.2.11}$$

Substituindo os valores de C_1 e C_2 na equação (6.2.7) tem-se:

$$p = \frac{12\,\mu}{h^3}\left\{\left(\frac{R\,\omega}{4}\frac{\partial h}{\partial x}\right)\left[z^2 - \left(\frac{L}{2}\right)^2\right]\right\} \tag{6.2.12}$$

Sabemos que a espessura de filme (h) é dada por:

$$h(\theta) = R_c\left[1 + \varepsilon\cos(\theta)\right] \tag{6.2.13}$$

A derivada da espessura de filme com relação a x é:

$$\frac{\partial h}{\partial x} = -\frac{R_c\,\varepsilon}{R}\,\text{sen}\,(\theta) \tag{6.2.14}$$

Substituindo as expressões (6.2.13) e (6.2.14) em (6.2.12), tem-se:

$$p(\theta, z) = \frac{-\,3\,\mu\omega\,\varepsilon\,\text{sen}(\theta)}{R_c^2\left[1 + \varepsilon\cos(\theta)\right]^3}\left[z^2 - \left(\frac{L}{2}\right)^2\right] \tag{6.2.15}$$

A expressão acima fornece o campo de pressão hidrodinâmica gerada num mancal infinitamente curto (através da Teoria de Ocvirk). O ângulo θ é contado a partir da linha de centros. Todavia para valores de θ maior que π a pressão atinge valores negativos. Como o fluido não resiste à tração, valores negativos de pressão não são fisicamente realistas. Para contornar este fenômeno limita-se o valor de θ:

$$0 \le \theta \le \pi \tag{6.2.16}$$

A expressão acima é conhecida como "Half Sommerfeld Condition". Assim a pressão dada pela solução aproximada usando a teoria de Ockvirk pode ser expressa da seguinte maneira:

$$p(\theta,z) = \frac{-3\mu\omega\,\varepsilon\,sen(\theta)}{R_c^2\left[1+\varepsilon\cos(\theta)\right]^3}\left[z^2-\left(\frac{L}{2}\right)^2\right];\quad 0\le\theta\le\pi \tag{6.2.17}$$

Usando a expressão acima é possível calcular todos os parâmetros de importância para um mancal hidrodinâmico radial.

6.3 – Cálculo de parâmetros operacionais para um mancal hidrodinâmico radial usando a teoria de Ockvirk

Conforme mencionado acima é possível calcular todos os parâmetros de importância para um mancal hidrodinâmico radial usando a equação (6.2.17) reproduzida a seguir:

$$p(\theta,z) = \frac{-3\mu\omega\,\varepsilon\,sen(\theta)}{R_c^2\left[1+\varepsilon\cos(\theta)\right]^3}\left[z^2-\left(\frac{L}{2}\right)^2\right];\quad 0\le\theta\le\pi \tag{6.3.1}$$

Para facilitar o entendimento, alguns dos diversos parâmetros operacionais serão calculados usando um mancal radial com as características especificadas na tabela abaixo:

Variável	Dimensão	Valor
Largura (L)	[mm]	20
Diâmetro do eixo D	[mm]	50
Viscosidade do Óleo (μ)	[mPas]	10
Rotação do eixo (N)	RPM	3000
Fator de excentricidade (ε)	[-]	0.9
Folga radial (Rc)	[μm]	50

Tabela 6.3.1 – Dimensões e condições operacionais de um mancal hidrodinâmico radial

O mancal com as dimensões e condições operacionais acima será usado nos próximos capítulos para exemplificar a aplicação da solução aproximada advinda da teoria de Ockvirk.

6.3.1 - Campo de pressão e POFP

Para calcular o campo de pressão através da expressão (6.3.1) é necessário calcular a frequência angular do eixo do mancal (ω). A mesma é dada pelo produto de duas vezes o valor de π vezes a velocidade angular do eixo em rotações por segundo (rps), ou seja:

$$\omega = 2\pi \text{ rps} = 2\pi\left(\frac{\text{rpm}}{60}\right) = 2\pi\left(\frac{3000}{60}\right) = 100\pi \qquad (6.3.2)$$

Substituindo os valores deste mancal na expressão (6.3.1), tem-se:

$$p(\theta,\varepsilon,z) = \frac{-3\cdot 0.01\cdot 100\cdot\pi\cdot 0.9\cdot \text{sen}(\theta)}{\left(50.0\cdot 10^{-6}\right)^2\left[1+0.9\cdot\cos(\theta)\right]^3}\left[z^2-\left(\frac{L}{2}\right)^2\right]$$

$$(6.3.2)$$

$$= \frac{-3\cdot 0.01\cdot 100\cdot\pi\cdot 0.9\cdot \text{sen}(\theta)}{\left(50.0\cdot 10^{-6}\right)^2\left[1+0.9\cdot\cos(\theta)\right]^3}\left[z^2-\left(\frac{0.02}{2}\right)^2\right]$$

Como pode ser visto pela expressão acima, a pressão assume um formato parabólico no sentido axial, conforme apresentado na figura 6.3.1.

A pressão é nula nas bordas e assume o valor máximo no centro axial do mancal (z=0). Neste caso, a pressão no centro axial do mancal é dada por:

$$p(\theta,\varepsilon,z=0) = \frac{0.0001\cdot 3\cdot 0.01\cdot 100\cdot\pi\cdot 0.9\cdot \text{sen}(\theta)}{\left(50.0\cdot 10^{-6}\right)^2\left[1+0.9\cdot\cos(\theta)\right]^3} = \frac{436700\cdot\varepsilon\cdot \text{sen}(\theta)}{\left[1+0.9\cdot\cos(\theta)\right]^3} \qquad (6.3.3)$$

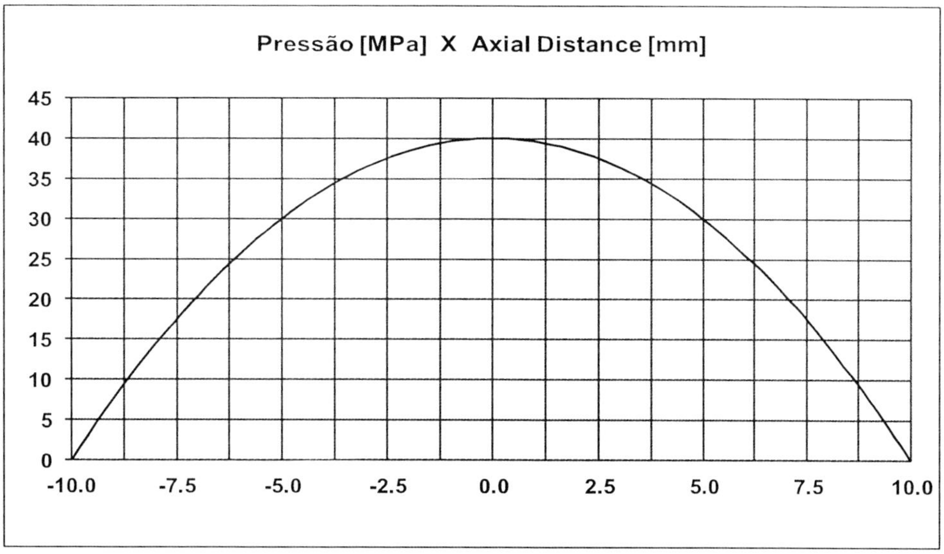

Figura 6.3.1 – Campo de pressão no sentido axial

É possível fazer um gráfico da pressão no sentido circunferencial do mancal usando a expressão acima. Para um fator de excentricidade igual a 0.9 e sem impor a condição de contorno de Half Sommerfeld explicada anteriormente, a pressão ao redor da circunferência do mancal assume valores positivos e negativos, conforme apresentado na figura 6.3.2. O ângulo teta é medido a partir da linha de centro:

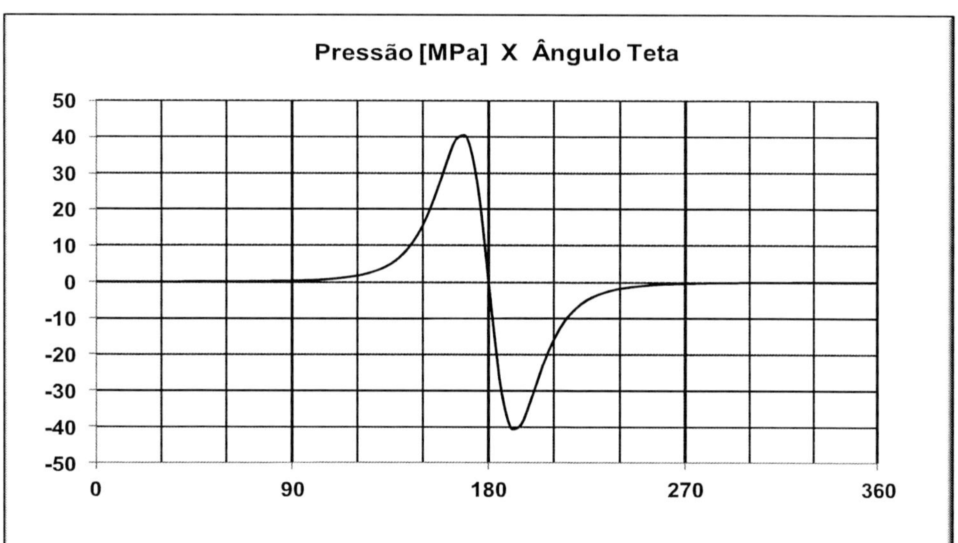

Figura 6.3.2 – Campo de pressão sem a condição de Half Sommerfeld

Ângulo [grau]	Pressão [MPa]	Ângulo [grau]	Pressão [MPa]
0.000	0.000	100.000	0.556
10.000	0.009	110.000	0.961
20.000	0.018	120.000	1.766
30.000	0.030	130.000	3.471
40.000	0.045	140.000	7.281
50.000	0.066	150.000	15.807
60.000	0.096	160.000	31.603
70.000	0.143	**170.000**	**40.112**
80.000	0.216	180.000	0.000
90.000	0.339	-	-

Tabela 6.3.1 – Valores de pressão em função do ângulo teta

Como pode ser visto pela figura 6.3.2, a pressão assume valores negativos. Porém, um fluido não resiste tração. Para evitar este fenômeno fisicamente não realista aplica-se a condição de contorno de Half Sommerfeld. Fazendo isto se tem um campo de pressão com apenas os valores não negativos ($0 \leq \theta \leq \pi$). A tabela 4.1 contém valores da pressão para valores de teta variando de 0 a π. Como pode ser visto pela tabela acima, o valor máximo da pressão no filme de óleo (POFP) acontece em torno de 170° e é de 40.112 MPa. Portanto, para este mancal a pressão máxima do filme de óleo (POFP) é:

$$POFP = 40.122 \text{ MPa} \quad (6.3.4)$$

6.3.2 – A espessura de filme e o MOFT

Outro parâmetro de interesse que se pode calcular com os dados deste mancal é a espessura mínima do filme de óleo (MOFT). A mesma pode ser obtida substituindo $\theta = \pi$ na fórmula de espessura de filme para mancais radiais:

$$h_{min} = R_c\left[1+\varepsilon\cos(\theta=\pi)\right] = 50.0\cdot10^{-6}\cdot\left[1-0.9\right] = 5.0\cdot10^{-6}\,\text{m} = 5.0\,\mu\text{m} \tag{6.3.5}$$

E finalmente:

$$\text{MOFT} = 5.0\,\mu\text{m} \tag{6.3.6}$$

Neste caso, a espessura mínima do filme (MOFT) de óleo é 5.0 μm.

6.3.3 - Força hidrodinâmica

A força hidrodinâmica pode ser decomposta em duas componentes: Uma paralela à linha de centros e outra perpendicular à mesma, conforme esquematizado na figura abaixo.

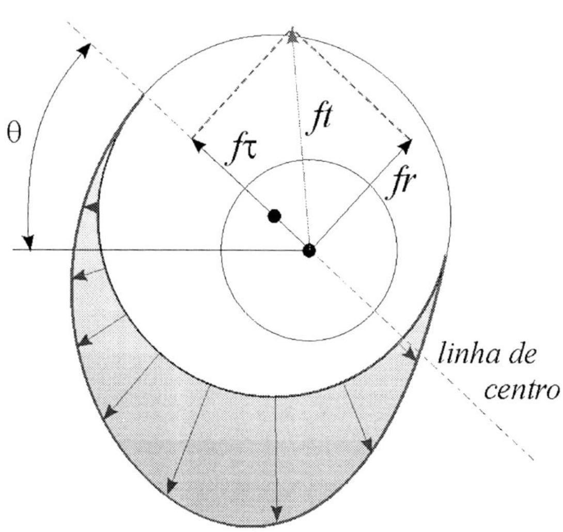

Figura 6.3.3.1 – Componentes da força hidrodinâmica

A força hidrodinâmica total gerada pelo mancal é dada pela seguinte expressão:

$$F_h = \sqrt{f_\tau^2 + f_r^2} \tag{6.3.7}$$

A componente tangencial da força hidrodinâmica pode ser calculada a partir do campo de pressão hidrodinâmico da seguinte maneira:

$$f_\tau = \int_{z=0}^{L} \int_{\theta=0}^{2\pi} p(\theta, z)\, \cos(\theta)\; R\, d\theta\, dz \tag{6.3.8}$$

Analogamente, a componente radial da força hidrodinâmica é dada por:

$$f_r = \int_{z=0}^{L} \int_{\theta=0}^{2\pi} p(\theta, z)\, \mathrm{sen}(\theta)\; R\, d\theta\, dz \tag{6.3.9}$$

Substituindo a expressão (6.3.1) na equação acima, tem-se:

$$f_r = \int_{z=0}^{L} \int_{\theta=0}^{2\pi} \left\{ \frac{-\,3\mu\omega\varepsilon\, \mathrm{sen}(\theta)}{R_c^2 \left[1 + \varepsilon \cos(\theta)\right]^3} \left[z^2 - \left(\frac{L}{2}\right)^2 \right] \mathrm{sen}(\theta) \right\} R\, d\theta\, dz \tag{6.3.10}$$

As constantes podem ficar fora da integral:

$$f_r = \frac{-\,3\mu\omega\varepsilon}{R_c^2} \int_{z=0}^{L} \int_{\theta=0}^{2\pi} \left\{ \frac{\mathrm{sen}(\theta)}{\left[1 + \varepsilon \cos(\theta)\right]^3} \left[z^2 - \left(\frac{L}{2}\right)^2 \right] \mathrm{sen}(\theta) \right\} R\, d\theta\, dz \tag{6.3.11}$$

$$f_r = \frac{-3\mu\omega\varepsilon R}{R_c^2}\left[\int_{z=0}^{L}\int_{\theta=0}^{2\pi}\frac{z^2\,\text{sen}^2(\theta)}{\left[1+\varepsilon\cos(\theta)\right]^3}\,d\theta\,dz + -\left(\frac{L}{2}\right)^2\int_{z=0}^{L}\int_{\theta=0}^{2\pi}\frac{\text{sen}^2(\theta)}{\left[1+\varepsilon\cos(\theta)\right]^3}\,d\theta\,dz\right] \qquad (6.3.12)$$

Para calcular a integral pode-se usar as três transformações dadas a seguir:

$$1+\varepsilon\cos(\theta) = \frac{1-\varepsilon^2}{\left[1-\varepsilon\cos(\psi)\right]} \qquad (6.3.13)$$

$$d\theta = \frac{\sqrt{1-\varepsilon^2}\,d\psi}{\left[1-\varepsilon\cos(\psi)\right]} \qquad (6.3.14)$$

$$\text{sen}(\theta) = \frac{\sqrt{1-\varepsilon^2}\,\text{sen}(\psi)}{\left[1-\varepsilon\cos(\psi)\right]} \qquad (6.3.15)$$

Substituindo as expressões anteriores na equação (6.3.12), tem-se:

$$f_r = \frac{-3\mu\omega\varepsilon R}{R_c^2}\int_{z=0}^{L}\int_{\theta=0}^{2\pi}\left[\left\{\frac{z^2\left[\frac{\sqrt{1-\varepsilon^2}\,\mathrm{sen}(\psi)}{[1-\varepsilon\cos(\psi)]}\right]^2}{\left[\frac{1-\varepsilon^2}{[1-\varepsilon\cos(\psi)]}\right]^3}\frac{\sqrt{1-\varepsilon^2}\,d\psi}{[1-\varepsilon\cos(\psi)]}\right\}+ -\left(\frac{L}{2}\right)^2\left\{\frac{\left[\frac{\sqrt{1-\varepsilon^2}\,\mathrm{sen}(\psi)}{[1-\varepsilon\cos(\psi)]}\right]^2}{\left[\frac{1-\varepsilon^2}{[1-\varepsilon\cos(\psi)]}\right]^3}\frac{\sqrt{1-\varepsilon^2}\,d\psi}{[1-\varepsilon\cos(\psi)]}\right\}\right]dz$$

Calculando a integral acima com a condição de Half-Sommerfeld se obtém a expressão para o componente radial da força hidrodinâmica gerada pelo mancal:

$$f_r = \frac{\mu\omega\varepsilon R\pi}{4R_c^2\left[1-\varepsilon^2\right]^{\frac{3}{2}}}L^3 \tag{6.3.16}$$

Seguindo o mesmo procedimento para o componente tangencial da força hidrodinâmica, tem-se:

$$f_\tau = \frac{\mu\omega\varepsilon^2 R}{R_c^2\left[1-\varepsilon^2\right]^2}L^3 \tag{6.3.17}$$

Substituindo pelos parâmetros operacionais do mancal hidrodinâmico em questão, tem-se:

$$f_r = \frac{\mu\,\omega\,\varepsilon R\,\pi}{4R_c^2\left[1-\varepsilon^2\right]^{\frac{3}{2}}}L^3 =$$

(6.3.18)

$$= \frac{0.01\cdot(2\pi\cdot 50)\cdot 0.9\cdot 0.025\cdot\pi}{4\cdot(50\cdot 10^{-6})^2\left[1-0.9^2\right]^{\frac{3}{2}}}0.020^3 = 2145.075\,\text{N}$$

Analogamente para o componente tangencial da força hidrodinâmica:

$$f_\tau = \frac{\mu\,\omega\,\varepsilon^2 R}{R_c^2\left[1-\varepsilon^2\right]^2}L^3 =$$

(6.3.19)

$$= \frac{0.01\cdot(2\pi\cdot 50)\cdot(0.9^2)\cdot 0.025}{(50\cdot{*}10^{-6})^2\left[1-0.9^2\right]^2} = 5639.200\,\text{N}$$

A força hidrodinâmica gerada pelo mancal é dada por:

$$F_h = \sqrt{f_\tau^2 + f_r^2} \qquad (6.3.20)$$

Substituindo pelos valores dados pelas expressões (6.3.18) e (6.3.19) na equação acima:

$$F_h = \sqrt{2145.075^2 + 5639.200^2} = 6033.401\ \text{N} \qquad (6.3.21)$$

A expressão acima diz que este mancal sustenta uma carga aplicada de 12066.80 N ou 12.067 kN.

6.4 – Velocidade do óleo

Conforme mencionado anteriormente, a equação de Reynolds é derivada da equação de conservação da massa e das equações de Navier-Stokes. Após diversas simplificações chega-se a duas simples equações dadas a seguir:

$$\frac{\partial p}{\partial x} = \mu \frac{d^2 u}{d y^2} \quad \text{e} \quad \frac{\partial p}{\partial z} = \mu \frac{d^2 w}{d y^2} \tag{6.4.1}$$

Onde: $p \equiv$ Pressão do óleo [Pa];

$\mu \equiv$ Viscosidade do óleo [Pa.s];

$x \equiv$ Coordenada circunferencial [m];

$z \equiv$ Coordenada axial [m];

$y \equiv$ Coordenada radial [m];

$u \equiv$ Velocidade circunferencial do óleo [m/s];

$w \equiv$ Velocidade axial do óleo [m/s].

A primeira expressão da equação (6.1) pode ser expressa da seguinte maneira:

$$\frac{d^2 u}{d y^2} = \frac{1}{\mu} \frac{\partial p}{\partial x} \tag{6.4.2}$$

Integrando a expressão acima com relação a y tem-se:

$$\frac{du}{dy} = \frac{1}{\mu}\left(\frac{\partial p}{\partial x}\right) y + C_1 \tag{6.4.3}$$

Integrando mais uma vez:

$$u = \frac{1}{2\mu}\left(\frac{\partial p}{\partial x}\right) y^2 + C_1\, y + C_2 \tag{6.4.4}$$

O mesmo pode ser feito com o segundo termo da expressão (6.1):

$$w = \frac{1}{2\mu}\left(\frac{\partial p}{\partial z}\right)y^2 + C_1 y + C_2 \qquad (6.4.5)$$

As condições de contorno para y=0, tanto para a velocidade axial quanto para a velocidade circunferencial, é U_1, conforme mostrado na figura 6.1. Ou seja, conforme mostrado nas figuras 6.1 e 6.2, neste ponto tem a velocidade do alojamento. Porém, no caso de um mancal hidrodinâmico radial, esta velocidade é nula. Portanto, o valor da constante C_2 é nulo para ambas as velocidades (u e w). Assim sendo, tem-se:

$$u = \frac{1}{2\mu}\left(\frac{\partial p}{\partial x}\right)y^2 + C_1 y \qquad (6.4.6)$$

$$w = \frac{1}{2\mu}\left(\frac{\partial p}{\partial z}\right)y^2 + C_1 y \qquad (6.4.7)$$

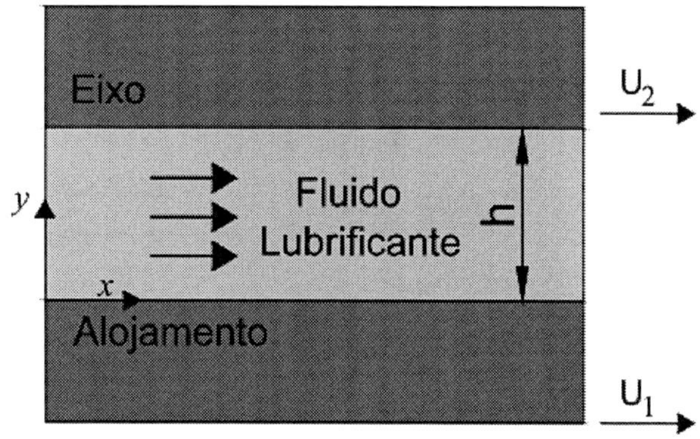

Figura 6.4.1 – Condições de contorno

No caso da equação (6.4.6), a velocidade no ponto $y = h$ é a velocidade tangencial do eixo, ou seja, $u(y = h) = u_2 = R\,\omega$, como pode ser visto pela figura 6.4.2. Assim sendo, tem-se:

$$u(y = h) = \frac{1}{2\mu}\left(\frac{\partial p}{\partial x}\right)h^2 + C_1 h = R\omega \qquad (6.4.8)$$

Assim:

$$C_1 = -\frac{1}{2\mu}\left(\frac{\partial p}{\partial x}\right)h + \frac{R\omega}{h} \qquad (6.4.9)$$

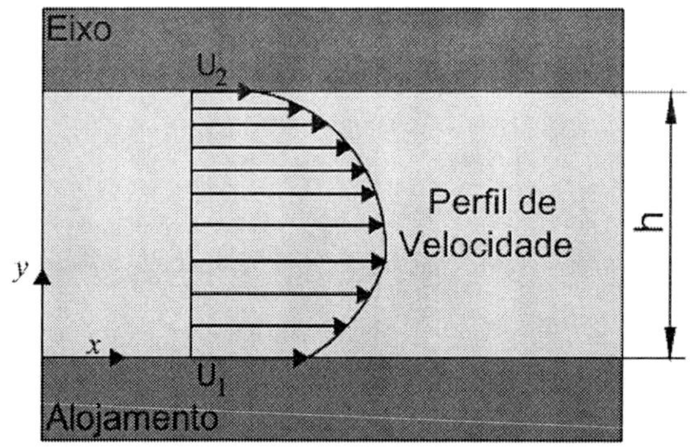

Figura 6.4.2 – Condições de contorno na direção z

Substituindo a equação (6.4.9) em (6.4.6) tem-se a velocidade circunferencial do óleo:

$$u(y) = \frac{1}{2\mu}\left(\frac{\partial p}{\partial x}\right)\left[y\left(y-h\right)\right] + \frac{R\,\omega}{h}\,y \qquad (6.4.10)$$

O primeiro termo da equação acima é o escoamento de Poisseuille (escoamento devido ao gradiente de pressão). O segundo termo é o escoamento de Couette (escoamento devido à velocidade tangencial do eixo).

No caso da velocidade axial do óleo, dada pela equação (6.4.7), a velocidade no ponto $y = h$ é nula, pois o eixo não tem velocidade axial. Assim sendo, tem-se:

$$w(y=h) = \frac{1}{2\mu}\left(\frac{\partial p}{\partial z}\right)h^2 + C_1 h = 0 \quad \Rightarrow \quad C_1 = 0 \qquad (6.4.11)$$

Portanto, a velocidade axial do óleo é dada por:

$$w(y) = \frac{1}{2\mu}\left(\frac{\partial p}{\partial z}\right)\left[y\left(y-h\right)\right] \qquad (6.4.12)$$

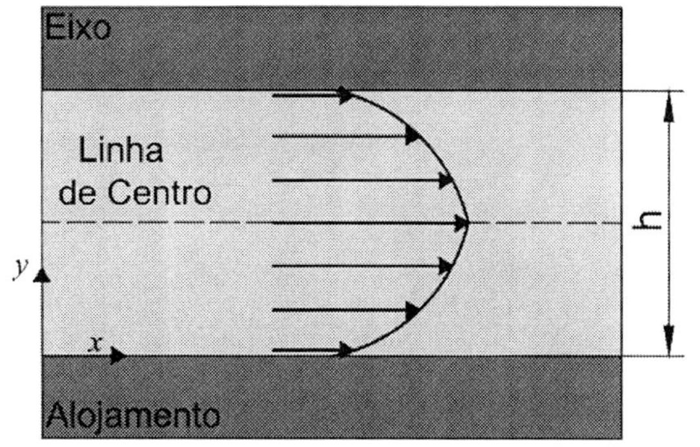

Figura 6.4.3 - Escoamento de Poisuielle

Como pode ser visto, pela equação acima a velocidade axial do óleo contém apenas o componente de Poisseuille. Isto significa que só haverá velocidade axial do óleo nos locais do mancal onde houver gradiente de pressão e a direção do escoamento é da região de pressão mais alta para a região de pressão mais baixa.

6.5 – Vazão de óleo

O óleo que sai de um mancal hidrodinâmico radial escoa no sentido axial do mesmo. Em inglês usa-se o nome Side Leakage ou Axial Oil Flow Rate (AOFR). Esta vazão de óleo acontece nas bordas e sai do mancal com a velocidade axial da equação (6.4.12), reproduzida a seguir:

$$w(y) = \frac{1}{2\mu}\left(\frac{\partial p}{\partial x}\right)\left[y\left(y-h\right)\right] \qquad (6.5.1)$$

A vazão volumétrica total (em m^3/s) é dada pela integral da área de escoamento da velocidade acima, ou seja:

$$\dot{\forall} = \int_{y=0}^{h}\int_{x=0}^{2\pi R}\left\{\frac{1}{2\mu}\left(\frac{\partial p}{\partial z}\right)\left[y\left(y-h\right)\right]\right\}dx\,dy \qquad (6.5.2)$$

A integral acima deve ser calculada nas duas bordas do mancal. Assim sendo, tem-se:

$$\dot{\forall} = \int_{y=0}^{h} \int_{x=0}^{2\pi R} \frac{1}{2\mu} \left\{ \left(\frac{\partial p}{\partial z} \right)_{x=\frac{-L}{2}} \left[y \left(y - h \right) \right] + \left(\frac{\partial p}{\partial z} \right)_{x=\frac{L}{2}} \left[y \left(y - h \right) \right] \right\} dx\, dy \qquad (6.5.3)$$

Como o campo de pressão é simétrico, tem-se:

$$\dot{\forall} = 2 \int_{y=0}^{h} \int_{x=0}^{2\pi R} \left\{ \frac{1}{2\mu} \left(\frac{\partial p}{\partial z} \right)_{x=\frac{L}{2}} \left[y \left(y - h \right) \right] \right\} dx\, dy \qquad (6.5.4)$$

A pressão dada pela equação (6.2.15) é reproduzida abaixo:

$$p = \frac{-3\, \mu \omega\, \varepsilon\, \mathrm{sen}(\theta)}{R_c^2 \left[1 + \varepsilon \cos(\theta) \right]^3} \left[z^2 - \left(\frac{L}{2} \right)^2 \right] \qquad (6.5.5)$$

A derivada parcial da pressão com relação à z é dada por:

$$\frac{\partial p}{\partial z} = \frac{-6\, \mu \omega\, \varepsilon\, \mathrm{sen}(\theta)}{R_c^2 \left[1 + \varepsilon \cos(\theta) \right]^3} z \qquad (6.5.6)$$

O valor da derivada acima na borda ($z = \frac{L}{2}$) é:

$$\left(\frac{\partial p}{\partial z} \right)_{z=\frac{L}{2}} = \frac{-3\, \mu \omega\, \varepsilon\, \mathrm{sen}(\theta)\, L}{R_c^2 \left[1 + \varepsilon \cos(\theta) \right]^3} \qquad (6.5.7)$$

Substituindo a expressão acima na equação (6.5.4), tem-se:

$$\dot{\forall} = 2 \int_{y=0}^{h} \int_{x=0}^{2\pi R} \left\{ \frac{1}{2\mu} \frac{-3\, \mu \omega\, \varepsilon\, \mathrm{sen}(\theta) L}{R_c^2 \left[1 + \varepsilon \cos(\theta) \right]^3} \left[y \left(y - h \right) \right] \right\} dx\, dy \qquad (6.5.8)$$

As constantes podem ficar fora da integral:

$$\dot{\forall} = \frac{-3\,\omega\,\varepsilon\,L}{R_c^2} \int_{y=0}^{h} \int_{x=0}^{2\pi R} \left\{ \frac{\text{sen}(\theta)}{\left[1+\varepsilon\cos(\theta)\right]^3} \left[y\left(y-h\right)\right] \right\} dx\,dy \tag{6.5.9}$$

Usando a relação $x = R\,d\theta$ e aplicando a condição de Half-Sommerfeld, tem-se:

$$\dot{\forall} = \frac{-3\,\omega\varepsilon L R}{R_c^2} \int_{y=0}^{h} \int_{\theta=0}^{\pi} \left\{ \frac{\text{sen}(\theta)}{\left[1+\varepsilon\cos(\theta)\right]^3} \left[y\left(y-h\right)\right] \right\} d\theta\,dy \tag{6.5.10}$$

Integrando a equação acima com relação a y:

$$\dot{\forall} = \frac{-3\,\omega\varepsilon L R}{R_c^2} \bullet$$

$$\left\{ \frac{h^3}{3} \left[\int_{\theta=0}^{\pi} \frac{\text{sen}(\theta)}{\left[1+\varepsilon\cos(\theta)\right]^3} d\theta - \int_{\theta=0}^{\pi} \frac{\text{sen}(\theta)}{\left[1+\varepsilon\cos(\theta)\right]^3} d\theta \right] \right\} \tag{6.5.11}$$

$$\dot{\forall} = \frac{-3\,\omega\varepsilon L R}{R_c^2} \left\{ \int_{\theta=0}^{\pi} \frac{R_c^3\,\text{sen}(\theta)}{3} d\theta - \int_{\theta=0}^{\pi} \frac{R_c^3\,\text{sen}(\theta)}{2} d\theta \right\} \tag{6.5.12}$$

$$\dot{\forall} = \frac{\omega\varepsilon L R R_c}{2} \int_{\theta=0}^{\pi} \text{sen}(\theta)\,d\theta \tag{6.5.13}$$

$$\dot{\forall} = \frac{\omega\varepsilon L R R_c}{2} \left[-\cos(\theta)\right]_0^{\pi} \tag{6.5.14}$$

Assim:

$$\dot{\forall} = \omega \cdot \varepsilon \cdot L \cdot R \cdot R_c \qquad (6.5.15)$$

Substituindo pelos valores das variáveis na equação acima, tem-se:

$$\dot{\forall} = \omega \cdot \varepsilon \cdot L \cdot R \cdot R_c = (2\pi \cdot 50) \cdot 0.9 \cdot 0.02 \cdot 0.025 \cdot (50 \cdot 10^{-6}) = 7.070 \cdot 10^{4} \frac{m^3}{s} \qquad (6.5.16)$$

A unidade geralmente usada na literatura para a vazão em mancais hidrodinâmicos é litros por minuto. Portanto, este mancal tem uma vazão de óleo de:

$$\dot{\forall} = \left(7.070 \cdot 10^{4} \frac{m^3}{s}\right) \cdot \left(\frac{1000l}{m^3}\right) \cdot \left(\frac{60s}{min}\right) =$$

$$(6.5.17)$$

$$= 7.070 \cdot 10^{4} \cdot 60000 = 0.424 \frac{l}{min}$$

Neste caso a vazão axial de óleo do mancal (AOFR) é dada por:

$$AOFR = 0.424 \frac{l}{min} \qquad (6.5.18)$$

6.6 – Potência de acionamento

O tensor de cisalhamento num fluido Newtoniano é dada por:

$$\overline{\overline{\tau}} = \mu \vec{\nabla} \vec{V} \qquad (6.6.1)$$

Onde: $\overline{\overline{\tau}} \equiv$ Tensor de cisalhamento [N/m^2];

$\mu \equiv$ Viscosidade dinâmica [Pa.s];

$\vec{\nabla} \equiv$ Operador vetorial Nabla [1/m];

$\vec{V} \equiv$ Velocidade do fluido [m/s].

Para um escoamento unidimensional, a equação (6.6.1) pode ser escrita da seguinte maneira:

$$\tau = \mu\left(\frac{du}{dy}\right) \tag{6.6.2}$$

A tensão de cisalhamento no eixo do mancal é dada por:

$$\tau = \mu\left(\frac{du}{dy}\right)_{y=h} \tag{6.6.3}$$

A velocidade u(y) é dada pela equação (6.4.10). Diferenciando a mesma com relação à y, tem-se:

$$\frac{du}{dy} = \frac{1}{2\mu}\left(\frac{\partial p}{\partial x}\right)\left[2y-h\right]+\frac{R\omega}{h} \tag{6.6.4}$$

Quando y=h a equação acima pode ser escrita da seguinte maneira:

$$\left(\frac{du}{dy}\right)_{y=h} = \frac{h}{2\mu}\left(\frac{\partial p}{\partial x}\right)+\frac{R\omega}{h} \tag{6.6.5}$$

Substituindo pela expressão acima na equação (6.6.3), tem-se:

$$\tau = \frac{h}{2}\left(\frac{\partial p}{\partial x}\right)+\mu\frac{R\omega}{h} \tag{6.6.6}$$

A força de atrito é dada por:

$$F_A = \int_{z=-\frac{L}{2}}^{z=+\frac{L}{2}} \int_{x=0}^{2\pi R} \tau \; dx\, dz \tag{6.6.7}$$

Substituindo pela tensão de cisalhamento na equação acima, tem-se:

$$F_A = \int_{z=-\frac{L}{2}}^{z=+\frac{L}{2}} \int_{x=0}^{2\pi R} \left[\frac{h}{2}\left(\frac{\partial p}{\partial x}\right) + \mu \frac{R\,\omega}{h} \right] dx\, dz \tag{6.6.8}$$

A potência de acionamento é dada pelo produto da força de atrito vezes a velocidade tangencial do eixo, ou seja:

$$\dot{W} = F_A \cdot U = F_A \cdot (R\omega) \tag{6.6.9}$$

Substituindo pela expressão (6.6.8) na equação acima, tem-se:

$$\dot{W} = (R\,\omega) \left\{ \int_{z=-\frac{L}{2}}^{z=+\frac{L}{2}} \int_{x=0}^{2\pi R} \left[\frac{h}{2}\left(\frac{\partial p}{\partial x}\right) + \mu \frac{R\,\omega}{h} \right] dx\, dz \right\} \tag{6.6.10}$$

A equação acima pode ser escrita da seguinte maneira:

$$\dot{W} = (R\omega) \left\{ \int_{z=-\frac{L}{2}}^{z=+\frac{L}{2}} \int_{x=0}^{2\pi R} \left[\frac{h}{2}\left(\frac{\partial p}{\partial x}\right) \right] dx\, dz + \int_{z=-\frac{L}{2}}^{z=+\frac{L}{2}} \int_{x=0}^{2\pi R} \left[\mu \frac{R\,\omega}{h} \right] dx\, dz \right\} \tag{6.6.11}$$

Aplicando a condição de Half Sommerfeld e usando a expressão $dx = R\,d\theta$, tem-se:

$$\dot{W} = (R^2\omega) \left\{ \int_{z=-\frac{L}{2}}^{z=+\frac{L}{2}} \int_{\theta=0}^{\pi} \left[\frac{h}{2}\left(\frac{\partial p}{\partial x}\right) \right] d\theta\, dz + \int_{z=-\frac{L}{2}}^{z=+\frac{L}{2}} \int_{\theta=0}^{\pi} \left[\mu \frac{R\,\omega}{h} \right] d\theta\, dz \right\} \tag{6.6.12}$$

O campo de pressão dado pela equação (6.2.15) é reproduzido a seguir:

$$p = \frac{-3\,\mu\omega\,\varepsilon\,\text{sen}(\theta)}{R_c^2\left[1+\varepsilon\cos(\theta)\right]^3}\left[z^2-\left(\frac{L}{2}\right)^2\right] \tag{6.6.13}$$

A derivada parcial da pressão em relação a x é dada por:

$$\frac{\partial p}{\partial x}=\frac{-3\mu\omega\varepsilon}{R_c^2}\left[z^2-\left(\frac{L}{2}\right)^2\right]\cdot\frac{\partial}{\partial x}\left\{\frac{\text{sen}(\theta)}{\left[1+\varepsilon\cos(\theta)\right]^3}\right\} \tag{6.6.14}$$

Diferenciando o segundo termo da expressão acima:

$$\frac{\partial}{\partial x}\left\{\frac{\text{sen}(\theta)}{\left[1+\varepsilon\cos(\theta)\right]^3}\right\}=$$

$$=\frac{\cos(\theta)\cdot\left[1+\varepsilon\cos(\theta)\right]^3+3\cdot\varepsilon\cdot\text{sen}^2(\theta)\cdot\left[1+\varepsilon\cos(\theta)\right]^2}{R\cdot\left[1+\varepsilon\cos(\theta)\right]^6} \tag{6.15}$$

Simplificando a equação acima, tem-se:

$$\frac{\partial}{\partial x}\left\{\frac{\text{sen}(\theta)}{\left[1+\varepsilon\cos(\theta)\right]^3}\right\}=$$

$$=\frac{\cos(\theta)\cdot\left[1+\varepsilon\cos(\theta)\right]+3\cdot\varepsilon\cdot\text{sen}^2(\theta)}{R\cdot\left[1+\varepsilon\cos(\theta)\right]^4} \tag{6.6.16}$$

Substituindo pela expressão acima na equação (6.6.14), tem-se:

$$\frac{\partial p}{\partial x}=\frac{3\mu\omega\varepsilon}{R\cdot R_c^2}\left[\left(\frac{L}{2}\right)^2-z^2\right]\cdot\left\{\frac{\cos(\theta)}{\left[1+\varepsilon\cos(\theta)\right]^3}+\frac{3\cdot\varepsilon\cdot\text{sen}^2(\theta)}{\left[1+\varepsilon\cos(\theta)\right]^4}\right\} \tag{6.6.17}$$

Substituindo pela expressão acima na equação (6.6.11), tem-se:

$$\dot{W} = (R^2\omega)\int_{z=-\frac{L}{2}}^{z=+\frac{L}{2}}\int_{\theta=0}^{\pi}\frac{h}{2}\left\{\begin{array}{c}\dfrac{3\mu\omega\varepsilon}{R*R_c^2}\left[\left(\dfrac{L}{2}\right)^2 - z^2\right]\cdot \\ \\ \left\{\dfrac{\cos(\theta)}{\left[1+\varepsilon\cos(\theta)\right]^3}+\dfrac{3\cdot\varepsilon\cdot \text{sen}^2(\theta)}{\left[1+\varepsilon\cos(\theta)\right]^4}\right\}\end{array}\right\}d\theta dz \quad (6.6.18)$$

$$+\int_{z=-\frac{L}{2}}^{z=+\frac{L}{2}}\int_{\theta=0}^{\pi}\left[\mu\frac{R\omega}{h}\right]d\theta dz$$

Resolvendo a integral acima, tem-se:

$$\dot{W} = \frac{R^2\cdot\omega^2\times\mu\cdot L\cdot\pi}{R_C\cdot\sqrt{1-\varepsilon^2}}\left\{\frac{\varepsilon^2\cdot L^2}{8\cdot R\times\left[1-\varepsilon^2\right]}+R^2\right\} \quad (6.6.19)$$

A equação acima pode ser escrita da seguinte forma:

$$\dot{W} = \frac{R^2\cdot\omega^2}{R_C\cdot\sqrt{1-\varepsilon^2}}\left\{\frac{\mu\cdot L^3\cdot\pi\cdot\varepsilon^2}{8\cdot R\cdot\left[1-\varepsilon^2\right]}+R\cdot\mu\cdot L\cdot\pi\right\} \quad (6.6.20)$$

Da expressão acima dá para tirar algumas conclusões práticas do ponto de vista de projeto de mancais hidrodinâmicos radiais com relação à sua potência de acionamento em função dos parâmetros de projeto do mesmo: A potência de acionamento é:

1 – Inversamente proporcional à folga radial do mancal ➔ Quanto menor a folga radial, maior será a potência de acionamento. A mesma cresce drasticamente para valores próximos de zero!

2 - Inversamente proporcional ao valor máximo do fator de excentricidade do mancal → Quanto mais próximo de um for o fator de excentricidade, maior será a potência de acionamento. A mesma cresce drasticamente para valores próximos de um!

3 – Proporcional ao quadrado do diâmetro do eixo → dobrando o diâmetro do eixo do mancal aumenta-se a potência de acionamento em quatro vezes;

4 – Proporcional ao quadrado da frequência angular do eixo (rpm) → dobrando a rotação do eixo aumenta-se a potência de acionamento em quatro vezes.

Substituindo os valores do mancal em questão na equação (6.6.20) tem-se o valor da potência de acionamento:

$$\dot{W} = \frac{R^2 \cdot \omega^2}{R_C \cdot \sqrt{1-\varepsilon^2}} \left\{ \frac{\mu \cdot L^3 \cdot \pi \cdot \varepsilon^2}{8 \cdot R \cdot \left[1-\varepsilon^2\right]} + R \cdot \mu \cdot L \cdot \pi \right\}$$

$$= \frac{(0.025)^2 \cdot (2\pi \cdot 50)^2}{(50 \cdot 10^{-6}) \cdot \sqrt{1-0.9^2}} \cdot \tag{6.6.21}$$

$$\left\{ \frac{0.01 \cdot (0.02)^3 \cdot \pi \cdot 0.9^2}{8 \cdot 0.025 \cdot \left[1-0.9^2\right]} + 0.025 \cdot 0.01 \cdot 0.02 \cdot \pi \right\}$$

$$\dot{W} = \frac{(0.000625) \cdot (98696.044)}{(21.794 \cdot 10^{-6})} \cdot$$

$$\left\{ \frac{0.01 \cdot (0.00008) \cdot \pi \cdot 0.81}{0.038} + 0.025 \cdot 0.01 \cdot 0.02 \cdot \pi \right\} \tag{6.6.22}$$

$$= 2.830 \cdot 10^6 \cdot \left[0.0000536 + 0.0000157\right] = 196.119 \text{ W}$$

Portanto, a potência de acionamento devido ao atrito viscoso (ou a perda de potência devido ao atrito viscoso) no fluido lubrificante (PLDF) deste mancal é:

$$PLDF = 196.119 \ W \tag{6.23}$$

6.7 – Coeficiente de atrito

O valor do coeficiente de atrito de um mancal hidrodinâmico é a razão entre a força de atrito e a força de sustentação do mancal, ou seja:

$$\eta = \frac{F_A}{F_h} \tag{6.7.1}$$

Sabemos que a potência de acionamento é dada pelo produto da força de atrito vezes a velocidade tangencial do eixo do mancal.

A potência de acionamento é dada pela equação (6.20), reproduzida a seguir:

$$\dot{W} = \frac{R^2 \cdot \omega^2}{R_C \cdot \sqrt{1-\varepsilon^2}} \left\{ \frac{\mu \cdot L^3 \cdot \pi \cdot \varepsilon^2}{8 \cdot R \cdot \left[1-\varepsilon^2\right]} + R \cdot \mu \cdot L \cdot \pi \right\} \tag{6.7.2}$$

A velocidade tangencial do eixo é dada pelo produto do raio pela frequência angular do mesmo. Assim sendo, tem-se, que:

$$F_A = \frac{\dot{W}}{R\omega} = \left(\frac{1}{R\omega}\right) \frac{R^2 \cdot \omega^2}{R_C \cdot \sqrt{1-\varepsilon^2}} \left\{ \frac{\mu \cdot L^3 \cdot \pi \cdot \varepsilon^2}{8 \cdot R \cdot \left[1-\varepsilon^2\right]} + R \cdot \mu \cdot L \cdot \pi \right\}$$

(6.7.3)

$$= \frac{R \cdot \omega}{R_C \cdot \sqrt{1-\varepsilon^2}} \left\{ \frac{\mu \cdot L^3 \cdot \pi \cdot \varepsilon^2}{8 \cdot R \cdot \left[1-\varepsilon^2\right]} + R \cdot \mu \cdot L \cdot \pi \right\}$$

Substituindo pelos valores dos parâmetros deste mancal, tem-se:

$$F_A = \frac{R \cdot \omega}{R_C \cdot \sqrt{1-\varepsilon^2}} \left\{ \frac{\mu \cdot L^3 \cdot \pi \cdot \varepsilon^2}{8 \cdot R \cdot \left[1-\varepsilon^2\right]} + R \cdot \mu \cdot L \cdot \pi \right\} =$$

$$= \frac{0.025 \cdot (2\pi \cdot 50)}{50 \cdot 10^{-6} \cdot \sqrt{1-0.9^2}} \cdot \tag{6.7.4}$$

$$\left\{ \frac{0.01 \cdot (0.02)^3 \cdot \pi \cdot 0.9^2}{8 \cdot 0.025 \cdot \left[1-0.9^2\right]} + 0.025 \cdot 0.1 \cdot 0.02 \cdot \pi \right\}$$

$$F_A = \frac{7.854}{21.794E-06} \left\{ \frac{0.01 \cdot (0.02)^3 \cdot \pi \cdot 0.9^2}{8 \cdot 0.025 \cdot \left[1-0.9^2\right]} + 0.025 \cdot 0.1 \cdot 0.02 \cdot \pi \right\}$$

$$F_A = 0.360E+06 \cdot \left[\, 0.0000536 + 0.0000157 \,\right] = 24.948 \tag{6.7.5}$$

A força hidrodinâmica dada pela equação (6.3.21) é 12066.800 N. Dividindo a força de atrito pela força de sustentação hidrodinâmica do mancal, tem-se o coeficiente de atrito para este mancal hidrodinâmico radial com os parâmetros operacionais dados:

$$\eta = \frac{F_A}{F_h} = \frac{24.948}{12066.800} = 2.067 \cdot 10^{-3} \tag{6.7.6}$$

6.8 - Faixa de validade das soluções da teoria de Ockvirk

As soluções analíticas advindas da teoria de Ockvirc (mancal infinitamente curto) foram bastante usadas até o final da década de 80, para a simulação do comportamento de mancais hidrodinâmicos, principalmente para mancais de motores de combustão interna em condições reais de operação. Porém, esta solução aproximada contém um erro que pode ser bastante significativo. O mesmo varia em função da relação L/D e do fator de excentricidade do mancal.

É possível ter uma ideia do erro envolvido nesta solução aproximada. Para tanto, calcula-se a força hidrodinâmica para um determinado mancal, através da teoria de Ockvirk:

$F_h^{SB} \equiv$ Força hidrodinâmica dada pela teoria de Ockvirk.

e a força hidrodinâmica calculada para um determinado mancal, através da teoria de mancais finitos (sem aproximação):

$F_h^{FB} \equiv$ Força hidrodinâmica dada pela teoria de mancais finitos.

Em seguida, calcula-se o erro percentual entre a teoria de Ockvirk e a teoria de mancais finitos:

$$\text{ERRO}\ \% = \frac{\left| F_h^{SB} - F_h^{FB} \right|}{\left| F_h^{FB} \right|} \times 100 \qquad (6.8.1)$$

O erro percentual dado pela fórmula anterior é então calculado em função de L/D e o fator de excentricidade. Os resultados são mostrados na tabela (6.8.1). Como pode ser visto, os erros percentuais podem atingir valores significativamente altos, particularmente para valores de L/D acima de 0.3 e para fatores de excentricidade acima de 0.95. É importante salientar aqui que muitos mancais hidrodinâmicos, como os mancais de motores de combustão interna, por exemplo, geralmente operam com altos fatores de excentricidade (maior que 0.95) e a razão entre sua largura e diâmetro varia entre 0.2 e 0.4, ou seja:

$$0.2 < \frac{L}{D} < 0.4 \quad \text{e} \quad \varepsilon > 0.95 \qquad (6.8.2)$$

Pela tabela 6.1 pode-se verificar que este tipo de solução aproximada induz a erros demasiadamente grandes, e não deve ser usada indiscriminadamente, principalmente em casos em que se trata da simulação do comportamento de mancais hidrodinâmicos de motores de combustão interna.

L/D ε	0.10	0.20	0.30	0.40	0.50	0.60	0.70	0.80	0.90	1.00
0.20	0.046	*1.520*	*4.080*	*6.440*	10.05	14.12	18.59	23.89	30.10	36.38
0.30	0.140	*2.080*	*4.450*	*8.050*	11.67	16.33	21.61	27.80	34.41	42.13
0.40	0.260	*2.940*	*5.710*	*9.390*	14.12	19.93	26.74	34.47	42.89	52.19
0.50	0.320	*2.780*	*6.550*	*11.93*	18.61	26.57	35.67	45.07	55.72	66.89
0.60	0.370	*3.180*	*9.160*	*17.38*	26.57	37.07	48.27	60.93	74.46	90.39
0.70	0.280	*6.440*	*15.92*	*33.71*	37.89	51.67	68.53	86.68	106.8	129.8
0.80	0.860	*9.540*	*21.01*	*37.19*	57.60	81.19	108.3	138.6	172.3	208.4
0.90	1.950	*14.92*	*41.41*	*76.15*	118.6	170.1	227.3	292.4	360.2	438.7
0.95	4.100	*36.14*	*89.07*	*158.0*	233.0	342.6	456.4	586.9	730.6	889.7
0.96	6.310	*49.55*	*137.1*	*201.4*	307.8	433.2	576.5	740.4	920.3	1123
0.97	17.15	*75.36*	*148.1*	*281.2*	425.1	594.6	791.2	1015	1263	1539

Tabela 6.8.1 – Erro relativo percentual entre os resultados advindos da teoria de Ockvirk e a teoria de mancais finitos

A tabela 6.8.1 foi colorida em função da grandeza do erro percentual relativo, da seguinte maneira:

Sem cor: ERRO < 10%;

Cinza claro: 10% ≤ ERRO < 100%;

Cinza escuro: ERRO ≥ 100%.

6.9 – Half speed whirl

Existe um fenômeno curioso que pode acontecer com um mancal hidrodinâmico radial sob carregamento dinâmico. Este fenômeno é denominado de “half speed whirl” (giro de meia velocidade) em inglês. Quando este fenômeno acontece o mancal perde a sustentação do mecanismo de wedge e o eixo do mancal encosta no alojamento causando, portanto, contato metal-metal e a falha prematura do mesmo.

A velocidade circunferencial do fluido lubrificante (u) num mancal radial com alojamento fixo e fluido incompressível é composta de dois tipos de escoamentos distintos: escoamento de Couette e escoamento de Poisuielle.

Escoamento de Couette

Neste tipo de escoamento, as partículas do fluido são arrastadas pelo eixo e tem uma distribuição linear de velocidades, conforme esquematizado na figura 6.9.1.

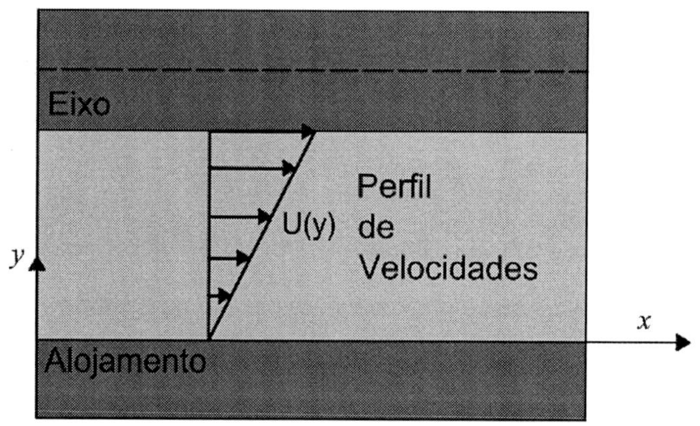

Figura 6.9.1 - Distribuição linear de velocidades

$$u(y) = \frac{U_2}{h} y \qquad (6.9.1)$$

Escoamento de Poisuielle

Se houver um gradiente de pressão não nulo, ou seja:

$$\frac{\partial p}{\partial x} \neq 0$$

Num fluido contido entre duas placas, haverá um escoamento de formato parabólico.

$$u(y) = u_0 \left[y(y - h) \right] \tag{6.9.2}$$

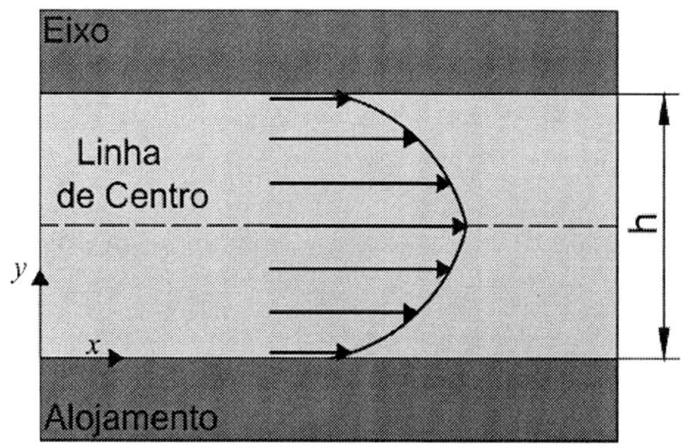

Figura 6.9.2- Escoamento de Poisuielle

Considere a figura 6.9.3. Considerando somente o escoamento de Couette, tem-se:

$$\dot{m}_1 = \rho \frac{U_2}{2} h(\theta) L$$

$$\dot{m}_2 = \rho \frac{U_2}{2} h(\theta + \delta\theta) L \tag{6.9.3}$$

$$\dot{m}_3 = \rho \underbrace{(e \ \dot{\alpha} \ \mathrm{sen}(\theta))}_{\text{velocidade}} \underbrace{(R \, \delta\theta \, L)}_{\text{Área}}$$

Na análise anterior foi considerado somente escoamento de Couette (que não necessita de gradiente de pressão). Se conseguirmos garantir conservação da massa somente com este escoamento, teremos então um caso em que o mancal não gera pressão hidrodinâmica.

$$\dot{m}_2 = \frac{\rho U_2 L}{2} h(\theta + \delta\theta) = \rho \frac{U_2 L}{2} \{C[1 + \varepsilon \cos(\theta + \delta\theta)]\} =$$

$$\rho \frac{U_2 L}{2} \{C[1 + \varepsilon \cos(\theta)\cos(\delta\theta) - \operatorname{sen}(\theta)\operatorname{sen}(\delta\theta)]\} = \qquad (6.9.4)$$

$$\rho \frac{U_2 L}{2} \{C[1 + \varepsilon \cos(\theta)] - e\,\delta\theta\,\operatorname{sen}(\theta)\}$$

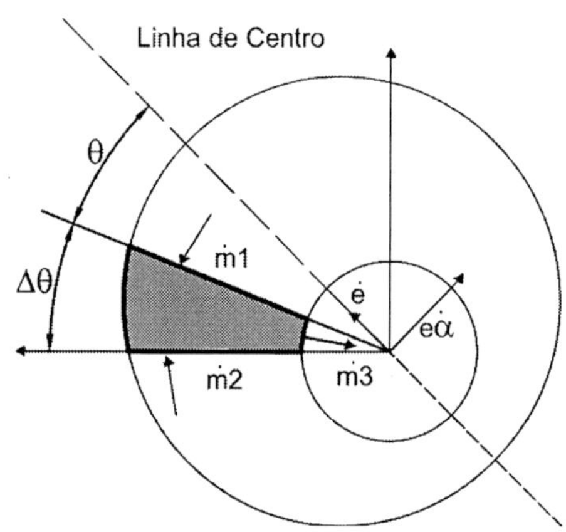

Figura 6.9.3 - Balanço de massa devido ao escoamento de Couette

Para conservação da massa, tem-se:

$$\dot{m}_1 = \dot{m}_2 + \dot{m}_3 \qquad (6.9.5)$$

Substituindo pela equação (6.9.3) e (6.9.4) na equação (6.9.5), tem-se:

$$\rho \frac{U_2}{2} h(\theta)L = \left[\frac{\rho U_2}{2} h(\theta)L - \frac{\rho U_2}{2} L\, e\, \delta\theta\, \operatorname{sen}(\theta) \right] + \rho e \dot{\alpha} \operatorname{sen}(\theta) R\, \delta\theta\, L \qquad (6.9.6)$$

$$= -\frac{\rho U_2 L}{2} e\, \delta\theta\, \operatorname{sen}(\theta) + \rho\, e\, \dot{\alpha}\, \operatorname{sen}(\theta) R\, \delta\theta\, L = 0 \qquad (6.9.7)$$

Dividindo por ($\rho \times e \times L \times \delta\theta$), tem-se:

$$-\frac{U_2}{2}\,\text{sen}\,(\,\theta\,) + R\,\dot{\alpha}\,\text{sen}\,(\,\theta\,) = 0 \tag{6.9.8}$$

Onde: $\dot{\alpha}$ = Velocidade angular da linha de centros (rad/s);

$U_2 = R\,\omega$ é a velocidade tangencial da superfície do eixo (m/s).

Substituindo por $U_2 = R\,\omega$ na equação (6.9.8), tem-se:

$$-\frac{R\,\omega\,\text{sen}\,(\,\theta\,)}{2} + R\,\dot{\alpha}\,\text{sen}\,(\,\theta\,) = 0 \tag{6.9.9}$$

$$R\,\text{sen}\,(\,\theta\,)\left[\dot{\alpha} - \frac{\omega}{2}\right] = 0 \tag{6.9.10}$$

Observando a equação anterior, pode-se notar que, quando a velocidade angular da linha de centros do mancal é igual à metade da velocidade angular do eixo, ou seja:

$$\dot{\alpha} = \frac{\omega}{2} \tag{6.9.11}$$

a equação da continuidade é satisfeita somente com o escoamento de Couette. Neste caso não existe o mecanismo wedge ou cunha, e o mancal não consegue gerar pressão hidrodinâmica apenas pela rotação do eixo. O único mecanismo de geração de pressão é o squeeze ou prensamento do filme de fluido lubrificante. O que implica dizer que:

$$\frac{de}{dt} = \dot{e} > 0 \tag{6.9.12}$$

Neste caso, a órbita é uma espiral crescente, conforme esquematizado na figura 6.9.7.

Para verificar o fenômeno acima, considere a equação de Reynolds para um mancal radial com alojamento fixo e fluido incompressível:

$$\frac{\partial}{\partial x}\left(\frac{h^3}{12\mu}\frac{\partial p}{\partial x}\right)+\frac{\partial}{\partial z}\left(\frac{h^3}{12\mu}\frac{\partial p}{\partial z}\right)=\frac{R\omega}{2}\frac{\partial h}{\partial x}+\frac{\partial h}{\partial t} \tag{6.9.13}$$

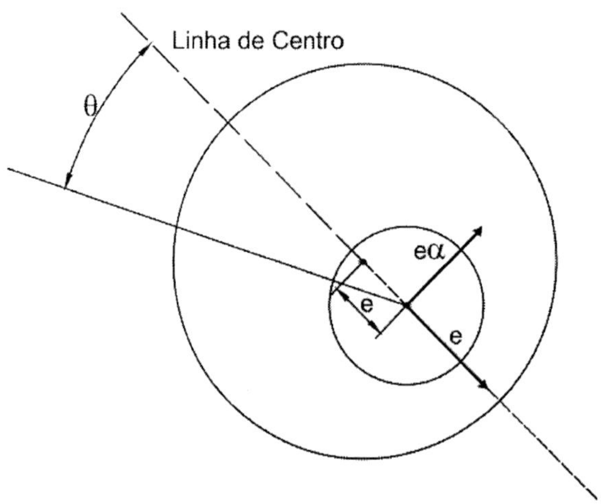

Figura 6.9.4 - Decomposição da velocidade $\frac{\partial h}{\partial t}$

Observando a figura 6.9.4, verifica-se que o último termo da equação anterior pode ser calculado da seguinte maneira:

$$\frac{\partial h}{\partial t}=\dot{e}\cos(\theta)+e\,\dot{\alpha}\,\mathrm{sen}(\theta) \tag{6.9.14}$$

$$h=C\left[1+\varepsilon\cos(\theta)\right] \tag{6.9.15}$$

$$\frac{\partial h}{\partial x}=-\frac{e}{R}\,\mathrm{sen}(\theta)\quad\Rightarrow\quad -R\frac{\partial h}{\partial x}=e\,\mathrm{sen}(\theta) \tag{6.9.16}$$

Substituindo por e sen(θ) em $\frac{\partial h}{\partial t}$ tem-se:

$$\frac{\partial h}{\partial t} = \dot{e}\cos(\theta) - \dot{\alpha} R \frac{\partial h}{\partial x} \tag{6.9.17}$$

Substituindo a expressão anterior na equação de Reynolds (6.1), tem-se:

$$\frac{\partial}{\partial x}\left(\frac{h^3}{12\mu}\frac{\partial p}{\partial x}\right) + \frac{\partial}{\partial z}\left(\frac{h^3}{12\mu}\frac{\partial p}{\partial z}\right) =$$

$$\frac{R\omega}{2}\frac{\partial h}{\partial x} - \dot{\alpha} R \frac{\partial h}{\partial x} - \dot{\alpha} R \frac{\partial h}{\partial x} + \dot{e}\cos(\theta) = \tag{6.9.18}$$

$$R\frac{\partial h}{\partial x}\left(\frac{\omega}{2} - \dot{\alpha}\right) + \dot{e}\cos(\theta)$$

$$\frac{\partial}{\partial x}\left(\frac{h^3}{12\mu}\frac{\partial p}{\partial x}\right) + \frac{\partial}{\partial z}\left(\frac{h^3}{12\mu}\frac{\partial p}{\partial z}\right) = R\frac{\partial h}{\partial x}\left(\frac{\omega}{2} - \dot{\alpha}\right) + \dot{e}\cos(\theta) \tag{6.9.19}$$

Pela equação anterior pode ser visto que, se

$$\dot{\alpha} = \frac{\omega}{2} \tag{6.9.20}$$

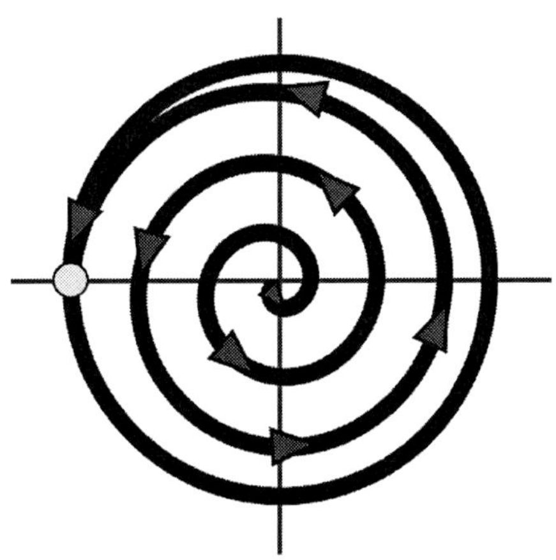

Figura 6.9.7 - Espiral crescente

não existe o mecanismo wedge ou cunha de sustentação hidrodinâmica. O único mecanismo de sustentação de carga é o squeeze ou prensamento do filme de fluido lubrificante:

$$\frac{\partial}{\partial x}\left(\frac{h^3}{12\mu}\frac{\partial p}{\partial x}\right)+\frac{\partial}{\partial z}\left(\frac{h^3}{12\mu}\frac{\partial p}{\partial z}\right)=\dot{e}\cos(\theta) \qquad (6.9.21)$$

E, neste caso, a órbita é uma espiral crescente, conforme esquematizado na figura 6.9.7.

Capítulo 7 - Solução Numérica da Equação de Reynolds para Mancais Radiais e Carregamento Estático

A equação de Reynolds para mancais radiais, com fluido lubrificante incompressível e carregamento estático, deduzida anteriormente, é dada a seguir:

$$\frac{\partial}{\partial x}\left(\frac{h^3}{12\mu}\frac{\partial p}{\partial x}\right)+\frac{\partial}{\partial z}\left(\frac{h^3}{12\mu}\frac{\partial p}{\partial z}\right)=\frac{R\omega}{2}\frac{\partial h}{\partial x} \tag{7.1}$$

onde: p é a pressão no fluido lubrificante [Pa];

h é a espessura do filme do fluido lubrificante [m];

μ é a viscosidade dinâmica do fluido lubrificante [Pa*s];

R é o raio do eixo do mancal [m];

ω é a velocidade angular do eixo do mancal [rad/s];

x e z são as coordenadas espaciais, circunferencial e axial respectivamente [m].

A expressão (7.1) representa uma equação elíptica de derivadas parciais de 2ª ordem. Existem dois métodos numéricos que têm sido usado com sucesso para a solução desta equação: diferenças finitas e elementos finitos. Neste livro será adotado o método das diferenças finitas. O motivo desta escolha é devido ao fato de que diferenças finitas é mais simples e intuitivo e, assim, sua compreensão e entendimento são bem mais fáceis. Além disso, a implementação do algoritmo de solução da equação de Reynolds em um programa computacional é significativamente mais simples no caso de diferenças finitas e a precisão dos resultados obtidos é tão boa quanto à precisão obtida pelo método dos elementos finitos. Na realidade, não existe nenhuma justificativa lógica convincente para se usar elementos finitos para a solução da equação (7.1), salvo em casos onde a geometria do mancal seja demasiadamente complexa. Nestes casos (geometria complexa) a equação de Reynolds não pode ser expressa pelos sistemas de coordenadas convencionais (coordenadas cartesianas, cilíndricas, etc.) e o uso de elementos finitos pode ser uma opção válida ou, às vezes, até necessária.

7.1 – Discrezitação do domínio (geração da malha)

Conforme mencionado anteriormente o primeiro passo para se aplicar o método das diferenças finitas é a discretização do domínio. Considere um problema cujo domínio é definido por:

$$0 \leq x \leq L_x \quad ; \quad 0 \leq z \leq L_z \tag{7.2}$$

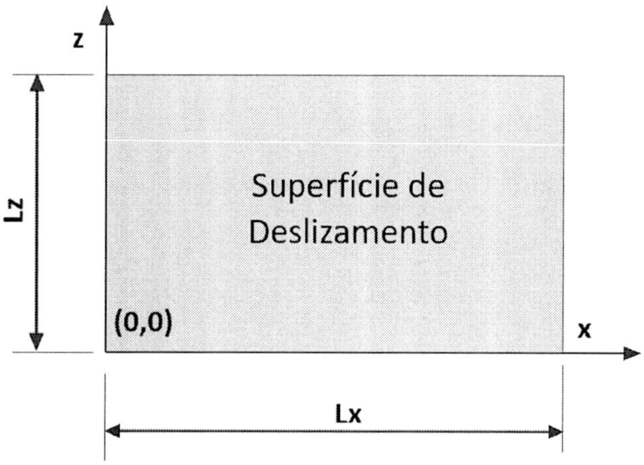

Figura 7.1 - Domínio do problema

Pode-se dividir este domínio em L_x pontos na direção x e L_z pontos na direção z. Desta maneira obtém-se um domínio discreto com $L_x X L_z$ pontos. Neste novo domínio a posição de qualquer um dos $L_x X L_z$ pontos é dada por:

$$(x,z)_{i\,j}=(x_i,z_j)=\left[\,(i-1)\Delta x,(j-1)\Delta z\,\right]$$

$$i=1,2,\cdots,L_x, \qquad j=1,2,\cdots,L_z \tag{7.3}$$

Onde:

$$\Delta x=\frac{L_x}{(L_x-1)}; \quad \Delta z=\frac{L_z}{(L_z-1)} \tag{7.4}$$

A pressão nestes pontos também pode ser representada analogamente

$$p(x_i, z_j) = p\left[(i-1)\Delta x, (j-1)\Delta z\right] \tag{7.5}$$

Para facilitar a nomenclatura usa-se $p_{i,j}$ para representar a pressão no ponto $\left[(i-1)\Delta x, (j-1)\Delta z\right]$, ou seja:

$$p_{i,j} = p(x_i, z_j) = p\left[(i-1)\Delta x, (j-1)\Delta z\right] \tag{7.6}$$

7.2 – Aplicação do método das diferenças finitas para a solução da equação de Reynolds

Desenvolvendo as derivadas da equação (7.1), tem-se:

$$\frac{3h^2}{12\mu}\left(\frac{\partial h}{\partial x}\right)\left(\frac{\partial p}{\partial x}\right) + \frac{h^3}{12\mu}\left(\frac{\partial^2 p}{\partial x^2}\right) + \frac{3h^2}{12\mu}\left(\frac{\partial h}{\partial z}\right)\left(\frac{\partial p}{\partial z}\right) +$$

$$\frac{h^3}{12\mu}\left(\frac{\partial^2 p}{\partial z^2}\right) = \frac{R\omega}{2}\left(\frac{\partial h}{\partial x}\right) \tag{7.7}$$

Multiplicando os dois lados da equação anterior por $\frac{12\mu}{3h^2}$ obtém-se:

$$\left(\frac{\partial h}{\partial x}\right)\left(\frac{\partial p}{\partial x}\right) + \frac{h}{3}\left(\frac{\partial^2 p}{\partial x^2}\right) + \left(\frac{\partial h}{\partial z}\right)\left(\frac{\partial p}{\partial z}\right) + \frac{h}{3}\left(\frac{\partial^2 p}{\partial z^2}\right) = \frac{2\mu R\omega}{h^2}\left(\frac{\partial h}{\partial x}\right) \tag{7.8}$$

As derivadas parciais presentes na expressão anterior podem ser aproximadas por expressões de diferenças finitas obtidas no capítulo 4 e reproduzidas a seguir:

$$\frac{\partial h}{\partial x} \approx \frac{h_{i+1,j} - h_{i-1,j}}{2\Delta x} \qquad \frac{\partial p}{\partial x} \approx \frac{p_{i+1,j} - p_{i-1,j}}{2\Delta x}$$

$$\frac{\partial^2 p}{\partial x^2} \approx \frac{p_{i+1,j} - 2p_{i,j} + p_{i-1,j}}{\Delta x^2} \qquad \frac{\partial^2 p}{\partial z^2} \approx \frac{p_{i,j+1} - 2p_{i,j} + p_{i,j-1}}{\Delta z^2} \tag{7.9}$$

Substituindo pelas aproximações das derivadas parciais dadas pela equação (7.9) na equação (7.8), tem-se:

$$\left(\frac{h_{i+1,j} - h_{i-1,j}}{2\Delta x}\right)\left(\frac{p_{i+1,j} - p_{i-1,j}}{2\Delta x}\right) +$$

$$\frac{h_{i,j}}{3}\left(\frac{p_{i+1,j} - 2p_{i,j} + p_{i-1,j}}{\Delta x^2}\right) + \left(\frac{h_{i,j+1} - h_{i,j-1}}{2\Delta z}\right)\left(\frac{p_{i,j+1} - p_{i,j-1}}{2\Delta z}\right) + \tag{7.10}$$

$$\frac{h_{i,j}}{3}\left(\frac{p_{i,j+1} - 2p_{i,j} + p_{i,j-1}}{\Delta z^2}\right) = \frac{2\mu R\omega}{h_{i,j}^2}\left(\frac{h_{i+1,j} - h_{i-1,j}}{2\Delta x}\right)$$

Que pode ser expressa da seguinte maneira:

$$p_{i,j} = \frac{\left[C_e p_{i-1,j} + C_d p_{i+1,j} + C_i p_{i,j-1} + C_s p_{i,j+1} + C_c\right]}{D} \tag{7.11}$$

$$i = 2,3,\cdots,(L_x - 1); \qquad j = 2,3,\cdots(L_z - 1)$$

A equação (7.11) representa um sistema de equações algébricas. Com estas expressões pode-se calcular o valor da pressão num determinado ponto (i, j) da malha em função dos valores da pressão nos pontos adjacentes, conforme esquematizado na figura 7.2.

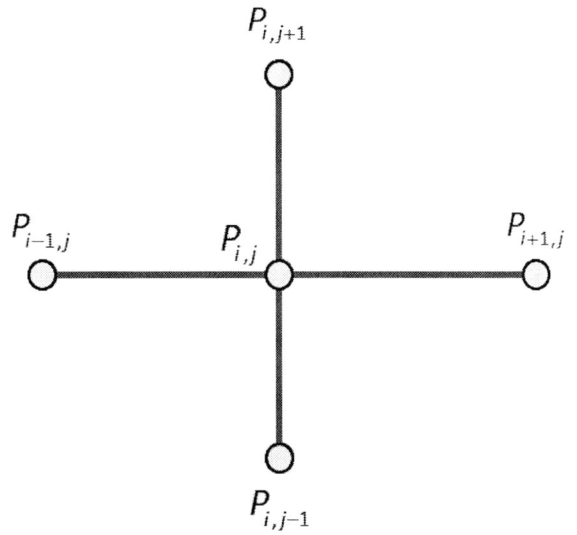

Figura 7.2 - Molécula computacional

Os coeficientes que aparecem na expressão 7.11 são expressões que multiplicam o valor das pressões nos pontos adjacentes da malha. Para facilitar a manipulação destes coeficientes adotou-se uma convenção para os índices dos mesmos:

C_i é o coeficiente que multiplica o valor da pressão no ponto **i**nferior ao ponto (i,j);

C_s é o coeficiente que multiplica o valor da pressão no ponto **s**uperior ao ponto (i,j);

C_e multiplica o valor da pressão no ponto à **e**squerda do ponto (i,j);

C_d multiplica o valor da pressão no ponto à **d**ireita do ponto (i,j);

C_c multiplica o valor dos termos que ficam ao lado direito da equação (7.10)

Fazendo a álgebra necessária, verifica-se que o valor numérico dos coeficientes anteriores pode ser calculado através das seguintes expressões:

$$C_i = \left[\frac{h_{i,j}}{3\Delta z^2} - \frac{h_{i,j+1} - h_{i,j-1}}{4\Delta z^2} \right] \tag{7.12}$$

$$C_s = \left[\frac{h_{i,j}}{3\Delta z^2} + \frac{h_{i,j+1} - h_{i,j-1}}{4\Delta z^2} \right] \tag{7.13}$$

$$C_e = \left[\frac{h_{i,j}}{3\Delta x^2} - \frac{h_{i+1,j} - h_{i-1,j}}{4\Delta x^2}\right] \tag{7.14}$$

$$C_d = \left[\frac{h_{i,j}}{3\Delta x^2} + \frac{h_{i+1,j} - h_{i-1,j}}{4\Delta x^2}\right] \tag{7.15}$$

$$C_c = \left[\frac{-2\mu U}{h_{i,j}^2}\left(\frac{h_{i+1,j} - h_{i-1,j}}{2\Delta x}\right)\right] \tag{7.16}$$

$$D = \left[2\frac{h_{i,j}}{3}\left(\frac{1}{\Delta x^2} + \frac{1}{\Delta z^2}\right)\right] \tag{7.17}$$

Conforme mencionado anteriormente, a equação (7.11) representa um sistema de equações algébricas de ordem $(L_x - 2)\times(L_z - 2)$, onde as incógnitas são as pressões nos pontos interiores da malha (ou domínio discretizado). A solução deste sistema de equações algébricas juntamente com a imposição das condições de contorno do problema em questão, fornecerá o valor da pressão em todos os pontos da malha, que é exatamente o que se deseja através da solução da equação de Reynolds.

As condições de contorno, como será explicado a seguir, são de dois tipos distintos. No primeiro tipo são estipulados os valores de pressão relativa (ao invés de absoluta) no contorno do domínio em questão que, neste caso, assumem um valor nulo (isto se deve ao fato de que ao longo de seu contorno a pressão no mancal é igual à pressão atmosférica ou pressão relativa nula), ou seja:

(i) Valores das pressões relativas ao longo dos lados esquerdo e direito do domínio:

$$p_{1,j} = p_{l_x,j} = 0 \ , \ j = 1,2...,l_z \tag{7.18}$$

(ii) Valores das pressões relativas ao longo dos lados inferior e superior do domínio:

$$p_{1,j} = p_{I_x,j} = 0 \quad , \ j = 1,2...,I_z \tag{7.19}$$

Como pode ser visto as condições de contornos anteriores forçam os valores da pressão (relativa) nos contornos geométricos da malha a assumirem um valor nulo, conforme esquematizado na figura 7.3.

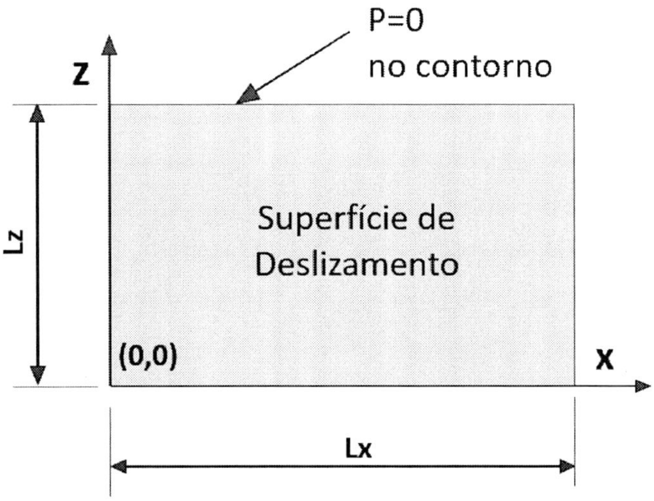

Figura 7.3 - Condições de contorno geométricas

O segundo tipo de condição de contorno é conhecido como condição de contorno de Reynolds

$$\text{se} \quad p_{i,j} < p_{cav} \quad \text{então} \quad p_{i,j} \leftarrow p_{cav}$$
$$i = 2,3,\cdots (I_x - 1) \quad ; \quad j = 2,3,\cdots (I_z - 1) \tag{7.20}$$

A imposição desta condição de contorno torna-se necessária para que a solução obtida seja fisicamente realista. Quando se resolve um sistema de equações algébricas como o dado pela expressão (7.11), é matematicamente possível que valores negativos sejam obtidos como uma solução ***matemática*** do sistema em questão. Fisicamente isto implica dizer que a pressão relativa no fluido é negativa ou que o fluido está em regime de tração mecânica. Porém, sabe-se que um fluido resiste muito pouco à tração. Quando sua pressão cai abaixo de um determinado valor, conhecido como pressão de cavitação (p_{cav}), o fluido passa por uma transformação de fase, indo de uma fase líquida para uma fase gasosa, porém sua pressão permanece constante e numericamente igual ao valor da pressão de cavitação. Ou seja, soluções numéricas com valores de pressão abaixo deste valor são simplesmente soluções matemáticas do sistema de equações algébricas mas não têm significado físico.

7.3 – Solução numérica das equações algébricas resultantes

O sistema algébrico resultante seria linear se não fosse pela condição de contorno de Reynolds e se assim fosse poderíamos até tentar algum método direto de solução de sistemas lineares, como o método de eliminação de Gauss, por exemplo. Porém, a condição de contorno de Reynolds torna o sistema altamente não linear. É possível resolver este sistema por meio de métodos iterativos de solução de sistemas lineares apresentados no capítulo 4, mas faz-se aqui necessário expressar alguns comentários pertinentes e curiosos a respeito deste assunto.

A imposição da condição de contorno de Reynolds faz com que a cada nível de iteração da solução, novos valores de pressão sejam impostos naqueles pontos onde a pressão cai abaixo da pressão de cavitação. Isto implica dizer que a cada nova iteração a fronteira líquida do fluido lubrificante muda de posição. Devido a este fato, este problema é comumente denominado de problema de fronteira livre.

Talvez a maneira correta e matematicamente mais rigorosa de resolver um problema de fronteira livre, como é o caso aqui, seja através de inequações variacionais. A aplicação do método de inequações variacionais para a solução deste exato problema (mancais hidrodinâmicos) foi trabalhada com sucesso, pela primeira vez, por Carlos A. de Moura e Mariângela Amêndola [1, 26 e 27].

Porém, conforme mencionado, é possível, também, resolver este tipo de problema através de métodos iterativos de solução de sistemas lineares. Para tornar o material aqui mais acessível, conforme mencionado no prefácio, o método de solução adotado aqui foi o método iterativo de SOR (Sucessive Over Relaxation). De acordo com este método, desenvolvido em detalhe no capítulo 4, o valor da pressão no ponto (i, j) dado pela k-ésima iteração é:

$$p_{i,j}^{(k+1)} = p_{i,j}^{(k)} + \beta\left[\, p_{i,j}^{\otimes} - p_{i,j}^{(k)} \,\right] \tag{7.21}$$

Onde $p_{i,j}^{\otimes}$ é o valor da pressão dado pela (k)-ésima iteração do método iterativo de Gauss-Seidel:

$$p_{i,j}^{\otimes} = \frac{\left(C_e\, p_{i-1,j}^{(k+1)} + C_d\, p_{i+1,j}^{(k+1)} + C_i\, p_{i,j-1}^{(k+1)} + C_s\, p_{i,j+1}^{(k+1)} + C_c \right)}{D} \tag{7.22}$$

O valor ótimo de β pode ser calculado teoricamente, porém os métodos para este cálculo são extremamente trabalhosos, pois necessitam de técnicas sofisticadas de manipulação de expressões algébricas e muito tempo de processamento. Na prática, torna-se mais viável calcular esse valor através de tentativa e erro, conforme será explicado a seguir.

Sabe-se apriori que este valor deve ser maior que 0 (zero) e menor que 2 (dois) [36], ou seja:

$$0 < \beta < 2 \tag{7.23}$$

Para iniciar o procedimento do cálculo do fator ótimo de relaxação, estima-se um valor de β que esteja mais próximo do zero, por exemplo, um valor de 0.1, e um valor de β que esteja mais próximo de 2, por exemplo, um valor de 1.9. Em seguida, divide-se este intervalo em vários pontos, por exemplo, 10 pontos. Em seguida, usa-se cada um destes 10 valores e resolve-se o problema em questão anotando, a cada cálculo, o número de iterações necessárias para a obtenção da convergência da solução. Após esta etapa pode-se já construir um gráfico do número de iterações necessárias para a convergência da solução em função do valor usado para o fator de relaxação, conforme esquematizado na figura 7.3. Se desejar, este procedimento pode ser repetido, usando agora valores na vizinhança do valor mínimo da curva construída, obtendo assim uma maior precisão no valor de β ótimo.

Seguindo este procedimento, é então possível calcular um valor numérico que pode ser usado para o valor ótimo de relaxação para cada problema em questão. Através desta metodologia é possível construir uma pequena tabela cujos valores de entrada são os números de pontos nas direções x e y e o valor de saída é o valor ótimo de relaxação a ser usado na solução do problema. Para quem não tiver tempo ou disposição para gerar tais valores, a tabela 7.1 apresenta alguns valores de referência que podem ser usados.

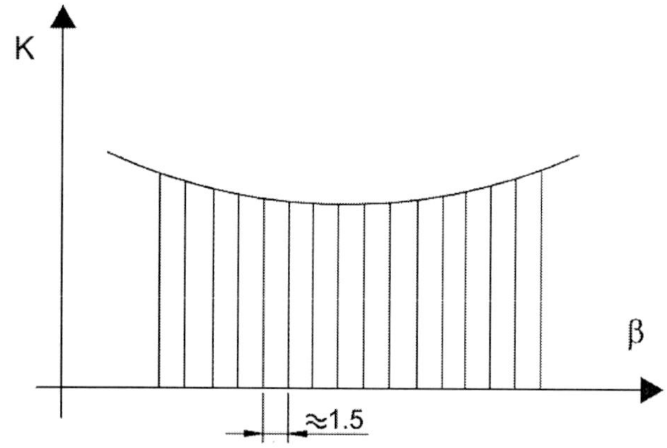

Figura 7.4 - Cálculo do valor ótimo de β

lx	**ly**	**Beta**
10	20	1.50
10	30	1.50
10	40	1.55
20	30	1.55
20	40	1.60
20	50	1.65
50	50	1.70
50	70	1.75
50	100	1.85

Tabela 7.1 – Valor ótimo do fator de relaxação para alguns tamanhos de malha

Um cuidado especial deve ser tomado para não usar um valor muito alto para beta. Geralmente para valores maiores que 1.85 o método iterativo tende a divergir. Se em caso de dúvida use um valor de 1.5, a convergência pode demorar um pouco mais que o usual mas a probabilidade de convergência é maior.

Como em todo método iterativo de solução, é necessário estipular um critério de convergência (ou critério de parada).

Critério de Convergência: Na solução do sistema algébrico resultante, usa-se o método da relaxação K vezes, onde K é o número de iterações tal que:

$$\frac{\left| p_{i,j}^{(K)} - p_{i,j}^{(K-1)} \right|}{\left| p_{i,j}^{(K)} \right| + \varepsilon} < \delta \tag{7.24}$$

onde: $\in$ é um número positivo bem pequeno (vide comentário abaixo) $^{\otimes}$,

δ é um número inversamente proporcional à precisão desejada.

$\otimes$ É importante que esse número seja pequeno o suficiente para não interferir com a precisão dos valores obtidos. Uma regra prática e simples que pode ser usada para a obtenção do valor desse número é dada a seguir:

$$\varepsilon = 10^{-\frac{q}{2}} \tag{7.25}$$

Onde q é um número obtido de 10^{-q} que é o menor número positivo representável pelo computador com o qual se está trabalhando.

Outro cuidado que deve ser tomado é o de evitar que o computador não consiga parar o processo iterativo caso o critério de convergência acima não seja satisfeito, por algum motivo. Ou seja, o computador continuará o processo iterativo e só irá parar quando a desigualdade (7.24) for satisfeita. Se houver algum tipo de problema na construção do algoritmo, ou qualquer outro tipo de problema que impeça a obtenção dessa desigualdade, então o computador continuará fazendo cálculos e não terá como pará-lo. Para contornar esse tipo de problema, é necessário estipular, também, um número máximo de iterações, (K_{max}). Desta maneira o computador irá fazer os cálculos programados e a cada nível de iteração o mesmo faz a verificação da desigualdade (7.24), porém agora o cálculo será encerrado, caso:

$$\frac{\left| p_{i,j}^{(K)} - p_{i,j}^{(K-1)} \right|}{\left| p_{i,j}^{(K)} \right| + \varepsilon} < \delta \quad ou \quad K \geq K_{max} \tag{7.26}$$

Desta maneira, evita-se que o código entre num laço ("loop") infinito.

Outro ponto importante a ser mencionado aqui para que se consiga resultados confiáveis nos cálculos é a precisão. O ideal é trabalhar com um computador que consiga representar números numa faixa de 10 a 14 algarismos significativos. Esta é uma regra baseada em observação empírica da precisão dos resultados em função da complexidade do problema e tamanho da malha em questão. Não existe nenhuma teoria matemática devidamente formalizada que pode ser usada para estabelecer este critério. Isto, na prática, implica:

- trabalhar com precisão simples no caso de um computador que tenha palavra de 64 bits;
- trabalhar com precisão dupla no caso de um computador que tenha palavra de 32 bits ou
- trabalhar com precisão dupla ou quádrupla no caso de um computador que tenha palavra de 16 bits.

Porém, sabe-se que usar precisões duplas e principalmente quádruplas degredam muito o desempenho de um computador. Se não houver um computador com uma palavra de pelo menos 32 bits disponível, pode-se tentar obter a solução com precisão dupla apenas. Neste caso, ou seja, um computador com palavra de 16 bits e precisão dupla, o número de algarismos significativos é em torno de 8 o que implica dizer que o computador consegue representar internamente qualquer número com apenas oito casas decimais. Essa precisão, apesar de não ser a ideal, pode ser satisfatória para uma vasta gama de problemas desta natureza. Aqui o leitor terá que usar seu senso prático, verificando a veracidade das soluções através de comparações com dados de literatura ou dados advindos de experimentos análogos.

O número de pontos no domínio discretizado ou o número de pontos na malha varia em função do problema em questão e é difícil de estabelecer apriori um valor que sirva adequadamente para qualquer problema. Na realidade, cada problema em questão tem um número de subdivisões adequado para ambas as dimensões. Não existe uma resposta em absoluto para esta questão, pois não existe uma regra geral para a determinação do número de pontos necessários para uma discretização adequada da malha. Porém, uma discretização adequada é importante para que se possa obter soluções precisas com um mínimo tempo de processamento. Este problema é importante e requer uma explicação mais detalhada.

Sabe-se que, genericamente, quanto mais pontos a malha tiver maior é a precisão obtida na solução do problema. Porém, deve-se tomar cuidado aqui. Imagine que você comece com uma malha com L_x pontos na direção x e L_z pontos na direção z, onde ambos L_x e L_z são números pequenos, por exemplo, 5 digamos. Neste caso, tem-se o que é comumente denominado de uma malha grosseira. Resolve-se a equação de Reynolds e obtém-se uma solução não muito precisa. Após esta etapa suponha que você multiplique o número de pontos por 2 (dois) em ambas as dimensões, têm-se, então, 10 pontos na direção x e 10 pontos na direção z e repetem-se os cálculos anteriores, obtendo-se por consequência, resultados mais precisos. Continuando este procedimento de multiplicar o número de pontos por 2 (dois) em ambas as direções e resolvendo a equação de Reynolds, os resultados obtidos vão se tornando mais precisos. Porém, chega um determinado momento em que ao aumentarmos o número de pontos na malha a precisão dos resultados diminui ao invés de aumentar. Isso acontece porque quanto maior for o número de pontos na malha maior é o número de operações necessárias para resolver o sistema algébrico resultante da discretização da equação de Reylnods. Como estamos trabalhando com uma máquina que representa números internamente com um número finito e relativamente pequeno (8 ou 14) de casas decimais o que acontece é que a acumulação de erros começa a ficar significativa e a partir de um determinado ponto qualquer outra refinação na malha irá diminuir (ao invés de aumentar) a precisão dos resultados.

A título de referência, para um mancal "típico", com carregamento não muito severo (o que, como será visto posteriormente, implica um fator de excentricidade não maior que 0.95), obtém-se resultados razoáveis com os seguintes valores:

$$L_x = 40; \quad L_z = 25$$

$$\delta = 10^{-8}; \quad \varepsilon = 10^{-30}; \quad K_{MAX} = 500 \tag{7.27}$$

para um computador com uma palavra com 16 bits e precisão dupla.

O método explicado em detalhe, anteriormente, para a obtenção da solução da equação de Reynolds e, consequentemente, do campo de pressão hidrodinâmica na superfície de deslizamento do mancal pode ser facilmente implementado. No Apêndice A é apresentada a listagem de um programa escrito em FORTRAN onde todos os passos da metodologia anterior foram implementados para a solução da equação de Reynolds em coordenadas cartesianas.

Capítulo 8 – Cálculo de Parâmetros Operacionais em Mancais Hidrodinâmicos Radiais e Carregamento Estático

Neste capítulo será desenvolvida toda a teoria matemática, assim como todos os algoritmos de solução numérica necessários para o cálculo de todos os parâmetros operacionais de interesse prático para mancais hidrodinâmicos radiais com carregamento estático, a partir dos valores de pressão calculados no capítulo 7.

8.1 - Força de sustentação hidrodinâmica

Tendo calculado o valor da pressão hidrodinâmica, de acordo com a metodologia anterior, pode-se então calcular a força de sustentação hidrodinâmica gerada pelo mancal. A força de sustentação de um mancal é dada pela integral da pressão pela área do mesmo ao longo da superfície de deslizamento.

A forca hidrodinâmica, ou força de sustentação de um mancal pode ser decomposta em dois componentes. Um paralelo à linha de centros do mancal e o outro perpendicular à mesma, conforme esquematizado na figura 8.1.

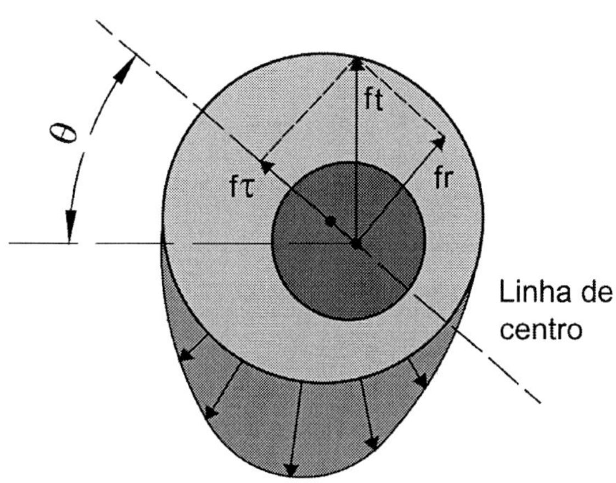

Figura 8.1 - Campo de pressão hidrodinâmica

Observando a figura acima, pode-se perceber que o componente perpendicular à linha de centros do mancal pode ser calculado pela seguinte expressão:

$$f_r = -\int_{z=0}^{L}\int_{\theta=0}^{2\pi} p(\theta, z)\cos(\theta) R \, d\theta \, dz \tag{8.1}$$

E o componente paralelo à linha de centros pode ser calculado pela seguinte expressão:

$$f_\tau = \int_{z=0}^{L}\int_{\theta=0}^{2\pi} p(\theta, z)\operatorname{sen}(\theta) R \, d\theta dz \tag{8.2}$$

No caso discreto, as integrais podem ser aproximadas por:

$$f_r \approx -\sum_{i=1}^{I_x}\sum_{j=1}^{I_z} p_{i,j} \cos\left(\frac{x_i}{R}\right) \Delta x_i \, \Delta z_j \tag{8.3}$$

$$f_\tau \approx \sum_{i=1}^{I_x}\sum_{j=1}^{I_z} p_{i,j} \operatorname{sen}\left(\frac{x_i}{R}\right) \Delta x_i \, \Delta z_j \tag{8.4}$$

Nas equações anteriores foi usado o fato de que o ângulo θ em qualquer ponto (i, j) da malha é dado por:

$$\theta_{i,j} = \theta_i = \frac{x_i}{R} = \frac{(i-1)\Delta x}{R} \tag{8.5}$$

A força hidrodinâmica (F_h) total ou força de sustentação do mancal é dada por:

$$F_h = \sqrt{f_r^2 + f_\tau^2} \tag{8.6}$$

O ângulo entre o eixo vertical e a linha de centros do mancal é denominado de ângulo de carga (φ) do mancal em questão. Este ângulo pode ser calculado pela seguinte expressão:

$$\phi = \tan^{-1}\left(\frac{f_\tau}{f_r}\right) \tag{8.7}$$

8.2 – Potência de acionamento

Potência de acionamento é o nome dado para a potência necessária para girar o eixo do mancal na sua velocidade angular de funcionamento. Toda essa potência é transformada em calor através do atrito viscoso no fluido lubrificante.

A velocidade u(y) deduzida anteriormente é dada por:

$$u(y) = \frac{1}{2\mu}\left(\frac{\partial p}{\partial x}\right)\left[y\left(y - h\right)\right] + \left(\frac{U_2}{h}\right)y \tag{8.8}$$

Diferenciando a velocidade u(y) com relação à y, tem-se:

$$\frac{\partial u}{\partial y} = \frac{1}{2\mu}\left(\frac{\partial p}{\partial x}\right)\left[2y - h\right] + \left(\frac{U_2}{h}\right) \tag{8.9}$$

O valor da expressão acima no ponto y=h é dado por:

$$\left(\frac{\partial u}{\partial y}\right)_{y=h} = \frac{1}{2\mu}\left(\frac{\partial p}{\partial x}\right)\left[2h - h\right] + \left(\frac{U_2}{h}\right) =$$

$$\frac{h}{2\mu}\left(\frac{\partial p}{\partial x}\right) + \left(\frac{U_2}{h}\right) \tag{8.10}$$

A tensão de cisalhamento no eixo é dada por:

$$\tau = \mu\left(\frac{\partial u}{\partial y}\right)_{y=h} \tag{8.11}$$

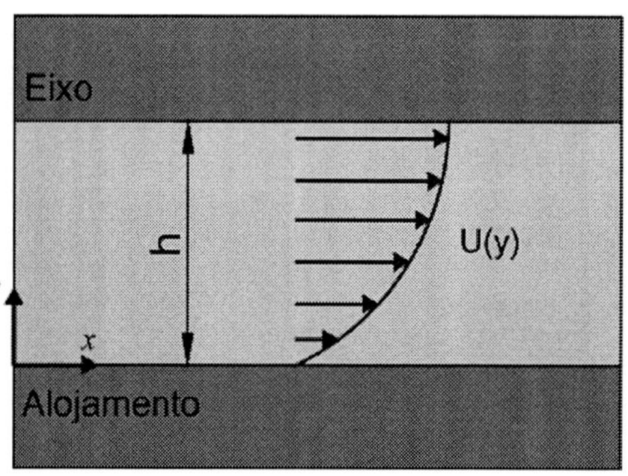

Figura 8.2 - Tensão de cisalhamento no eixo

Substituindo pela equação (8.11) na equação (8.10), tem-se:

$$\tau = \mu\left(\frac{\partial u}{\partial y}\right)_{y=h} = \mu\left[\frac{h}{2\mu}\left(\frac{\partial p}{\partial x}\right) + \frac{U_2}{h}\right] =$$

$$\left[\frac{h}{2}\left(\frac{\partial p}{\partial x}\right) + \frac{\mu U_2}{h}\right] \tag{8.12}$$

A força de atrito na superfície do eixo é dada por:

$$F_A = \int_{z=0}^{L}\int_{x=0}^{2\pi R}\left[\tau\right] dx\, dz = \int_{z=0}^{L}\int_{\theta=0}^{2\pi}\left[\tau\right] R\, d\theta\, dz \tag{8.13}$$

E a potência de acionamento é dada pelo produto da força de atrito na superfície do eixo e sua velocidade angular também na superfície, ou seja:

$$\dot{W} = U_2 \cdot F_A = R U_2 \int_{\theta=0}^{2\pi}\int_{z=0}^{L}\left[\tau\right] R\, d\theta\, dz =$$

$$R \cdot R\omega \int_{\theta=0}^{2\pi}\int_{z=0}^{L}\left[\tau\right] d\theta\, dz = R^2\omega \int_{\theta=0}^{2\pi}\int_{z=0}^{L}\left[\tau\right] d\theta\, dz \tag{8.14}$$

Substituindo por τ dado pela equação (8.12) em $\dot{W}$, equação (8.14), tem-se:

$$\dot{W} = R^2\omega \int_{\theta=0}^{2\pi}\int_{z=0}^{L}\left[\frac{h}{2}\left(\frac{\partial p}{\partial x}\right) + \mu\frac{U_2}{h}\right] d\theta\, dz \tag{8.15}$$

No caso discreto, a integral acima pode ser aproximada por:

$$\dot{W} \approx R^2\omega \sum_{L=1}^{I_x} \sum_{j=1}^{I_z} \left[\frac{h_{i,j}}{2} \left(\frac{p_{i+1,j} - p_{i-1,j}}{\Delta x_{i-1} + \Delta x_i} \right) + \frac{\mu\, U_2}{h_{i,j}} \right] \Delta\theta_i\, \Delta z_j \qquad (8.16)$$

Onde: $\Delta x_i = R\Delta\theta_i$

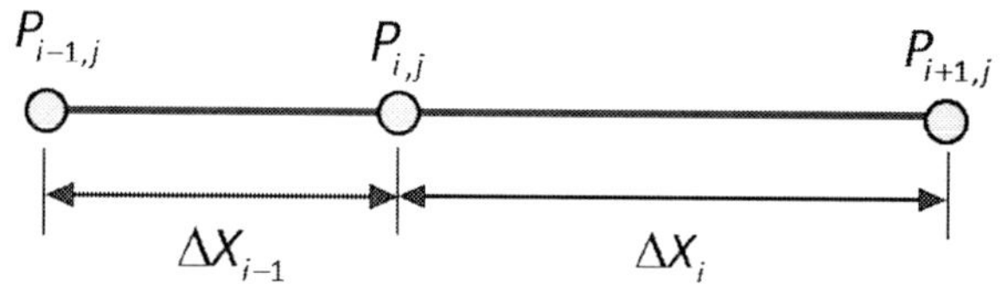

8.3 - Viscosidade média de funcionamento do fluido lubrificante

Antes de calcular a viscosidade média de funcionamento de um fluido lubrificante, é importante verificar como o mesmo se comporta em função de seu estado termodinâmico (temperatura e pressão).

A viscosidade de um fluido lubrificante comum (SAE 10, 20, ... , 70), operando a baixas pressões, varia muito pouco com a pressão, mas varia exponencialmente com a temperatura, conforme mostrado na figura 8.3.

Como pode ser visto na figura 8.3, para altas temperaturas ($T > 120\,^{o}C$) existe pouca variação da viscosidade com temperatura e tipo de óleo, porém, para esta variação torna-se mais acentuada a temperaturas mais baixas. Em geral, para temperaturas baixas ($T < 50\,^{o}C$) a variação é drástica. A variação média ("bulk") da temperatura é dada por:

$$\Delta T = \frac{\dot{W}_{óleo}}{\dot{m}c_p} \qquad (8.17)$$

onde: $\Delta T \equiv$ Variação média da temperatura do óleo lubrificante (°C)

$\dot{W}_{óleo} \equiv$ Calor fornecido ao óleo lubrificante (W)

$\dot{m} \equiv$ Vazão mássica do óleo lubrificante (kg/s)

$c_p \equiv$ Calor específico do óleo lubrificante à pressão constante (J/kg-°C)

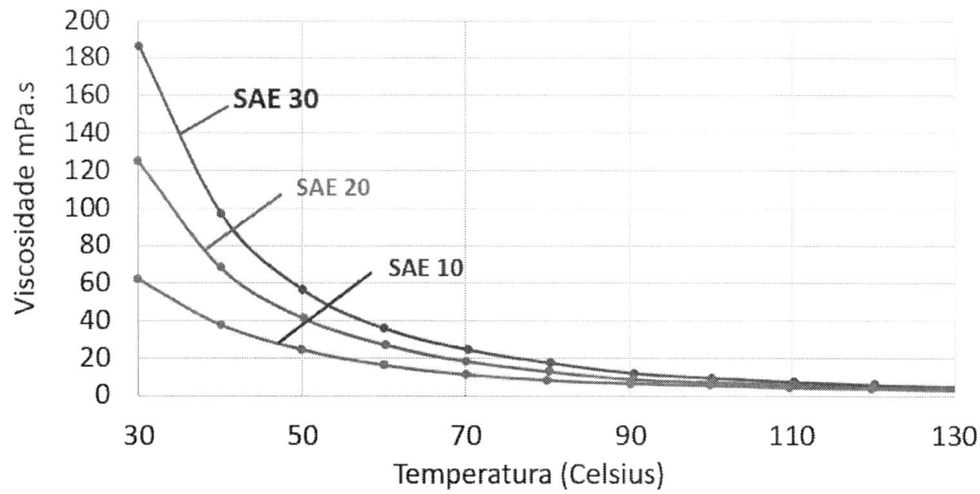

Figura 8.3 - Variação da viscosidade do óleo em função da temperatura

Num mancal qualquer certa porcentagem do calor gerado por atrito no fluido lubrificante é absorvido pelo eixo e alojamento. Em geral, para a maioria dos mancais, essa porcentagem gira em torno de 20%, o restante (80%) é absorvido pelo fluido lubrificante, ou seja:

$$\dot{W}_{óleo} \approx 0.8\dot{W} \tag{8.18}$$

Assumindo que a temperatura média de funcionamento do fluido lubrificante seja uma média entre sua temperatura de entrada e a de saída do mancal, pode-se aproximar a temperatura média de funcionamento do fluido lubrificante por:

$$T_{óleo} \approx \left(\frac{T_e + T_s}{2}\right) \tag{8.19}$$

Sabe-se que a temperatura do fluido lubrificante na saída do mancal é dada pela sua temperatura na entrada mais o acréscimo devido à absorção de calor advindo do atrito no fluido. Assim sendo, tem-se que:

$$T_s = T_e + \Delta T = T_e + \frac{\dot{W}_{óleo}}{\dot{m} c_p} = T_s \tag{8.20}$$

A equação acima mostra que T_s é uma função de $\dot{W}_{oleo}$ e $\dot{m}$ que por sua vez são funções da viscosidade e, portanto de T_s. Isto implica que se tem aqui uma equação implícita onde T_s deve ser calculada através de um processo iterativo. O algoritmo adotado aqui se resume em:

(a) Dar uma aproximação inicial para T_s;

(b) Calcular $\dot{W}_{óleo}$, $\dot{m}$ e T_s;

(c) Se T_s calculado for diferente do T_s estimado, refazer estimativa e voltar para item (b).

É possível calcular uma sequência de temperaturas através da fórmula:

$$T_{óleo}^{(k+1)} = T_{óleo}^{(k)} + \gamma \left| T_{oleo}^{*} - T_{oleo}^{(k)} \right| \tag{8.21}$$

Onde T_{oleo}^{*} é o último valor calculado e γ é um fator de sub-relaxação (função do tipo do fluido lubrificante e temperatura). Para que o processo convirja, o valor de γ deve estar entre 0.1 e 0.3. Admite-se convergência quando:

$$\frac{\left| T_{óleo}^{(k+1)} - T_{óleo}^{(k)} \right|}{\left| T^{(k+1)} \right| + \varepsilon} < \delta \quad \text{ou} \quad k \geq K_{max} \tag{8.22}$$

8.4 – Vazão do fluido lubrificante

A velocidade axial do fluído lubrificante, deduzida anteriormente, é dada por:

$$w(y) = \frac{1}{2\mu}\left(\frac{\partial p}{\partial z}\right)\left[y(y - h)\right] \tag{8.23}$$

A vazão mássica que escoa no sentido axial em qualquer ponto z é dada por:

$$\dot{m} = \int_{\theta=0}^{2\pi} \int_{y=0}^{h(\theta)} \rho\, w(y)\, R\, d\theta\, dy \tag{8.24}$$

Onde: $\dot{m}$ = vazão mássica (Kg/s)

ρ = densidade do fluido lubrificante (Kg/m^3)

Substituindo por w(y) na integral acima e integrando com relação à y, obtém-se:

$$\dot{m} = \frac{\rho R}{12\mu} \int_{\theta=0}^{2\pi} \left[h^3 \left(\frac{\partial p}{\partial z} \right) \right] d\theta \tag{8.25}$$

A vazão do fluido lubrificante que escoa para fora do mancal é dada pela integral acima com o valor do integrando nas bordas do mancal, ou seja:

$$\dot{m} = \frac{\rho R}{12\mu} \int_{\theta=0}^{2\pi} \left[\left(h^3 \frac{\partial p}{\partial z} \right)_{z=-\frac{L}{2}} - \left(h^3 \frac{\partial p}{\partial z} \right)_{z=\frac{L}{2}} \right] d\theta \tag{8.26}$$

Se o campo de pressão for simétrico, pode-se usar:

$$\dot{m} = \frac{2\rho R}{12\mu} \int_{\theta=0}^{2\pi} \left[\left(h^3 \frac{\partial p}{\partial z} \right)_{z=-\frac{L}{2}} \right] d\theta = -\frac{2\rho R}{12\mu} \int_{\theta=0}^{2\pi} \left[\left(h^3 \frac{\partial p}{\partial z} \right)_{z=\frac{L}{2}} \right] d\theta \tag{8.27}$$

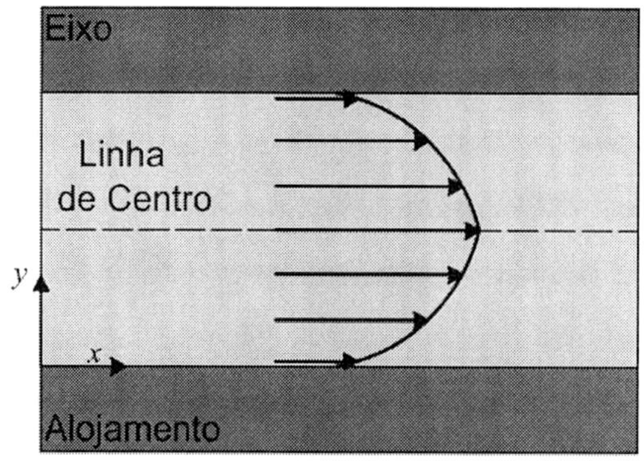

Figura 8.4 - Campo de velocidade no escoamento

No caso discreto pode-se aproximar as derivadas anteriores por diferenças finitas e a integral por somatória. Assim sendo, tem-se:

$$\dot{m} \approx \frac{\rho}{12\mu} \sum_{i=1}^{I_x} \left[h_{i,1}^3 \left(\frac{p_{i,2} - p_{i,1}}{\Delta z_1} \right) - h_{i,I_z}^3 \left(\frac{p_{i,I_z} - p_{i,I_z - 1}}{\Delta z_{I_{z-1}}} \right) \right] \Delta x_i \qquad (8.28)$$

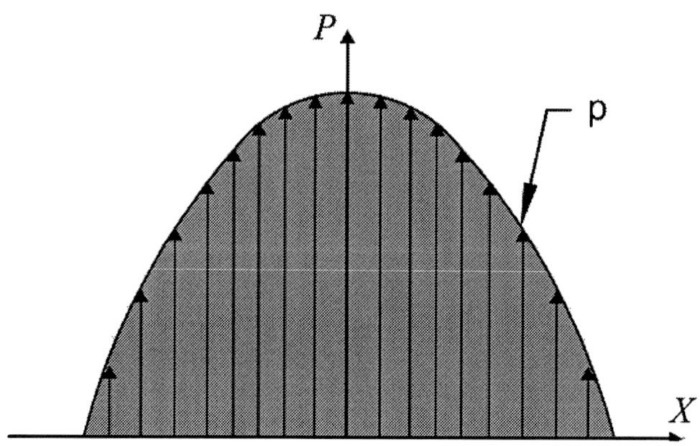

Figura 8.5 - Distribuição de pressão

A vazão volumétrica é dada pela razão da vazão mássica pela densidade do fluido:

$$\dot{\forall} = \frac{\dot{m}}{\rho} \approx \frac{1}{12\mu} \sum_{i=1}^{I_x} \left[h_{i,1}^3 \left(\frac{p_{i,2} - p_{i,1}}{\Delta z_1} \right) - h_{i,I_z}^3 \left(\frac{p_{i,I_z} - p_{i,I_z - 1}}{\Delta z_{I_{z-1}}} \right) \right] \Delta x_i$$

A unidade da vazão volumétrica dada pela equação acima é metros cúbicos por segundo. A unidade normalmente usada para a vazão axial (AOFR) em mancais radiais é litros por minuto. Para isso é necessário multiplicar a equação acima por 6.0E+04 (sessenta mil).

"Oil Starvation": A vazão do fluido lubrificante calculada é a quantidade do fluido lubrificante que o mancal expulsa axialmente devido ao gradiente de pressão no filme de fluido lubrificante. Isso significa que a quantidade de fluido lubrificante fornecida ao mancal deve ser maior ou igual à quantidade calculada. Caso contrário, faltará fluido lubrificante para manter a lubrificação no regime hidrodinâmico com consequências catastróficas para o mancal. É o que comumente se chama de "Oil Starvation".

8.5 – Equilíbrio de forças – cálculo do fator de excentricidade de equilíbrio

Quando uma força é aplicada a um mancal hidrodinâmico as superfícies de deslizamento se deslocam (aproximam ou separam), até atingir uma distância de equilíbrio. Se o mancal for radial pode-se considerar um fator de excentricidade de equilíbrio. Seja W a força aplicada ao mancal e $F_h(\varepsilon)$ a força hidrodinâmica gerada pelo mesmo devido a um fator de excentricidade ε. Seja ε^* o fator de excentricidade tal que:

$$F_h(\varepsilon^*) = W \qquad (8.29)$$

Existe um fator de excentricidade ε^* para o qual a força hidrodinâmica gerada pelo mancal é igual à força aplicada ao mesmo, ou seja:

$$F_h(\varepsilon^*) = F_A \qquad (8.30)$$

O problema, então, se reduz a encontrar o valor de ε^*. Neste caso foi usado o método da bissecção. Para a implementação do mesmo é necessário definir valores limites para o valor do fator de excentricidade:

- $\varepsilon_{min} \equiv$ Valor mínimo do fator de excentricidade, que como se sabe, pela própria definição, o menor valor que o fator de excentricidade pode assumir é 0 (zero);

- $\varepsilon_{max} \equiv$ Valor máximo do fator de excentricidade, que como se sabe, pela própria definição, o maior valor que o fator de excentricidade pode assumir é 1 (um).

Tendo esses valores, calcula-se então os valores máximos e mínimos do fator de excentricidade dados pela primeira iteração do processo iterativo de solução:

$$\varepsilon_{min}^{(0)} = 0 \quad ; \quad \varepsilon_{max}^{(0)} = 1 \tag{8.31}$$

Daí em diante, o processo iterativo calcula uma sequência de valores de aproximação para o fator de excentricidade através do seguinte algoritmo:

Calcula-se o valor inicial do fator de excentricidade $\varepsilon^{(0)}$ dado por:

$$\varepsilon^{(0)} = \frac{\varepsilon_{min}^{(0)} + \varepsilon_{max}^{(0)}}{2} \tag{8.32}$$

Em seguida, calcula-se a força hidrodinâmica gerada pelo mancal e calcula-se, novamente, os limites do intervalo em função do valor da força hidrodinâmica calculada:

$$F_h(\varepsilon^0) \begin{cases} > F_A & \Rightarrow \quad \varepsilon_{min}^{(1)} = \varepsilon_{min}^{(0)} \quad \text{e} \quad \varepsilon_{max}^{(1)} = \varepsilon^{(0)} \\ < F_A & \Rightarrow \quad \varepsilon_{min}^{(1)} = \varepsilon^{(0)} \quad \text{e} \quad \varepsilon_{max}^{(1)} = \varepsilon_{max}^{(0)} \end{cases} \tag{8.33}$$

Calcula-se o próximo valor do fator de excentricidade que será usado para o cálculo da força hidrodinâmica gerada pelo mancal:

$$\varepsilon^{(1)} = \frac{\varepsilon_{min}^{(1)} + \varepsilon_{max}^{(1)}}{2} \tag{8.34}$$

E, em seguida, calcula-se a força hidrodinâmica gerada pelo mancal e calcula-se, novamente, os limites do intervalo em função do valor da força hidrodinâmica calculada:

$$F_h\left[\varepsilon^{(1)}\right]\begin{cases} < F_A \Rightarrow \varepsilon_{min}^{(2)} = \varepsilon_{min}^{(1)} \text{ e } \varepsilon_{max}^{(2)} = \varepsilon^{(1)} \\ > F_A \Rightarrow \varepsilon_{min}^{(2)} = \varepsilon^{(1)} \text{ e } \varepsilon_{max}^{(2)} = \varepsilon_{max}^{(1)} \end{cases} \tag{8.35}$$

O valor do fator de excentricidade dado pela segunda iteração:

$$\varepsilon^{(2)} = \frac{\varepsilon_{max}^{(1)} + \varepsilon_{min}^{(1)}}{2} \tag{8.36}$$

E assim por diante. O valor do fator de excentricidade dado pela k-ésima iteração é dado pela seguinte expressão:

$$\varepsilon^{(k)} = \frac{\varepsilon_{max}^{(k-1)} + \varepsilon_{min}^{(k-1)}}{2} \tag{8.37}$$

Assim como nos casos processos iterativos mencionados anteriormente, o processo é repetido M vezes e para quando:

$$\frac{\left| F_h\left[\varepsilon^{(M)}\right] - F_A \right|}{F_A + \varepsilon} < \delta \quad \text{ou} \quad M \geq K_{max} \tag{8.38}$$

Onde, como mencionado anteriormente, δ é um número positivo (pequeno) cujo valor é inversamente proporcional à precisão desejada e a variável ε que aparece no denominador é um número bem pequeno para evitar divisão por zero. Uma interpretação geométrica deste algoritmo é esquematizada na figura 8.6.

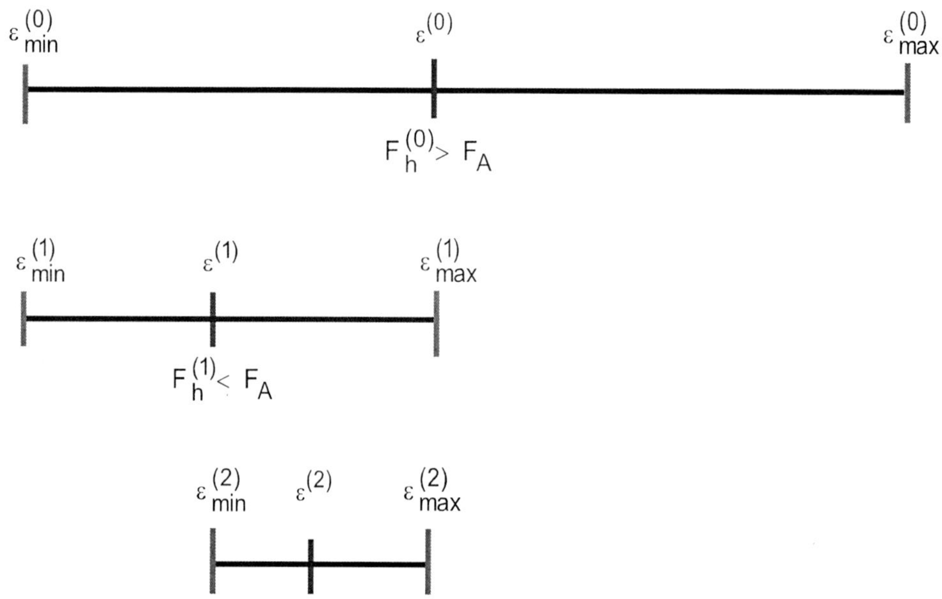

Figura 8.6 – Interpretação geométrica do algoritmo de bissecção

Capítulo 9 – A Equação de Reynolds em Coordenadas Cilíndricas

A equação de Reynolds para mancais axiais pode ser deduzida a partir das equações de Navier-Stokes e conservação da massa em coordenadas cilíndricas, para um fluido Newtoniano, incompressível e para um escoamento laminar, deduzidas no capítulo 3.

9.1 – Dedução da equação de Reynolds para mancais hidrodinâmicos axiais

Para que se possa usar as equações deduzidas no capítulo 3 para a dedução da equação de Reynolds, é necessário fazer algumas hipóteses simplificativas.

I - Fluido Newtoniano:

$$\sigma_{ij} = -p\,\delta_{ij} + \mu\left(\frac{\partial u_i}{\partial x_j} + \frac{\partial u_j}{\partial x_i}\right) - \frac{2}{3}\mu\,\delta_{ij}\frac{\partial u_k}{\partial x_k} \tag{9.1}$$

II - Fluido incompressível:

$$\vec{\nabla}\cdot\vec{V} = \frac{\partial u_k}{\partial x_k} = \theta = 0 \tag{9.2}$$

Esta hipótese é razoável para um mancal com fluido lubrificante na fase líquida. É importante ressaltar que esta hipótese não é válida no caso de um mancal que trabalha com um fluido lubrificante gasoso, ou mancais aerodinâmicos.

III - Escoamento laminar. Hipótese razoável, uma vez que para um mancal hidrodinâmico "típico" o número de Reynolds é da ordem de 1 (um):

$$R_e = \frac{vL}{\nu} \cong 1 \ll 1000 \tag{9.3}$$

Com as três hipóteses anteriores, pode-se usar as equações de Navier-Stokes para fluidos Newtonianos, incompressíveis e escoamento laminar, deduzidas no capítulo 3 e reproduzidas a seguir:

Conservação da massa:

$$\nabla \cdot \vec{V} = \left[\frac{1}{r}\frac{\partial (rV_r)}{\partial r} + \frac{1}{r}\frac{\partial V_\theta}{\partial \theta} + \frac{\partial V_z}{\partial z} \right] = 0 \tag{9.4}$$

As equações de Navier-Stokes:

Componente r:

$$\rho \left(\frac{d V_r}{d t} - \frac{V_\theta^2}{r} \right) = -\frac{\partial p}{\partial r} + \mu \left[\frac{\partial}{\partial r}\left(\frac{1}{r}\frac{\partial (rV_r)}{\partial r} \right) + \frac{1}{r^2}\frac{\partial^2 V_r}{\partial \theta^2} - \frac{2}{r^2}\frac{\partial V_\theta}{\partial \theta} + \frac{\partial^2 V_r}{\partial z^2} \right] + \rho f_r''' \tag{9.5}$$

Onde:

$$\frac{d V_r}{d t} = \frac{\partial V_r}{\partial t} + V_r \frac{\partial V_r}{\partial r} + \frac{V_\theta}{r}\frac{\partial V_r}{\partial \theta} + V_z \frac{\partial V_r}{\partial z} \tag{9.6}$$

Componente θ:

$$\rho\left(\frac{d\,V_\theta}{d\,t}+\frac{V_r * V_\theta}{r}\right)=-\frac{1}{r}\frac{\partial\,p}{\partial\,\theta}+$$

$$\mu\left[\frac{\partial}{\partial\,r}\left(\frac{1}{r}\frac{\partial\,(rV_\theta)}{\partial\,r}\right)+\frac{1}{r^2}\frac{\partial^2 V_\theta}{\partial\,\theta^2}+\frac{2}{r^2}\frac{\partial\,V_r}{\partial\,\theta}+\frac{\partial^2 V_\theta}{\partial\,z^2}\right]+\rho f_\theta''' \tag{9.7}$$

Onde:

$$\frac{d\,V_\theta}{d\,t}=\frac{\partial\,V_\theta}{\partial\,t}+v_r\frac{\partial\,V_\theta}{\partial\,r}+\frac{V_\theta}{r}\frac{\partial\,V_\theta}{\partial\,\theta}+v_z\frac{\partial\,V_\theta}{\partial\,z} \tag{9.8}$$

Componente z:

$$\rho\frac{d\,V_z}{d\,t}=-\frac{\partial\,p}{\partial\,z}+$$

$$\mu\left[\frac{1}{r}\frac{\partial}{\partial\,r}\left(r\frac{\partial\,V_z}{\partial\,r}\right)+\frac{1}{r^2}\frac{\partial^2 V_z}{\partial\,\theta^2}+\frac{\partial^2 V_z}{\partial\,z^2}\right]+\rho f_z''' \tag{9.9}$$

Onde:

$$\frac{d\,V_z}{d\,t}=\frac{\partial\,V_z}{\partial\,t}+V_r\frac{\partial\,V_z}{\partial\,r}+\frac{V_\theta}{r}\frac{\partial\,V_z}{\partial\,\theta}+V_z\frac{\partial\,V_z}{\partial\,z} \tag{9.10}$$

Seguindo com mais hipóteses simplificativas:

IV - Forças de campos externos desprezíveis. Esta é uma hipótese razoável uma vez que, para um fluido não ionizado e sem efeitos de campos eletromagnéticos, a única força de campo atuante no mesmo é a força gravitacional. E neste caso, é fácil de verificar que a força devido às pressões internas no fluido é muito maior (ordens de grandeza) que a força gravitacional. Com essa hipótese, tem-se:

$$\rho\, f_r''' = \rho\, f_\theta''' = \rho\, f_z''' = 0 \tag{9.11}$$

V - Forças inerciais desprezíveis. Analogamente à hipótese anterior, a força devido à pressão interna no fluido é muito maior (ordens de grandeza) que a força inercial. Assim sendo, pode-se desprezar os termos que contém aceleração:

$$\frac{d\,V_r}{d\,t} = \frac{d\,V_\theta}{d\,t} = \frac{d\,V_z}{d\,t} = 0 \tag{9.12}$$

Com as hipóteses simplificativas IV e V, as equações de Navier-Stokes (9.5), (9.7) e (9.9) podem ser escritas da seguinte maneira:

Componente r:

$$\frac{\partial p}{\partial r} = \rho\,\frac{V_\theta^2}{r} + \mu\left[\frac{\partial}{\partial r}\left(\frac{1}{r}\,\frac{\partial\,(r\,V_r)}{\partial r}\right) + \frac{1}{r^2}\,\frac{\partial^2 V_r}{\partial\,\theta^2} - \frac{2}{r^2}\,\frac{\partial\,V_\theta}{\partial\,\theta} + \frac{\partial^2 V_r}{\partial\,z^2}\right] \tag{9.13}$$

Componente θ:

$$\frac{1}{r}\frac{\partial p}{\partial\theta} = -\rho\frac{V_r V_\theta}{r} + \mu\left[\frac{\partial}{\partial r}\left(\frac{1}{r}\frac{\partial (rV_\theta)}{\partial r}\right) + \frac{1}{r^2}\frac{\partial^2 V_\theta}{\partial\theta^2} + \frac{2}{r^2}\frac{\partial V_r}{\partial\theta} + \frac{\partial^2 V_\theta}{\partial z^2}\right] \tag{9.14}$$

Componente z:

$$\frac{\partial p}{\partial z} = \mu\left[\frac{1}{r}\,\frac{\partial}{\partial r}\left(r\,\frac{\partial\,V_z}{\partial r}\right) + \frac{1}{r^2}\,\frac{\partial^2 V_z}{\partial\,\theta^2} + \frac{\partial^2 V_z}{\partial\,z^2}\right] \tag{9.15}$$

VI – A pressão não varia na direção z. Aqui também, trata-se de uma hipótese razoável, pois além da dimensão em questão ser desprezível com relação às outras, conforme discutido anteriormente, não existe nesta direção nenhum mecanismo (tal como os mecanismos "wedge" e "squeeze") que propicie um aumento da pressão nesta direção. Ou seja:

$$\frac{\partial p}{\partial z} = 0$$

VII - Comparado com as derivadas na direção perpendicular às superfícies de deslizamento,

$$\frac{\partial V_r}{\partial z} \quad e \quad \frac{\partial V_\theta}{\partial z} \tag{9.16}$$

Todas as outras derivadas dos componentes da velocidade são desprezíveis. Esta hipótese é bastante razoável uma vez que, para um mancal hidrodinâmico axial "típico", a razão entre as dimensões do raio (R) e espessura do filme do fluido lubrificante (h - direção z) é de pelo menos três ordens de grandeza, ou seja:

$$\left|\frac{R_{min}}{h}\right| \geq 10^3; \quad \left|\frac{R_{max}}{h}\right| \geq 10^3$$

$$\left|\frac{2\pi R_{min}}{h}\right| \geq 10^3; \quad \left|\frac{2\pi R_{max}}{h}\right| \geq 10^3 \tag{9.17}$$

Assim sendo, esta hipótese torna-se bastante razoável. Com as hipóteses VI e VII, as equações de Navier-Stokes (9.13), (9.14) e (9.15), podem ser escritas da seguinte maneira:

Componente r:

$$\frac{\partial p}{\partial r} = \rho \frac{V_\theta^2}{r} + \mu \frac{\partial^2 V_r}{\partial z^2} \tag{9.18}$$

Componente θ:

$$\frac{1}{r}\frac{\partial p}{\partial \theta} = -\rho \frac{V_r V_\theta}{r} + \mu \frac{\partial^2 V_\theta}{\partial z^2} \tag{9.19}$$

Considere o último termo das equações anteriores. Em geral o componente da velocidade do fluido em coordenadas cilíndricas pode ser função de quatro variáveis: t, r, θ e z. Ou seja:

$$V_r = f(t,r,\theta,z); \qquad V_\theta = g(t,r,\theta,z) \tag{9.20}$$

Porém de acordo com a hipótese V o tempo (t) passou a não ser uma das variáveis. Com a hipótese VI as variáveis r e θ também foram descartadas. Assim sendo, têm-se que os componentes da velocidade passaram a ser função apenas da variável z:

$$V_r = f(z); \qquad V_\theta = g(z) \tag{9.21}$$

E neste caso as derivadas parciais dos componentes da velocidade apresentadas nas equações (9.13) e (9.14) passam a ser derivadas totais, ou seja:

$$\frac{\partial^2 V_r}{\partial z^2} \equiv \frac{d^2 V_r}{d z^2} \quad \text{e} \quad \frac{\partial^2 V_\theta}{\partial z^2} \equiv \frac{d^2 V_\theta}{d z^2} \tag{9.22}$$

E as equações (9.13) e (9.14) podem ser rescritas da seguinte maneira:

$$\frac{\partial p}{\partial r} = \rho \frac{V_\theta^2}{r} + \mu \frac{d^2 V_r}{d z^2} \tag{9.23}$$

$$\frac{1}{r}\frac{\partial p}{\partial \theta} = -\rho \frac{V_r V_\theta}{r} + \mu \frac{d^2 V_\theta}{d z^2} \tag{9.24}$$

VII – As derivadas segundas dos componentes da velocidade com relação à z, apresentadas nas equações (9.23) e (9.24) são bem maiores em módulo que os termos da força centrífuga e da força de Coriolis:

$$\left| \mu \frac{d^2 V_r}{d z^2} \right| \gg \left| \rho \frac{V_\theta^2}{r} \right| \tag{9.25}$$

Com as hipóteses anteriores, as equações (9.23) e (9.24) podem ser expressas da seguinte maneira:

$$\frac{d^2V_r}{d\,z^2} = \frac{1}{\mu}\left[\left(\frac{\partial\,p}{\partial\,r}\right)\right] \tag{9.26}$$

$$\frac{d^2V_\theta}{d\,z^2} = \frac{1}{\mu}\left[\frac{1}{r}\left(\frac{\partial\,p}{\partial\,\theta}\right)\right] \tag{9.27}$$

Integrando a equação (9.27) com relação à z:

$$\frac{d\,V_\theta}{d\,z} = \frac{1}{\mu}\left[\frac{1}{r}\left(\frac{\partial\,p}{\partial\,\theta}\right)\right]z + C_1 \tag{9.28}$$

Integrando mais uma vez:

$$V_\theta(z) = \frac{1}{2\mu}\left[\frac{1}{r}\left(\frac{\partial\,p}{\partial\,\theta}\right)\right]z^2 + C_1 z + C^2 \tag{9.29}$$

As condições de contorno são as velocidades em $z = 0$ e $z = h$ conforme esquematizado na figura 9.1.

$$V_\theta(z=0)=U_1; \qquad V_\theta(z=h)=U_2 \tag{9.30}$$

Com estas condições de contorno, a equação (9.29) passa a ser:

$$V_\theta(z) = \frac{1}{2\mu}\left[\frac{1}{r}\left(\frac{\partial\,p}{\partial\,\theta}\right)\right]\left[z(z-h)\right] + \left(\frac{U_2 - U_1}{h}\right)z + U_1 \tag{9.31}$$

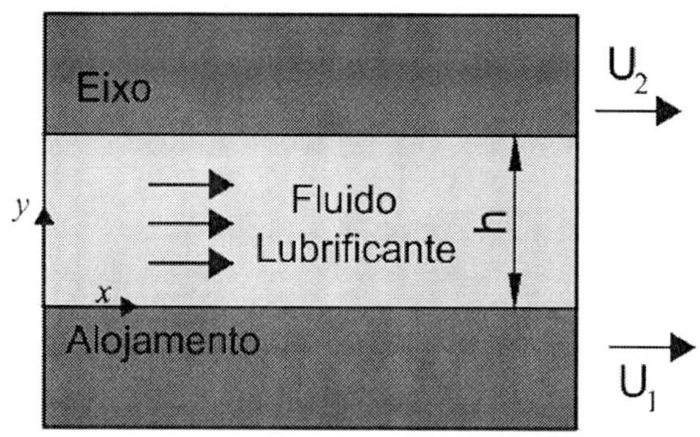

Figura 9.1 – Condições de contorno

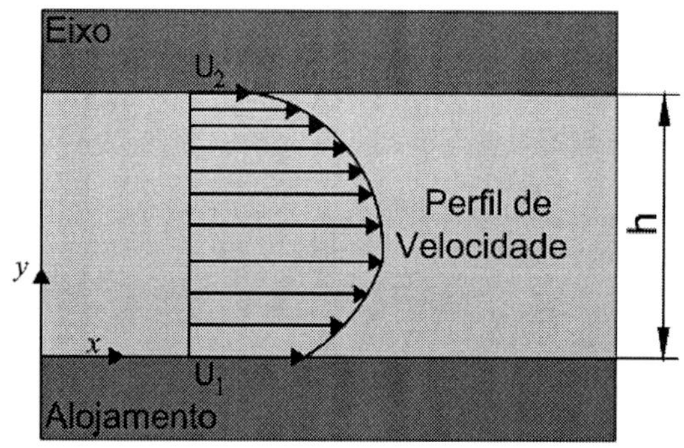

Figura 9.2 – Condições de contorno na direção z

De maneira análoga, integrando a equação (9.26) com relação à z:

$$\frac{d\,V_r}{d\,z} = \frac{1}{\mu}\left[\frac{1}{r}\left(\frac{\partial\,p}{\partial\,r}\right)\right]z + C_1 \tag{9.32}$$

Integrando mais uma vez:

$$V_r(z) = \frac{1}{2\mu}\left[\frac{1}{r}\left(\frac{\partial\,p}{\partial\,r}\right)\right]z^2 + C_1 z + C^2 \tag{9.33}$$

Na direção r, as condições de contorno da velocidade anterior são dadas pelo escoamento de Poisuielle, conforme esquematizado na figura 9.3:

$$V_r(z = 0) = V_r(z = h) = 0 \tag{9.34}$$

Com estas condições de contorno, a equação (9.33) pode ser expressa da seguinte maneira:

$$V_r(z) = \frac{1}{2\mu}\left[\left(\frac{\partial p}{\partial r}\right)\right]\left[z(z - h)\right] \tag{9.35}$$

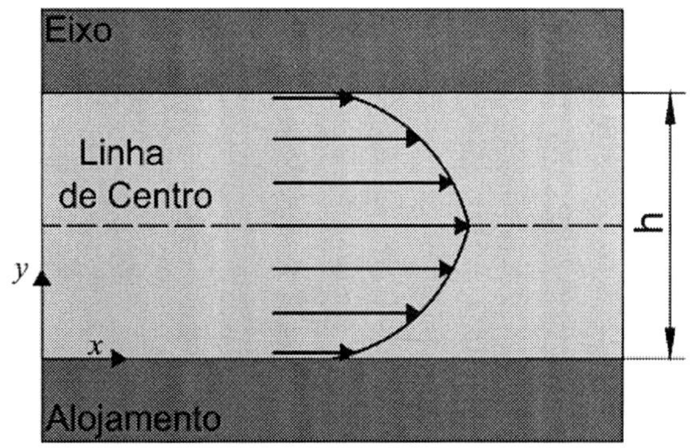

Figura 9.3 – Escoamento de Poisuielle

A equação de conservação da massa para um fluido incompressível e em coordenadas cilíndricas é dada pela equação (9.4), reproduzida a seguir:

$$\nabla \cdot \vec{V} = \left[\frac{1}{r}\frac{\partial(rV_r)}{\partial r} + \frac{1}{r}\frac{\partial V_\theta}{\partial \theta} + \frac{\partial V_z}{\partial z}\right] = 0 \tag{9.36}$$

Da equação anterior, tem-se que:

$$\frac{\partial V_z}{\partial z} = -\frac{1}{r}\frac{\partial(rV_r)}{\partial r} - \frac{1}{r}\frac{\partial V_\theta}{\partial \theta} \tag{9.37}$$

Substituindo pelos componentes da velocidade V_r e V_θ, dados pelas equações (9.33) e (9.31) na equação anterior, tem-se:

$$-\frac{d\,V_z}{d\,z} = +\frac{1}{r}\frac{\partial}{\partial r}\left\{\frac{r}{2\mu}\left[\left(\frac{\partial p}{\partial r}\right)\right]\left[z(z-h)\right]\right\} +$$

$$\frac{1}{r}\frac{\partial}{\partial\theta}\left\{\frac{1}{2\mu}\left[\frac{1}{r}\left(\frac{\partial p}{\partial\theta}\right)\right]\left[y(z-h)\right] + \left(\frac{U_2 - U_1}{h}\right)z + U_1\right\} \tag{9.38}$$

Integrando o lado esquerdo da equação anterior com relação à z e impondo os limites de integração $z = 0$ e $z = h(r,\theta)$, tem-se:

$$-\int_{z=0}^{z=h(r,\theta)} \frac{d\,V_z}{d\,y}\,dz = -\int_{z=0}^{z=h(r,\theta)} d\,V_z = -V_z \tag{9.39}$$

Onde o último termo na expressão acima (V_z) representa a velocidade de separação das superfícies de deslizamento do mancal. Integrando ambos os termos do lado direito da equação (9.38) com relação à z, impondo os limites de integração $z = 0$ e $z = h(r,\theta)$, e igualando à equação anterior, tem-se:

$$-V_z(r,\theta) = \int_{z=0}^{z=h(r,\theta)} \frac{1}{r}\frac{\partial}{\partial r}\left\{\frac{r}{2\mu}\left[\left(\frac{\partial p}{\partial r}\right)\right]\left[z(z-h)\right]\right\}dz +$$

$$\int_{z=0}^{z=h(r,\theta)} \frac{1}{r}\frac{\partial}{\partial\theta}\left\{\frac{1}{2\mu}\left[\frac{1}{r}\left(\frac{\partial p}{\partial\theta}\right)\right]\left[z(z-h)\right] + \left(\frac{U_2 - U_1}{h}\right)z + U_1\right\}dz \tag{9.40}$$

A regra de Leibnitz para a diferenciação de uma integral definida é dada a seguir:

$$\frac{\partial}{\partial \alpha}\int_{\phi_1}^{\phi_2} F dx = \int_{\phi_1}^{\phi_2} \frac{\partial F}{\partial \alpha} dx + F\frac{\partial \phi_2}{\partial \alpha} - F\frac{\partial \phi_1}{\partial \alpha}$$

$$\rightarrow \quad \int_{0}^{\phi_2} \frac{\partial F}{\partial \alpha} dx = \frac{\partial}{\partial \alpha}\int_{0}^{\phi_2} F\, dx - F\left[\phi_2\right]\frac{\partial \phi_2}{\partial \alpha} \tag{9.41}$$

Aplicando a equação acima para o primeiro termo do lado direito da equação (9.40), tem-se:

$$\int_{z=0}^{z=h(r,\theta)} \frac{1}{r}\frac{\partial}{\partial r}\left\{\frac{r}{2\mu}\left[\left(\frac{\partial p}{\partial r}\right)\right]\left[z(z-h)\right]\right\}dz =$$

$$\left\{\frac{1}{r}\frac{\partial}{\partial r}\int_{z=0}^{z=h(r,\theta)}\left\{\frac{r}{2\mu}\left[\left(\frac{\partial p}{\partial r}\right)\right]\left[z(z-h)\right]\right\}dz\right\} - \left\{\frac{r}{2\mu}\left[\left(\frac{\partial p}{\partial r}\right)\right]\left[h(h-h)\right]\right\}\frac{\partial h}{\partial r} \tag{9.42}$$

Integrando o primeiro termo do lado direito da equação (9.42), tem-se:

$$\frac{1}{r}\frac{\partial}{\partial r}\left\{\frac{r}{2\mu}\left[\left(\frac{\partial p}{\partial r}\right)\right]\left[\frac{h^3}{3} - \frac{h^3}{2}\right]\right\} =$$

$$\frac{1}{r}\frac{\partial}{\partial r}\left\{\frac{r}{6\mu}\left[\left(\frac{\partial p}{\partial r}\right)\left[\frac{-h^3}{6}\right]\right]\right\} = \frac{-1}{r}\frac{\partial}{\partial r}\left\{\frac{rh^3}{12\mu}\left[\left(\frac{\partial p}{\partial r}\right)\right]\right\} \tag{9.43}$$

O segundo termo do lado direito da equação (9.43) é nulo. Substituindo pela equação (9.43) na equação (9.42), tem-se:

$$\int_{z=0}^{z=h(r,\theta)} \frac{1}{r}\frac{\partial}{\partial r}\left\{\frac{r}{2\mu}\left[\left(\frac{\partial p}{\partial r}\right)\right]\left[z(z-h)\right]\right\}dz = \frac{-1}{r}\frac{\partial}{\partial r}\left\{\frac{r h^3}{12\mu}\left[\left(\frac{\partial p}{\partial r}\right)\right]\right\} \tag{9.44}$$

Usando a regra de Leibnitz para o segundo termo do lado direito da equação (9.40), tem-se:

$$\int_{z=0}^{z=h(r,\theta)} \frac{1}{r}\frac{\partial}{\partial \theta}\left\{\frac{1}{2\mu}\left[\frac{1}{r}\left(\frac{\partial p}{\partial \theta}\right)\right]\left[z(z-h)\right] + \left(\frac{U_2 - U_1}{h}\right)z + U_1\right\}dz =$$

$$\frac{1}{r}\frac{\partial}{\partial \theta}\left\{\int_{z=0}^{z=h(r,\theta)} \left\{\frac{1}{2\mu}\left[\frac{1}{r}\left(\frac{\partial p}{\partial \theta}\right)\right]\left[z(z-h)\right] + \left(\frac{U_2 - U_1}{h}\right)z + U_1\right\}dz\right\} \tag{9.45}$$

$$-\left\{\frac{1}{2\mu}\left[\frac{1}{r}\left(\frac{\partial p}{\partial \theta}\right)\right]\left[h(h-h)\right] + \left(\frac{U_2 - U_1}{h}\right)h + U_1\right\}\frac{1}{r}\frac{\partial h}{\partial \theta}$$

Efetuando a integração do primeiro termo do lado direito da equação anterior, tem-se:

$$\frac{1}{r}\frac{\partial}{\partial \theta}\left\{\frac{1}{2\mu}\left[\frac{1}{r}\left(\frac{\partial p}{\partial \theta}\right)\right]\left[\frac{h^3}{3} - \frac{h^3}{2}\right] + \left(\frac{U_2 - U_1}{h}\right)\frac{h^2}{2} + U_1 h\right\} =$$

$$\frac{1}{r}\frac{\partial}{\partial \theta}\left\{\frac{1}{2\mu}\left[\frac{1}{r}\left(\frac{\partial p}{\partial \theta}\right)\right]\left[\frac{-h^3}{6}\right] + \left(\frac{U_2 - U_1}{h}\right)\frac{h^2}{2} + U_1 h\right\} = \tag{9.46}$$

$$\frac{1}{r}\frac{\partial}{\partial \theta}\left\{\frac{-h^3}{12\mu}\left[\frac{1}{r}\left(\frac{\partial p}{\partial \theta}\right)\right] + \left(\frac{U_2 + U_1}{2}\right)h\right\}$$

A derivada da soma das velocidades, na equação (9.46) é nula. Assim sendo, a equação anterior se reduz a:

$$\frac{1}{r}\frac{\partial}{\partial\theta}\left\{\frac{-h^3}{12\mu}\left[\frac{1}{r}\left(\frac{\partial p}{\partial\theta}\right)\right]\right\} \tag{9.47}$$

O último termo do lado direito da equação (9.46) é:

$$-\left\{\left(\frac{U_2 + U_1}{2}\right)\right\}\frac{1}{r}\frac{\partial h}{\partial\theta} \tag{9.48}$$

Substituindo pelas equações (9.47) e (9.48) na equação (9.40), tem-se:

$$\int_{z=0}^{z=h(r,\theta)} \frac{1}{r}\frac{\partial}{\partial\theta}\left\{\frac{1}{2\mu}\left[\frac{1}{r}\left(\frac{\partial p}{\partial\theta}\right)\right]\left[z(z-h)\right] + \left(\frac{U_2 - U_1}{h}\right)z + U_1\right\}dz =$$

$$\frac{1}{r}\frac{\partial}{\partial\theta}\left\{\frac{-h^3}{12\mu}\left[\frac{1}{r}\left(\frac{\partial p}{\partial\theta}\right)\right]\right\} + \left(\frac{U_2 - U_1}{2}\right)\frac{1}{r}\frac{\partial h}{\partial\theta} \tag{9.49}$$

Substituindo pelas equações (9.44) e (9.49) na equação (9.40), tem-se:

$$\frac{1}{r}\frac{\partial}{\partial r}\left\{\frac{rh^3}{12\mu}\left[\left(\frac{\partial p}{\partial r}\right)\right]\right\} + \frac{1}{r}\frac{\partial}{\partial\theta}\left\{\frac{h^3}{12\mu}\left[\frac{1}{r}\left(\frac{\partial p}{\partial\theta}\right)\right]\right\} = \left(\frac{U_2 - U_1}{2}\right)\frac{1}{r}\frac{\partial h}{\partial\theta} - V_z \tag{9.50}$$

Multiplicando a equação anterior por r, tem-se:

$$\frac{\partial}{\partial r}\left\{\frac{rh^3}{12\mu}\left[\left(\frac{\partial p}{\partial r}\right)\right]\right\} + \frac{\partial}{\partial\theta}\left\{\frac{h^3}{12\mu}\left[\frac{1}{r}\left(\frac{\partial p}{\partial\theta}\right)\right]\right\} = \left(\frac{U_2 - U_1}{2}\right)\frac{\partial h}{\partial\theta} - rV_z \tag{9.51}$$

A expressão acima é a equação de Reynolds para um mancal axial, com fluido lubrificante incompressível e carregamento dinâmico:

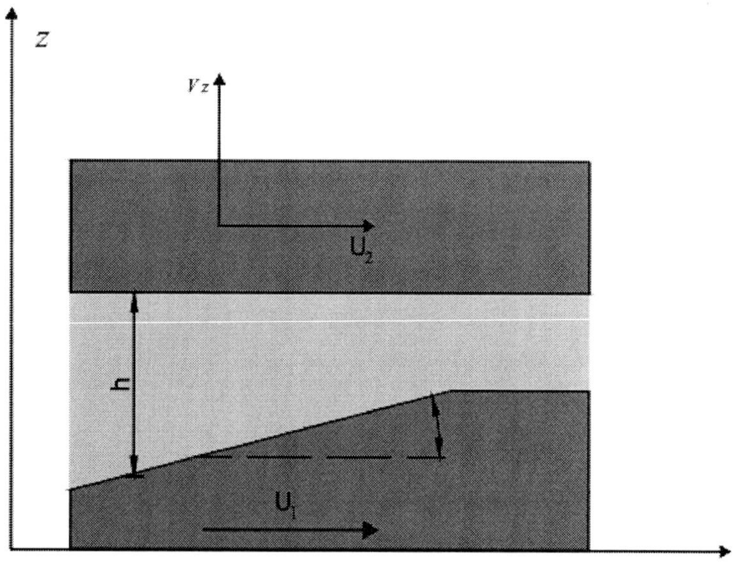

Figura 9.4 – Convenção de velocidades e ângulos

9.2 – A equação de Reynolds para mancais hidrodinâmicos axiais e carregamento estático

Para um mancal axial com carregamento estático, a velocidade de separação entre as superfícies de deslizamento é nula, ou seja:

$$V_z = 0 \tag{9.52}$$

Substituindo pela expressão anterior na equação (9.50), tem-se:

$$\frac{\partial}{\partial r}\left\{\frac{rh^3}{12\mu}\left[\left(\frac{\partial p}{\partial r}\right)\right]\right\} + \frac{\partial}{\partial \theta}\left\{\frac{h^3}{12\mu}\left[\frac{1}{r}\left(\frac{\partial p}{\partial \theta}\right)\right]\right\} = \left(\frac{U_2 - U_1}{2}\right)\frac{\partial h}{\partial \theta} \tag{9.53}$$

A expressão acima é a equação de Reynolds para um mancal axial, com fluido lubrificante incompressível e carregamento estático. Se a velocidade da superfície de deslizamento inferior do mancal for nula, então:

$$U_1 = 0 \tag{9.54}$$

Substituindo pela expressão anterior na equação (9.53), tem-se:

$$\frac{\partial}{\partial r}\left\{\frac{r h^3}{12\mu}\left[\left(\frac{\partial p}{\partial r}\right)\right]\right\} + \frac{\partial}{\partial \theta}\left\{\frac{h^3}{12\mu}\left[\frac{1}{r}\left(\frac{\partial p}{\partial \theta}\right)\right]\right\} = \left(\frac{U_2}{2}\right)\frac{\partial h}{\partial \theta} \tag{9.55}$$

A velocidade circunferencial U_2 em qualquer ponto na superfície de deslizamento do mancal é dada por:

$$U_2 = r\,\omega \tag{9.56}$$

Substituindo pela expressão (9.56) na equação (9.57), tem-se:

$$\frac{\partial}{\partial r}\left\{\frac{r h^3}{12\mu}\left[\left(\frac{\partial p}{\partial r}\right)\right]\right\} + \frac{\partial}{\partial \theta}\left\{\frac{h^3}{12\mu}\left[\frac{1}{r}\left(\frac{\partial p}{\partial \theta}\right)\right]\right\} = \left(\frac{r\omega}{2}\right)\frac{\partial h}{\partial \theta} \tag{9.57}$$

Onde: $h \equiv$ Espessura do filme de fluido lubrificante [m]

$r \equiv$ Coordenada radial [m]

$\theta \equiv$ Coordenada azimutal (ou circunferencial) [rad]

$\mu \equiv$ Viscosidade do fluido lubrificante [Pas]

$\omega \equiv$ Velocidade angular do eixo [r/s]

As condições de contorno são:

$$p(r, \theta = 0) = p(r, \theta = \Delta\theta) = 0$$
$$p(r = R_{min}, \theta) = p(r = R_{max}, \theta) = 0 \qquad (9.58)$$

Onde R_{min} e R_{max} são os raios interno e externo do mancal, respectivamente; e $\Delta\theta$ é o ângulo total de abraçamento da região inclinada (rampa) de uma sapata. Como o fluido não resiste à tração é necessário impor, também, a condição de contorno de Reynolds:

$$p(r, \theta) \leq p_{cav} \quad \text{então} \quad p(r, \theta) \leftarrow p_{cav} \qquad (9.59)$$

Onde p_{cav} é a pressão de cavitação do fluido lubrificante.

Capítulo 10 - Solução numérica da equação de Reynolds para mancais axiais e carregamento estático

A equação de Reynolds para mancais axiais, com fluido lubrificante incompressível e carregamento estático, deduzida no capítulo anterior, é reproduzida a seguir:

$$\frac{\partial}{\partial r}\left\{\frac{r\,h^3}{12\mu}\left[\left(\frac{\partial p}{\partial r}\right)\right]\right\}+\frac{\partial}{\partial \theta}\left\{\frac{h^3}{12\mu}\left[\frac{1}{r}\left(\frac{\partial p}{\partial \theta}\right)\right]\right\}=\left(\frac{r\,\omega}{2}\right)\frac{\partial h}{\partial \theta} \tag{10.1}$$

Onde: $h \equiv$ Espessura do filme de fluido lubrificante [m];

$r \equiv$ Coordenada radial [m];

$\theta \equiv$ Coordenada azimutal [ou circunferencial) [-];

$\mu \equiv$ Viscosidade do fluido lubrificante [Pa s];

$\omega \equiv$ Velocidade angular do eixo do mancal [r/s].

A equação (10.1) pode ser resolvida pelo método das diferenças finitas. Para tanto é necessário estabelecer uma convenção para o sistema de coordenadas para que se possa estabelecer os domínios a serem discretizados para a geração da malha. Suponha que o mancal axial em questão tenha N sapatas. Cada sapata é composta de um canal de óleo, uma rampa e uma região plana, conforme esquematizado na figura 10.1. A convenção adotada assume que todos os valores são calculados na superfície interna do mancal. O comprimento total da sapata é dado por:

$$L_S=\frac{2\pi R_{min}}{N_S} \tag{10.2}$$

Onde N_S é o número de sapatas do mancal. Os outros valores são definidos como dados de entrada, da seguinte maneira: N_{co} e L_{rp} são definidos como porcentagem do comprimento total da sapata e o programa de computador calcula internamente os comprimentos do canal de óleo, rampa e superfície plana, da seguinte maneira:

$$L_{co} = P_{co}\left(\frac{L_S}{100}\right);\quad L_{rp} = P_{rp}\left(\frac{L_S}{100}\right);\quad L_{sp} = L_S - \left(L_{co} + L_{rp}\right) \tag{10.3}$$

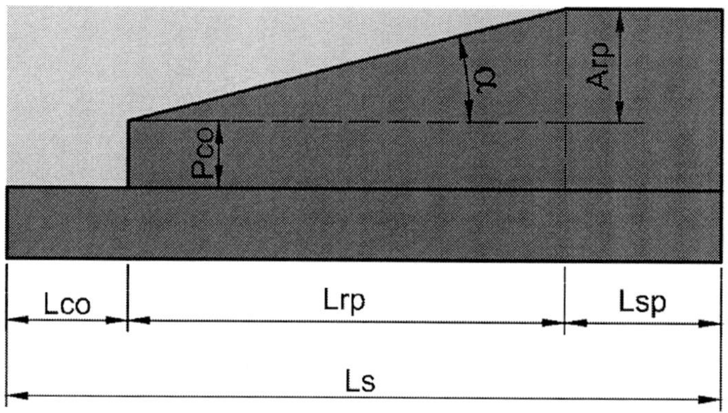

Figure 10.1 – Dimensões da sapata

Onde: L_S ≡ Comprimento total da sapata [m];

L_{co} ≡ Comprimento do canal de óleo [m];

L_{rp} ≡ Comprimento da rampa [m];

L_{sp} ≡ Comprimento da superfície plana [m];

P_{co} ≡ Profundidade do canal de óleo [m];

A_{rp} ≡ Altura da rampa [m].

E o ângulo da rampa (α) é definido internamente da seguinte maneira:

$$\alpha = \tan^{-1}\left(\frac{A_{rp}}{L_{rp}}\right) \tag{10.4}$$

Assim sendo, os dados de entrada necessários para a definição completa da configuração da sapata e o cálculo de todos os outros parâmetros geométricos são dados a seguir:

01 – R_{min} ≡ Raio interno do mancal [m];

02 – R_{max} ≡ Raio externo do mancal [m];

03 – N_B ≡ Número de sapatas no mancal [-];

04 – L_{co} ≡ Comprimento do canal de óleo [m;]

05 - L_{rp} ≡ Comprimento da rampa [m];

06 - P_{co} ≡ Profundidade do canal de óleo [m];

07 - A_{rp} ≡ Altura da rampa [m].

As condições de contorno necessárias para a solução da equação (10.1) são as condições de Dirichlet, dadas a seguir:

$$p\,(\,r, \theta = \theta\,) \;=\; p\,(\,r, \theta = \Delta\theta_{rp}) = 0$$

$$p\,(\,r = R_{min}, \theta\,) \;=\; p\,(\,r = R_{max}, \theta\,) = 0 \qquad (10.5)$$

Onde $\Delta\theta_{rp}$ é o ângulo total de abraçamento da rampa do mancal. A condição de contorno de Reynolds é dada a seguir:

$$p(r, \theta) \leq p_{cav} \qquad \Rightarrow \qquad p(r, \theta) = p_{cav} \qquad (10.6)$$

Onde p_{cav} é a pressão de cavitação do fluido lubrificante. É necessário também definir o ângulo gerado por cada região no mancal:

$$\Delta\theta_s = \frac{2\pi}{N_B} \qquad \Delta\theta_{c\,o} = \left(\frac{L_{co}}{L_B}\right)\Delta\theta_B$$

$$\Delta\theta_{rp} = \left(\frac{L_{rp}}{L_B}\right)\Delta\theta_B \quad ; \quad \Delta\theta_{sp} = \left(\frac{L_{sp}}{L_B\,d}\right)\Delta\theta_B \qquad (10.7)$$

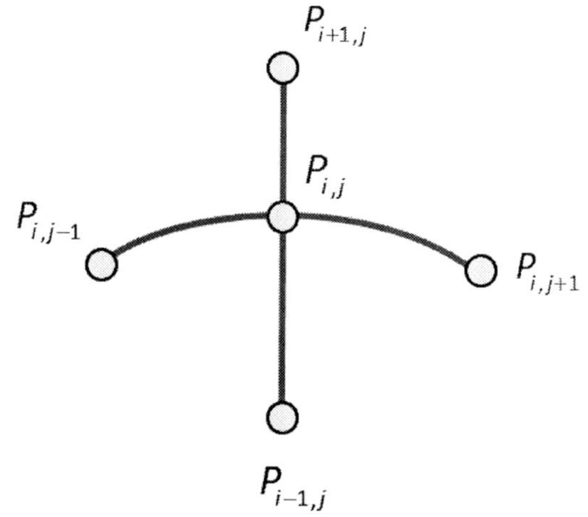

Figure 10.2 – Molécula computacional para a discretização da equação de Reynolds em coordenadas cilíndricas

E, de acordo com as definições anteriores, a seguinte equação deve ser verdadeira:

$$\Delta\theta_{co} + \Delta\theta_r + \Delta\theta_{sp} = \Delta\theta_B = \frac{2\pi}{N_B} \tag{10.8}$$

É possível gerar uma malha onde i seja o índice na direção radial (r) e j seja o índice na direção azimutal (θ), de tal maneira que a pressão em qualquer ponto na superfície de deslizamento do mancal possa ser identificado por:

$$p\left[(i-1)\Delta r,\,(j-1)\Delta\theta\right] = p_{i,j} \tag{10.9}$$

Conforme esquematizado na figura 10.2. Multiplicando a equação de Reynolds dada anteriormente por 12μ, tem-se:

$$\frac{\partial}{\partial r}\left\{ r\,h^3\left[\left(\frac{\partial p}{\partial r}\right)\right]\right\} + \frac{\partial}{\partial \theta}\left\{ h^3\left[\frac{1}{r}\left(\frac{\partial p}{\partial \theta}\right)\right]\right\} = (6\mu r\omega)\frac{\partial h}{\partial \theta} \tag{10.10}$$

Diferenciando a equação (10.10), tem-se:

$$\left\{ \frac{\partial}{\partial r}\left(r\,h^3\right)\left(\frac{\partial\,p}{\partial\,r}\right) + \left(r\,h^3\right)\left(\frac{\partial^2 p}{\partial\,r^2}\right)\right\} +$$

$$\left\{ \frac{\partial}{\partial\,\theta}\left(h^3\right)\left[\frac{1}{r}\left(\frac{\partial\,p}{\partial\,\theta}\right)\right] + \left(h^3\right)\frac{\partial}{\partial\,\theta}\left[\frac{1}{r}\left(\frac{\partial\,p}{\partial\,\theta}\right)\right]\right\} = (6\,\mu\,r\,\omega)\,\frac{\partial\,h}{\partial\,\theta} \tag{10.11}$$

Diferenciando a expressão anterior mais uma vez:

$$\left\{ h^3\left(\frac{\partial\,p}{\partial\,r}\right) + \left(3rh^2\right)\left(\frac{\partial\,h}{\partial\,r}\right)\left(\frac{\partial\,p}{\partial\,r}\right) + \left(rh^3\right)\left(\frac{\partial^2 p}{\partial\,r^2}\right)\right\} +$$

$$\left\{ \left(3h^2\right)\left(\frac{\partial\,h}{\partial\,\theta}\right)\left[\frac{1}{r}\left(\frac{\partial\,p}{\partial\,\theta}\right)\right] + \left(\frac{h^3}{r}\right)\left(\frac{\partial^2 p}{\partial\,\theta^2}\right)\right\} = (6\mu r\omega)\,\frac{\partial\,h}{\partial\,\theta} \tag{10.12}$$

As derivadas da expressão anterior podem ser aproximadas por diferenças centrais, conforme desenvolvido anteriormente no capítulo 4:

$$\frac{\partial\,h}{\partial\,r} \approx \frac{h_{i+1,j} - h_{i-1,j}}{2\Delta r} \quad ; \quad \frac{\partial\,h}{\partial\,\theta} \approx \frac{h_{i,j+1} - h_{i,j-1}}{2\Delta\theta}$$

$$\frac{\partial^2 p}{\partial\,r^2} \approx \frac{p_{i+1,j} - 2p_{i,j} + p_{i-1,j}}{\Delta r^2} \quad ; \quad \frac{\partial^2 p}{\partial\,\theta^2} \approx \frac{p_{i,j+1} - 2p_{i,j} + p_{i,j-1}}{\Delta\theta^2} \tag{10.13}$$

$$\frac{\partial\,p}{\partial\,r} \approx \frac{p_{i+1,j} - p_{i-1,j}}{2\Delta r} \quad ; \quad \frac{\partial\,p}{\partial\,\theta} \approx \frac{p_{i,j+1} - p_{i,j-1}}{2\Delta\theta}$$

Substituindo pelas aproximações anteriores na equação (10.12), tem-se:

$$\left\{\begin{array}{l}\left[h_{i,j}^{3}+\left(3rh_{i,j}^{2}\right)\left(\dfrac{h_{i+1,j}-h_{i-1,j}}{2\Delta r}\right)\right]\left(\dfrac{p_{i+1,j}-p_{i-1,j}}{2\Delta r}\right)+\\ \left(rh_{i,j}^{3}\right)\left(\dfrac{p_{i+1,j}-2p_{i,j}+p_{i-1,j}}{\Delta r^{2}}\right)\end{array}\right\}+$$

$$\left\{\begin{array}{l}\left(3h_{i,j}^{2}\right)\left(\dfrac{h_{i,j+1}-h_{i,j-1}}{2\Delta\theta}\right)\left[\dfrac{1}{r}\left(\dfrac{p_{i,j+1}-p_{i,j-1}}{2\Delta r}\right)\right]+\\ \left(\dfrac{h_{i,j}^{3}}{r}\right)\left(\dfrac{p_{i,j+1}-2p_{i,j}+p_{i,j-1}}{(\Delta\theta)^{2}}\right)\end{array}\right\}=\left(6\mu r\omega\right)\frac{\partial h}{\partial\theta} \qquad (10.14)$$

Isolando o termo $p_{i,j}$ da equação anterior, tem-se:

$$\left[p_{i,j}\right]\left[\frac{2\,r\,h_{i,j}^{3}}{\Delta r^{2}}+\frac{2\,h_{i,j}^{3}}{r\,\Delta\theta^{2}}\right]=$$

$$+\left[p_{i-1,j}\right]\left\{\left(\frac{r\,h_{i,j}^{3}}{\Delta r^{2}}\right)-\left(\frac{1}{2\Delta r}\right)\left[h_{i,j}^{3}+\left(\frac{3\,r\,h_{i,j}^{2}}{2\Delta r}\right)\left(h_{i+1,j}-h_{i-1,j}\right)\right]\right\}$$

$$+\left[p_{i+1,j}\right]\left\{\left(\frac{r\,h_{i,j}^{3}}{\Delta r^{2}}\right)+\left(\frac{1}{2\Delta r}\right)\left[h_{i,j}^{3}+\left(\frac{3\,r\,h_{i,j}^{2}}{2\Delta r}\right)\left(h_{i+1,j}-h_{i-1,j}\right)\right]\right\}$$

$$+\left[\,p_{i,j-1}\,\right]\left\{\left[\left(\frac{h_{i,j}^{3}}{r\,\Delta\theta^{2}}\right)-\left(\frac{3h_{i,j}^{2}}{4\,\Delta r\,\Delta\theta}\right)\left(h_{i,j+1}-h_{i,j-1}\right)\right]\right\}$$

$$+\left[\,p_{i,j+1}\,\right]\left\{\left[\left(\frac{h_{i,j}^{3}}{r\,\Delta\theta^{2}}\right)+\left(\frac{3h_{i,j}^{2}}{4\Delta r\,\Delta\theta}\right)\left(h_{i,j+1}-h_{i,j-1}\right)\right]\right\} \tag{10.15}$$

$$-\left[\left(\frac{3\mu r\,\omega}{\Delta\theta}\right)\left(\,h_{i,j+1}-h_{i,j-1}\,\right)\right]$$

A equação anterior pode ser escrita da seguinte maneira:

$$p_{i,j}=\frac{C_e\,p_{i,j-1}+C_d\,p_{i,j+1}+C_i\,p_{i-1,j}+C_s\,p_{i+1,j}+C_c}{D} \tag{10.16}$$

Os coeficientes que aparecem na expressão 10.16 são expressões que multiplicam o valor das pressões nos pontos adjacentes da malha. Para facilitar a manipulação destes coeficientes adotou-se uma convenção para os índices dos mesmos:

C_i é o coeficiente que multiplica o valor da pressão no ponto inferior ao ponto (i,j);

C_s é o coeficiente que multiplica o valor da pressão no ponto superior ao ponto (i,j);

C_e é o coeficiente que multiplica o valor da pressão no ponto à esquerda do ponto (i,j);

C_d é o coeficiente que multiplica o valor da pressão no ponto à direita do ponto (i,j);

C_c é o coeficiente central que multiplica o valor do termo que fica ao lado direito da equação (10.10)

Fazendo a álgebra, tem-se:

$$C_e = \left\{ \left[\left(\frac{h_{i,j}^3}{r\Delta\theta^2} \right) - \left(\frac{3h_{i,j}^2}{4\Delta r\Delta\theta} \right) \left(h_{i,j+1} - h_{i,j-1} \right) \right] \right\} \tag{10.17}$$

$$C_d = \left\{ \left[\left(\frac{h_{i,j}^3}{r\Delta\theta^2} \right) + \left(\frac{3h_{i,j}^2}{4\Delta r\Delta\theta} \right) \left(h_{i,j+1} - h_{i,j-1} \right) \right] \right\} \tag{10.18}$$

$$C_i = \left\{ \left(\frac{rh_{i,j}^3}{\Delta r^2} \right) - \left(\frac{1}{2\Delta r} \right) \left[h_{i,j}^3 + \left(\frac{3rh_{i,j}^2}{2\Delta r} \right) \left(h_{i+1,j} - h_{i-1,j} \right) \right] \right\} \tag{10.19}$$

$$C_s = \left\{ \left(\frac{rh_{i,j}^3}{\Delta r^2} \right) + \left(\frac{1}{2\Delta r} \right) \left[h_{i,j}^3 + \left(\frac{3rh_{i,j}^2}{2\Delta r} \right) \left(h_{i+1,j} - h_{i-1,j} \right) \right] \right\} \tag{10.20}$$

$$C_c = -\left[\left(\frac{3\mu r\omega}{\Delta\theta} \right) \left(h_{i,j+1} - h_{i,j-1} \right) \right] \tag{10.21}$$

$$D = \left[\frac{2rh_{i,j}^3}{\Delta r^2} + \frac{2h_{i,j}^3}{r\Delta\theta^2} \right] \tag{10.22}$$

A equação (10.16) representa um sistema de equações algébricas altamente não lineares, devido à condição de contorno de Reynolds, conforme discutido anteriormente, em detalhe, no capítulo 7. Conforme mencionado, é possível resolver este tipo de problema através de métodos iterativos de solução de sistemas lineares. Para tornar o material aqui mais acessível, conforme mencionado anteriormente no prefácio, o método de solução adotado aqui foi o método iterativo de SOR (Sucessive Over Relaxation). De acordo com este método, desenvolvido em detalhe anteriormente, o valor da pressão no ponto (i, j), dado pela k-ésima iteração é:

$$p_{i,j}^{(k+1)} = p_{i,j}^{(k)} + \beta \left[p_{i,j}^{\otimes} - p_{i,j}^{(k)} \right] \tag{10.23}$$

Onde $p_{i,j}^{\otimes}$ é o valor da pressão dado pela k-ésima iteração do método iterativo de Gauss-Seidel:

$$p_{i,j}^{\otimes} = \frac{\left(C_e\, p_{i,j-1}^{(k+1)} + C_d\, p_{i,j+1}^{(k+1)} + C_i\, p_{i-1,j}^{(k+1)} + C_s\, p_{i+1,j}^{(k+1)} + C_c \right)}{D} \tag{10.24}$$

A equação (10.24) é resolvida até que haja convergência na solução. Conforme mencionado no capítulo 7, é necessário estipular um critério de parada. O computador irá fazer os cálculos programados e o processo iterativo encerra quando:

$$\frac{\left| p_{i,j}^{(k)} - p_{i,j}^{(k-1)} \right|}{\left| p_{i,j}^{(k)} \right| + \varepsilon} < \delta \quad \text{ou} \quad K \geq K_{max} \tag{10.25}$$

Onde, como anteriormente discutido no capítulo 7, ε é um número positivo bem pequeno, δ é um número inversamente proporcional à precisão desejada e K_{max} é o número máximo de iterações.

Capítulo 11 – Cálculo de Parâmetros Operacionais em Mancais Hidrodinâmicos Axiais e Carregamento Estático

Neste capítulo será desenvolvida toda a teoria, assim como todos os algoritmos de solução numérica necessários para o cálculo de todos os parâmetros operacionais de interesse prático para mancais hidrodinâmicos axiais com carregamento estático, a partir dos valores de pressão calculados no capítulo 10.

11.1 – Força hidrodinâmica

Uma vez calculado o campo de pressão, conforme apresentado no capítulo 10, tem-se, então, o valor da pressão em todos os pontos da superfície de deslizamento do mancal, e é, então, possível calcular a força hidrodinâmica gerada pelo mesmo:

$$F_h = N_s \int_{r=R_{min}}^{R_{max}} \int_{\theta=0}^{\Delta\theta_s} \left[p(r,\theta) \right] r \, dr \, d\theta \qquad (11.1)$$

Onde N_s é o número de sapatas e $\Delta\theta_S$ é o ângulo total de abraçamento de cada sapata. No caso discreto, a integral acima pode ser aproximada por:

$$F_h \approx N_s \sum_{j=1}^{I_\theta} \sum_{i=1}^{I_r} \left[p_{i,j} \right] \left[(i-1)\Delta r \right] \Delta r \, \Delta\theta \qquad (11.2)$$

Onde: Δr : Incremento radial [m]

$\Delta\theta$: Incremento azimutal (ou circunferencial) [rad]

$p_{i,j}$: Pressão hidrodinâmica no ponto (i,j) [Pa]

11.2 – Vazão de fluido lubrificante

A derivada da pressão com relação a r, calculada no capítulo 9 (equação 9.23), é reproduzida a seguir:

$$\frac{d^2V_r}{dz^2} = \frac{1}{\mu}\left[\left(\frac{\partial p}{\partial r}\right) - \frac{\rho V_\theta^2}{r}\right] \tag{11.3}$$

Integrando a equação anterior com relação à z uma vez, tem-se:

$$\frac{dV_r}{dz} = \frac{1}{\mu}\left[\left(\frac{\partial p}{\partial r}\right) - \frac{\rho V_\theta^2}{r}\right]z + C_1 \tag{11.4}$$

Integrando novamente:

$$V_r(z) = \frac{1}{2\mu}\left[\left(\frac{\partial p}{\partial r}\right) - \frac{\rho V_\theta^2}{r}\right]z^2 + C_1 z + C_2 \tag{11.5}$$

As condições de contorno são:

$$V_r(z=0) = 0; \qquad V_r(z=h) = U_2 \tag{11.6}$$

É fácil verificar que ao aplicar a primeira condição de contorno $[V_r(z=0)=0]$ tem-se $C_2 = 0$. Aplicando a segunda condição de contorno $[V_r(z=h)=U_2]$, tem-se:

$$V_r(z) = \frac{1}{2\mu}\left[\left(\frac{\partial p}{\partial r}\right) - \frac{\rho V_\theta^2}{r}\right]h^2 + C_1 h = U_2 \tag{11.7}$$

$$C_1 = \frac{U_2}{h} - \frac{1}{2\mu}\left[\left(\frac{\partial p}{\partial r}\right) - \frac{\rho V_\theta^2}{r}\right]h \tag{11.8}$$

Substituindo por C_1 e C_2 na equação (11.5), tem-se:

$$V_r(z) = \frac{1}{2\mu}\left[\left(\frac{\partial p}{\partial r}\right) - \frac{\rho V_\theta^2}{r}\right]\cdot\left[z(z-h)\right] + \frac{U_2}{h}z \tag{11.9}$$

A vazão volumétrica total do fluido lubrificante que escoa em todas as rampas da sapata é composta de dois termos:

$$\dot{\forall}_{feri} = N_s \int_{z=0}^{h} \int_{\theta=0}^{\Delta\theta_s} \left[V_r(z)\right] R_{min}\, dz\, d\theta \tag{11.10}$$

$$\dot{\forall}_{fsre} = N_s \int_{z=0}^{h} \int_{\theta=0}^{\Delta\theta_s} \left[V_r(z)\right] R_{max}\, dz\, d\theta \tag{11.11}$$

Onde: $\dot{\forall}_{feri}$: Vazão volumétrica do fluido que entra no lado interno da rampa (m^3/s);

$\dot{\forall}_{fsre}$: Vazão volumétrica do fluido que sai do lado externo da rampa (m^3/s).

Substituindo pela equação (11.9) na equação (11.10), tem-se:

$$\dot{\forall}_{fsri} = N_s \int_{\theta=0}^{\Delta\theta_s} \int_{y=0}^{h} \left\{\frac{1}{2\mu}\left[\left(\frac{\partial p}{\partial r}\right) - \frac{\rho V_\theta^2}{r}\right]\cdot\left[z(z-h)\right] + \frac{U_2}{h}z\right\} R_{min}\, dz\, d\theta =$$

$$N_s R_{min} \int_{\theta=0}^{\Delta\theta_s} \left\{\left[\frac{h^3}{12\mu}\left[-\left(\frac{\partial p}{\partial r}\right) + \frac{\rho V_\theta^2}{r}\right] + \frac{U_2 h}{2}\right]\right\} d\theta \tag{11.12}$$

O valor da integral acima pode ser aproximado por:

$$\dot{\forall}_{feri} \approx \frac{N_s R_{min}}{12\mu} \sum_{1}^{I_\theta} \left\{ h_i^3 \left[-\left(\frac{\partial p}{\partial r}\right) + \frac{\rho V_\theta^2}{r}\right]_{r=R_{min}} + 6\mu U_2 h \right\} \Delta\theta \tag{11.13}$$

Na equação acima o primeiro termo dentro da somatória é o componente da vazão do fluido devido ao componente de gradiente de pressão. Como a pressão tende a expulsar o fluido do mancal (e não ao contrário), pode-se escrever a equação acima da seguinte maneira:

$$\dot{\forall}_{feri} \approx \frac{N_s R_{min}}{12\mu} \sum_{1}^{I_\theta} \left\{ h_i^3 \left[-\left| \left(\frac{\partial p}{\partial r} \right) \right| + \frac{\rho V_\theta^2}{r} \right]_{r=R_{min}} + 6\mu U_2 h \right\} \Delta\theta_r \tag{11.14}$$

Analogamente, pode-se deduzir a equação da vazão do fluido que sai da rampa pelo lado externo da rampa;

$$\dot{\forall}_{fsre} \approx \frac{N_s R_{max}}{12\mu} \sum_{1}^{I_\theta} \left\{ h_i^3 \left[\left| \left(\frac{\partial p}{\partial r} \right) \right| + \frac{\rho V_\theta^2}{r} \right]_{r=R_{max}} + 6\mu U_2 h \right\} \Delta\theta_r \tag{11.15}$$

Onde I_θ é o número de pontos na direção azimutal (ou circunferencial) e $\Delta\theta_r$ é o incremento azimutal na rampa da sapata. Além do fluido lubrificante que escoa na região da rampa, existe escoamento de fluido no canal de óleo e na superfície plana do mancal. Nestas regiões, não existe gradiente de pressão, e neste caso, ignora-se o componente de derivada da pressão na equação anterior:

$$\dot{\forall}_{fecoi} \approx \frac{N_s R_{min}}{12\mu} \left[h_i^3 \left(\frac{\rho V_\theta^2}{r} \right)_{r=R_{max}} + 6\mu U_2 h \right] \Delta\theta_{co} \tag{11.16}$$

$$\dot{\forall}_{fscoe} \approx \frac{N_s R_{max}}{12\mu} \left[h_i^3 \left(\frac{\rho V_\theta^2}{r} \right)_{r=R_{max}} + 6\mu U_2 h \right] \Delta\theta_{co} \tag{11.17}$$

Onde $\Delta\theta_{co}$ é o ângulo de abraçamento do canal de óleo. O mesmo pode ser feito para o escoamento na superfície plana do mancal:

$$\dot{\forall}_{fespi} \approx \frac{N_s R_{min}}{12\mu}\left[h_i^3 \left(\frac{\rho V_\theta^2}{r} \right)_{r=R_{min}} + 6\mu U_2 h \right] \Delta\theta_{sp} \qquad (11.18)$$

$$\dot{\forall}_{fespe} \approx \frac{N_s R_{max}}{12\mu}\left[h_i^3 \left(\frac{\rho V_\theta^2}{r} \right)_{r=R_{max}} + 6\mu U_2 h \right] \Delta\theta_{sp} \qquad (11.19)$$

Parte do fluido lubrificante que escoa para dentro da superfície plana do mancal irá fazer parte do fluido lubrificante que é fornecido para a região da rampa do mancal. Neste trabalho, assume-se que o total de fluido lubrificante fornecido para a região da rampa do mancal é composto de dois componentes: uma parte do fluido lubrificante que escoa para o canal de óleo e uma parte composta do fluido lubrificante que escoa para a superfície plana do mancal.

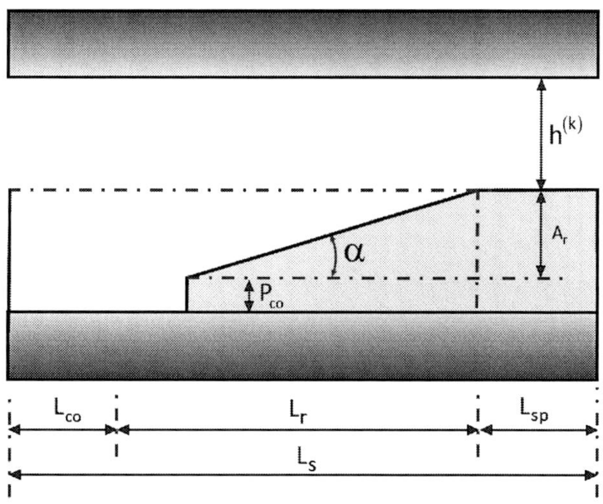

Figura 11.1 – Dimensões da sapata

Sejam β_{co} e β_{sp} dois números maiores que zero e menores que 1. Neste caso o fornecimento total do fluido lubrificante que escoa para a região da rampa do mancal é dado por:

$$\dot{\forall}_{fer} = \beta_{co}\dot{\forall}_{co} + \beta_{sp}\dot{\forall}_{sp} \qquad (11.20)$$

Neste caso, ambos os termos que multiplicam as vazões de fluido lubrificante que escoam para dentro da região do canal de fluido lubrificante e para a superfície plana são calculados empiricamente. Uma estimativa para o valor inicial de β_{co} pode ser baseada na razão entre a espessura mínima do filme de fluido lubrificante (distância entre superfícies de deslizamento) e a distância total entre a parte inferior do canal de fluido lubrificante e a parte superior da superfície de deslizamento. Neste caso o valor de β pode ser calculado da seguinte maneira:

$$\beta = \frac{h_r^{(k)} + A_r}{\left[h_r^{(k)} + A_r + P_{co}\right]} \tag{11.21}$$

Observando a figura 11.1, verifica-se que de acordo com a fórmula anterior, apenas o fluido lubrificante que estiver acima da linha à uma distância P_{co} da parte inferior do canal de óleo será arrastado para a região da rampa.

Portanto, a melhor maneira de fazer um ajuste fino nestes valores, é assumindo "valores iniciais razoáveis" para estas constantes e comparar os resultados obtidos pelo programa de computador com os valores obtidos experimentalmente. Por exemplo, pode-se usar os seguintes valores: $\beta_{co} = 0.8$; $\beta_{sp} = 0.6$. Se o fornecimento de fluido lubrificante para a região da rampa for menor que o fluido lubrificante que escoa para fora da região da rampa, ou seja:

$$\dot{\forall}_{fer} < \dot{\forall}_{fsr} \tag{11.22}$$

Então, neste caso, pode ocorrer falta de fluido lubrificante ou **"oil starvation".**

11.3 – Potência de acionamento

O componente azimutal da velocidade do fluido num mancal axial é dado por:

$$V_\theta(z) = \frac{1}{2\mu}\left[\frac{1}{r}\left(\frac{\partial p}{\partial \theta}\right)\right]\left[z(z-h)\right] + \left(\frac{U_2 - U_1}{h}\right)z + U_1 \tag{11.23}$$

A tensão de cizalhamento na superfície de deslizamento superior do mancal é dada por:

$$\tau = \mu \left(\frac{\partial V_\theta}{\partial z} \right)_{z=h} \tag{11.24}$$

Diferenciando a equação (11.27) com relação à z e substituindo o valor z=h na equação resultante, tem-se:

$$\left(\frac{\partial V_\theta}{\partial z} \right)_{z=h} = \frac{h}{2\mu} \left[\frac{1}{r} \left(\frac{\partial p}{\partial \theta} \right) \right] + \left(\frac{U_2 - U_1}{h} \right) \tag{11.25}$$

Se a velocidade na superfície de deslizamento inferior do mancal for nula, então, tem-se:

$$\left(\frac{\partial V_\theta}{\partial z} \right)_{z=h} = \frac{h}{2\mu} \left[\frac{1}{r} \left(\frac{\partial p}{\partial \theta} \right) \right] + \left(\frac{U_2}{h} \right) \tag{11.26}$$

Substituindo pela expressão anterior na equação (11.24):

$$\tau = \mu \left(\frac{\partial V_\theta}{\partial z} \right)_{z=h} = \frac{h}{2} \left[\frac{1}{r} \left(\frac{\partial p}{\partial \theta} \right) \right] + \left(\frac{\mu U_2}{h} \right) \tag{11.27}$$

A força total de atrito nas regiões de rampa é dada por :

$$F_{A_r} = N_s \int_{\theta=0}^{\Delta\theta_r} \int_{r=R_{min}}^{R_{max}} [\tau r]\, dr\, d\theta \tag{11.28}$$

Substituindo pela equação (11.27) na equação anterior, tem-se:

$$F_{A_r} = N_s \int_{\theta=0}^{\Delta\theta_r} \int_{r=R_{min}}^{R_{max}} \left[\frac{h}{2r} \left[\left(\frac{\partial p}{\partial \theta} \right) \right] + \left(\frac{\mu U_2}{h} \right) \right] rd\, rd\theta \tag{11.29}$$

O valor da integral acima pode ser aproximado numericamente por:

$$F_{A_r} = N_s \sum_{i=1}^{I_r} \sum_{j=1}^{I_\theta} \left[\frac{h}{2r} \left[\left(\frac{\partial p}{\partial \theta} \right) \right] + \left(\frac{\mu r \omega}{h} \right) \right] r \, \Delta r \, \Delta \theta \tag{11.30}$$

Na região do canal de óleo e na região da superfície plana não existe gradiente de pressão, então nestas regiões a força de atrito pode ser calculada por:

$$F_{A_{co}} = N_s \sum_{i=1}^{I_\theta} \sum_{j=1}^{I_r} \left(\frac{\mu r^2 \omega}{P_{co}} \right) \Delta r \, \Delta \theta \tag{11.31}$$

$$F_{A_{sp}} = N_s \sum_{i=1}^{I_\theta} \sum_{j=1}^{I_r} \left(\frac{\mu r^2 \omega}{h} \right) \Delta r \, \Delta \theta \tag{11.32}$$

A profundidade do canal de óleo é bem maior que a distância entre a região de superfície plana e a superfície de deslizamento superior, assim sendo, a equação (11.31), que é o componente da força de atrito da região do canal de fluido lubrificante, pode ser desprezada.

11.4 – Cálculo da viscosidade do fluido lubrificante

No equacionamento proposto até agora, a viscosidade foi considerada conhecida. É possível, através de um processo iterativo, determinar um valor para a viscosidade média ("bulk viscosity") para o mancal e condições operacionais em questão. A metodologia usada para calcular a viscosidade média do fluido lubrificante, para mancais hidrodinâmicos axiais, é idêntica à usada no subitem 8.3 para mancais hidrodinâmicos radiais e não será repetida aqui.

11.5 – Equilíbrio de forças – Cálculo da distância entre superfícies de deslizamento

Quando uma força é aplicada a um mancal hidrodinâmico axial, suas superfícies de deslizamento tendem a se aproximar ou a se mover a uma distância menor que gere uma força hidrodinâmica igual à força axial aplicada. Seja F_A a força axial aplicada e $F_h(h)$ a força hidrodinâmica gerada pelo mancal quando suas superfícies de deslizamento estiverem à uma distância h entre si. Seja h^* a distância entre as superfícies que equilibram as forças. A metodologia usada para calcular a distância entre superfícies para mancais axiais é idêntica à usada no capítulo 8.4 para mancais hidrodinâmicos radiais e não será repetida aqui.

Capítulo 12 – Elementos de mecânica do contato

Um mancal hidrodinâmico, idealmente, é projetado para funcionar com espessuras de filme bem maior que a rugosidade combinada das duas superfícies ($\lambda>5$). Neste caso o mancal trabalha no regime hidrodinâmico, conforme visto no capítulo 1. Todavia, se a carga aplicada a um mancal hidrodinâmico for "muito alta" isto pode acarretar em espessuras de filme muito pequenas e o mesmo pode entrar no regime misto e marginal ($0<\lambda<5$). Em alguns casos pode haver contato metal/metal e a equação de Reynolds não é mais válida. É, então, necessário tratar o problema do ponto de vista de mecânica do contato.

Neste capítulo serão abordados alguns aspectos básicos da mecânica do contato e, em particular, a teoria de Greenwood-Williamson ou G-W, assim como a aplicação da mesma para a solução de problemas práticos em projeto de mancais de deslizamento.

A definição exata do tamanho da área real de contato quando dois sólidos estão em contato (Figura 12.1) é uma questão fundamental que tem atraído a atenção de cientistas desde os trabalhos pioneiros que Hertz publicou em 1882. O problema tem uma importância prática muito grande, uma vez que a área real de contato influencia um grande número de propriedades físicas tal como a resistividade de contato, transferência de calor, adesão, atrito e desgaste entre sólidos em contato estacionário ou com velocidade relativa não nula. É, também, de crucial importância em mancais hidrodinâmicos de um motor de combustão interna.

Hertz estudou o contato sem atrito entre sólidos elásticos com perfis superficiais não rugosos que podiam ser aproximados por formatos parabólicos próximo da área de contato. Desta teoria, tem-se que a área de contato A aumenta de maneira não linear com a força normal (F_N). Nesta teoria a área de contato é proporcional à força normal elevada à potência dois terços:

$$A \propto F_N^{2/3} \tag{12.1}$$

O modelo mais simples de uma superfície plana com rugosidade aleatória é aquela composta por um conjunto regular de saliências com o mesmo raio de curvatura R e altura h. Quando a mesma é prensada contra um sólido elástico com uma superfície plana, a teoria de contato de Hertz pode ser aplicada a cada região de rugosidade. Neste caso a área real de contato é, então, proporcional a $F_N^{2/3}$.

Todavia, este resultado não está de acordo com resultados experimentais feitos com superfícies planas e rugosidade aleatória que mostram que a área de contato real é proporcional à força normal (F_N) quando a área de contato real A é pequena em comparação à área de contato nominal (A_0). Esta foi a principal razão física da lei de atrito de Coulomb que diz que a força de atrito é proporcional à força normal.

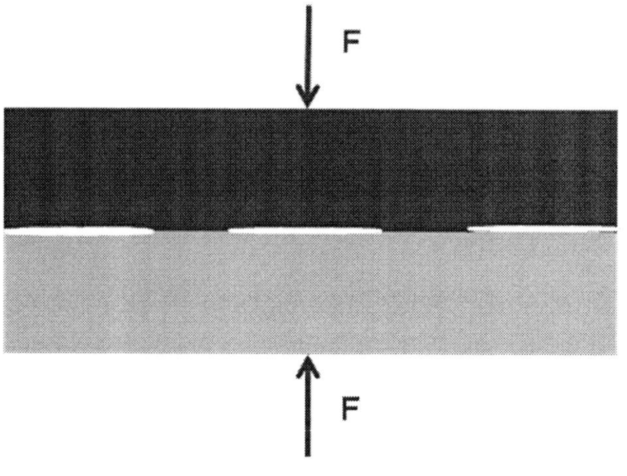

Figure 12.1 – Dois blocos sólidos em contato devido a uma força

Archard, em um estudo pioneiro [3] mostrou que num modelo mais realista de superfícies rugosas, onde a rugosidade é representada por um modelo hierárquico de pequenas saliências em cima de saliências esféricas maiores a área de contato é proporcional à força normal. Este modelo explica a física deste fenômeno de uma maneira clara, mas não pode ser aplicada na prática porque superfícies reais não podem ser representadas pela superfície rugosa idealizada por Archard.

Um modelo mais útil, do ponto de vista de aplicação, foi apresentado em 1966 por Greenwood e Williamson. Eles modelaram a superfície rugosa como se fosse composta de saliências com o mesmo raio de curvatura R e com alturas distintas, mas obedecendo a uma distribuição

Gaussiana. Este modelo prevê que a área real de contato é aproximadamente proporcional à força normal.

Todos os modelos de mecânica do contato assumem que a área real de contato A é muito pequena em comparação à área nominal de contato A_0 e a mesma é composta de muitas pequenas áreas de contato, parecidas com o modelo de contato de rugosidades de Hertz. Esta formulação tem dois drawbacks. Primeiramente ela despreza a interação entre as diferentes regiões de contato. Ou seja, se uma rugosidade é prensada contra uma superfície plana e rígida a mesma se deformará não apenas localmente, mas o campo de deformação elástica se estenderá por alguma distância da rugosidade e, portanto, irá influenciar a deformação de outras rugosidades. Outra desvantagem é que as teorias de mecânica do contato podem ser aplicadas apenas para casos onde $A \ll A_0$. Mas, mesmo assim não existe outra teoria mais adequada. Todas as teorias de mecânica do contato são baseadas nas hipóteses acima.

Nós iremos brevemente revisar a teoria de contato de Hertz para esferas elásticas com superfícies não rugosas. A maior parte das teorias mecânicas para superfícies aleatoriamente rugosas representam as asperezas superficiais como esferas ou protuberâncias elípticas as quais a teoria de Hertz é aplicável.

Na maioria dos casos o acoplamento elástico entre regiões ásperas em contato é desprezado, o que significa dizer que as áreas em contato são muito pequenas quando comparadas às dimensões características dos sólidos, o que é uma boa aproximação se a distância média entre regiões em contato adjacentes é suficientemente grande.

Assim, a fim de conformar com a condição acima, uma condição necessária mas não suficiente é a de que a força normal (squeezing) seja pequena o suficiente para que a área de contato real seja muito pequena comparada à área de contato nominal. Presume-se também que os sólidos estão em equilíbrio (contato estático). Estas são algumas das principais hipóteses básicas usadas na teoria de Greenwood-Williamson (G-W) que será descrita na seção 12.2.

12.1 – A teoria de Hertz

A teoria de Hertz aborda o contato entre dois corpos elásticos e esféricos de raio R1 e R2, respectivamente e com superfícies perfeitamente lisas (sem rugosidade). Seja F a força normal aplicada; o campo de deformação em ambos os sólidos pode ser determinado através da minimização da energia de deformação elástica. O raio r_0 da região circular de contato (Figura. 12.2) é dado por:

$$r_0 = \left(\frac{R_1 \cdot R_2}{R_1 + R_2} \right)^{1/3} \cdot \left(\frac{3 \cdot F \cdot (1 - \upsilon^2)}{4 \cdot E} \right)^{1/3} \qquad (12.2)$$

Onde: $$\frac{1-\upsilon^2}{E} = \frac{1-\upsilon_1^2}{E_1} + \frac{1-\upsilon_2^2}{E_2} \qquad (12.3)$$

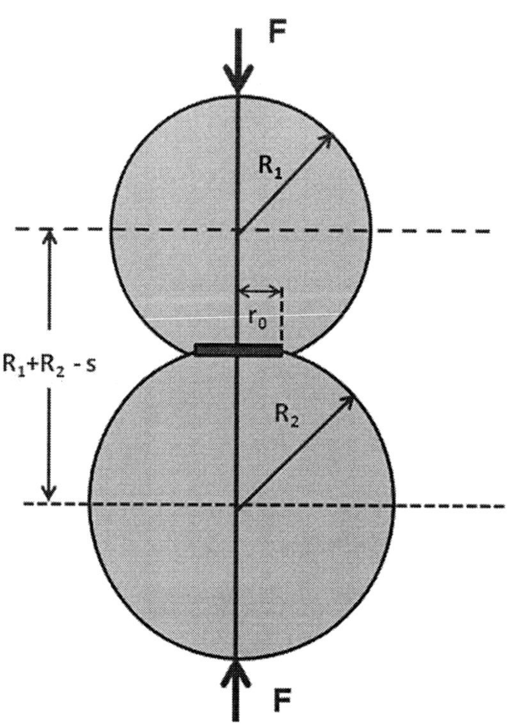

Figure 12.2 – Contato entre duas esferas sólidas devido a uma força de normal F

Onde E_1 e E_2 são os módulos de elasticidade dos sólidos; υ_1 e υ_2 são os respectivos coeficientes de Poisson e s é a distância de penetração de um sólido no outro, conforme ilustrado na figura 12.2. O valor de s é dado pela seguinte expressão:

$$s = \left(\frac{R_1 + R_2}{R_1 \cdot R_2} \right)^{1/3} \cdot \left(\frac{3 \cdot F \cdot (1 - \upsilon^2)}{4 \cdot E} \right)^{2/3} \qquad (12.4)$$

A área de contato entre as duas esferas pode ser calculada usando o raio da superfície de contato da equação (12.1.1):

$$A_C = \pi \cdot r_0^2 \qquad (12.5)$$

Para o caso particular de uma esfera com raio R em contato com uma superfície plana é possível calcular a área de contato através das equações acima:

$$\pi \cdot r_0^2 = \pi \cdot R \cdot s \qquad (12.6)$$

A força normal é:

$$F = \frac{4 \cdot E}{3 \cdot (1 - \upsilon^2)} \cdot s^{3/2} \cdot R^{1/2} \qquad (12.7)$$

A distribuição de pressão na área de contato é função apenas da distância r do centro da área circular de contato:

$$\sigma\ r = \sigma_0 \cdot \left[1 - \left(\frac{r}{r_0} \right)^2 \right]^{1/2} \qquad (12.8)$$

Onde:

$$\sigma_0 = \frac{F}{\pi \cdot r_0^2} \qquad (12.9)$$

é a pressão média.

A teoria de contato de Hertz foi generalizada também para contato adesivo. Neste caso o campo de deformação nos sólidos pode ser determinado através da minimização da energia elástica e a energia de ligação interfacial. Todavia, não entraremos nestes detalhes aqui, uma vez que o propósito aqui é de ser capaz de prever o comportamento de um mancal hidrodinâmico em condições reais de operação.

12.2 – Teoria de Greenwood-Williamson

Um dos primeiros modelos a levar em consideração a topografia de rugosidade randômica de uma superfície foi proposta em 1966 por J. A. Greenwood e J. B. P. Williamson. Desde então chamada teoria de Greenwood-Williamson ou simplesmente modelo de G-W. A mesma tem sido usada extensivamente para calcular o microcontato e a pressão que surge quando duas superfícies ásperas entram em contato. O modelo de G-W faz uso das seguintes hipóteses:

1. Uma das superfícies possui a rugosidade combinada das duas superfícies originais e a outra é assumida como não rugosa, como mostrado na figura 12.3.
2. A superfície rugosa é adotada como coberta por asperidades esféricas com raio β constante.
3. Os picos são aleatoriamente distribuídos por meio de uma função densidade de probabilidade $\phi(z)$.

4. A superfície rugosa possui a densidade de η picos por unidade de área.

5. As deformações devido ao contato entre as duas superfícies são consideradas elásticas e podem ser modeladas como contato Hertziano entre um sólido rígido e um sólido elástico com superfície plana.

No modelo de contato rugoso superficial de Greenwood and Williamson a rugosidade da superfície rígida é modelado como um conjunto de asperidades esféricas de raio uniforme e igual a R. O substrato elástico é empurrado contra a superfície rugosa rígida até uma distância d, referida como separação, distante do plano médio da superfície rugosa como indicado na figura 12.3.

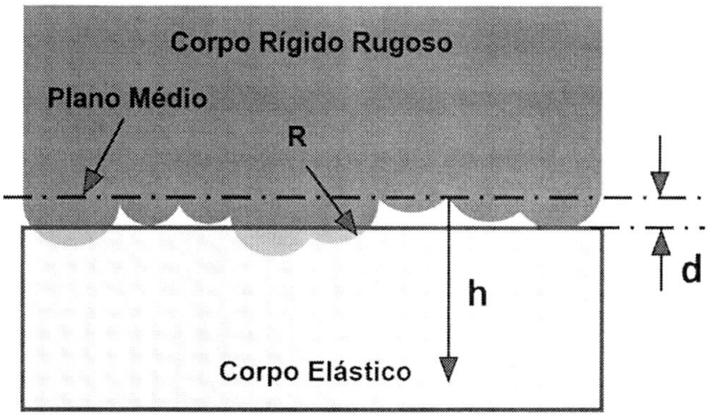

Figura 12.3 – Conjunto de asperidades esféricas de raio uniforme igual a R

A probabilidade de que um pico de rugosidade superficial faça contato com a superfície não rugosa corresponde à probabilidade de que a altura deste pico seja maior do que a distância entre as duas superfícies (h') e é dada por:

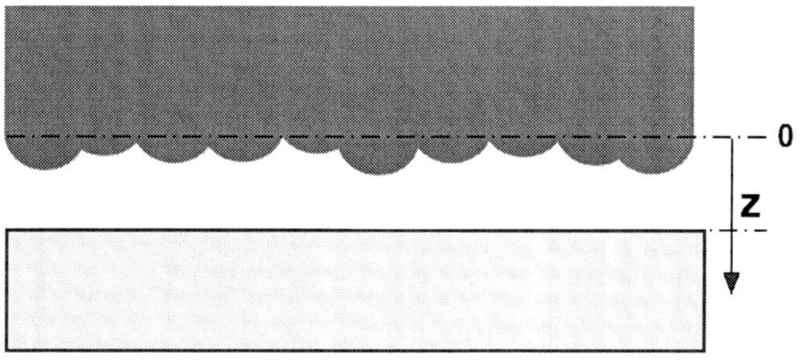

Figure 12.4 – Contato entre uma superfície rugosa e um plano. Todas as asperezas com altura z maior do que a distância de separação d fazem contato.

$$\text{prob}(z > h') = \int_{h'}^{\infty} \varphi(z)\, dz \tag{12.10}$$

O número de picos em contato é dado pela seguinte expressão:

$$n(h') = \overline{N} \int_{h'}^{\infty} \phi(z)\; dz \tag{12.11}$$

A área de contato real entre duas superfícies corresponde à somatória de todos os microcontatos e pode ser calculada através da expressão:

$$A_r(h') = \sum_k A_{C_k} = \pi \cdot \bar{N} \cdot \beta \int_{h'}^{\infty} (z - h') \cdot \varphi(z)\, dz \qquad (12.12)$$

Onde beta β representa o raio médio dos picos. Analogamente ao caso anterior, a carga total suportada pelas superfícies em contato é a soma das cargas das microrregiões em contato e pode ser calculada através da expressão:

$$F^N = \sum_k W_k = \frac{4}{3} \cdot \bar{N} \cdot E^* \cdot \sqrt{\beta} \int_{h'}^{\infty} (z - h')^{3/2} \cdot \varphi(z)\, dz \qquad (12.13)$$

12.3 – A aplicação da teoria de Greenwood-Williamson

Na seção acima os aspectos básicos da teoria de Greenwood-Williamson são discutidos. Agora tentaremos usá-la para calcular a pressão de contato rugoso nas simulações da órbita de um mancal hidrodinâmico radial quando o regime de lubrificação se torna misto ou marginal.

Embora o modelo G-W tenha sido extensivamente usado em programas computacionais que calculam microcontato e pressões que surgem quando duas superfícies rugosas se aproximam uma da outra, há poucos dados experimentais sobre os valores dos parâmetros superficiais β e η. O produto $\sigma.\beta.\eta$ é normalmente assumido como estando dentro do intervalo $0.03 < \sigma.\beta.\eta < 0.05$. Além de tudo, as integrais acima não possuem solução analítica. Mas isso não apresenta qualquer dificuldade, como será mostrado mais tarde, pois essas integrais podem ser avaliadas numericamente através de polinômios interpoladores.

12.4 – Conversão para a forma adimensional

A fim de facilitar a implementação das equações acima num programa de computador é conveniente representá-las na forma adimensional. E para faze-lo, devemos definir as seguintes variáveis:

$$\begin{cases} \eta = \dfrac{\overline{N}}{A_0} \\ \overline{h} = \dfrac{h'}{\sigma} = \dfrac{h - Z_S}{\sigma} \end{cases} \qquad (12.14)$$

Onde:

A_0 ≡ Nominal ou área de contato aparente [m^2]

$\bar{h}$ ≡ Separação normalizada entre as superfícies em contato [-]

η ≡ Densidade de picos da superfície rugosa [m^{-2}]

Z_S ≡ Altura média dos picos acima da linha média [μm]

σ ≡ Desvio padrão dos picos acima da linha média [μm]

Desta maneira, as equações acima podem ser escritas da seguinte maneira:

$$\begin{cases} n(\overline{h}) = \eta \cdot A_0 \cdot F_0(\overline{h}) \\ A_r(\overline{h}) = \pi \cdot \ \eta \cdot \beta \cdot \sigma \ \cdot A_0 \cdot F_1(\overline{h}) \\ F^N(\overline{h}) = \dfrac{4}{3} E^* \cdot \ \eta \cdot \sqrt{\beta} \cdot \sigma^{3/2} \ \cdot A_0 \cdot F_{3/2}(\overline{h}) \\ F_n(\overline{h}) = \int_{\overline{h}}^{\infty} \ s - \overline{h} \ ^{n} \cdot \varphi^*(s)\, ds \end{cases} \qquad (12.15)$$

Se a função densidade de probabilidade normalizada $\varphi^*(s)$ se comporta como uma distribuição normal, então tem-se:

$$\varphi^* \ s \ = \frac{1}{\sqrt{2 \cdot \pi}} e^{\frac{s^2}{z}} \qquad (12.16)$$

Usando a relação anterior as integrais acima podem ser escritas como:

$$F_n(\bar{h}) = \frac{1}{\sqrt{2 \cdot \pi}} \int_{\bar{h}}^{\infty} \left[(s - \bar{h})^n \cdot e^{\frac{s^2}{z}} \right] ds \tag{12.17}$$

12.5 – Cálculo da pressão de contato das asperezas para baixo MOFT

A força normal entre duas superfícies em contato é dada pelo terceiro termo a equação (12.15), reproduzido abaixo:

$$F^N(\bar{h}) = \frac{4}{3} E^* \cdot \eta \cdot \sqrt{\beta} \cdot \sigma^{3/2} \cdot A_0 \cdot F_{3/2}(\bar{h}) \tag{12.15}$$

Na expressão acima A_0 é a área de contato nominal ou aparente entre duas superfícies. Isto representa a área nodal da malha do método numérico usado para resolver a Equação de Reynolds. Assim a pressão de contato das asperezas é dada por:

$$ACP = \frac{F^N(\bar{h})}{A_0} \tag{12.18}$$

$$ACP = \frac{4}{3} E^* \cdot \eta \cdot \sqrt{\beta} \cdot \sigma^{3/2} \cdot F_{3/2}(\bar{h}) \tag{12.19}$$

Na forma adimensional a integral na equação acima é dada por:

$$F_{3/2}(\bar{h}) = \frac{1}{\sqrt{2\pi}} \int_{\bar{h}}^{\infty} \left[(s - \bar{h})^{3/2} \cdot e^{\frac{s^2}{z}} \right] ds \tag{12.20}$$

A integral acima não possui solução analítica. Entretanto, elas podem ser aproximadas numericamente através de interpolação polinomial de ordem seis:

$$P(\bar{h}) = \sum_{k=0}^{6} C_k \cdot \bar{h}^k \tag{12.21}$$

Na equação acima $\bar{h}[-]$ é um parâmetro adimensional que representa a razão da espessura de filme de óleo (h[μm]) menos a altura média dos picos acima da linha média ($Z_s[\mu m]$) e a rugosidade superficial composta ($\sigma[\mu m]$):

$$\bar{h} = \frac{h - Z_s}{\sigma} \tag{12.22}$$

Se o valor numérico da distância de separação normalizada ($\bar{h}$) entre a pista e o alojamento é "grande o suficiente", então há um filme de óleo relativamente grande separando as duas superfícies e então o problema pode ser resolvido usando as leis de mecânica dos fluidos (Equação de Reynolds). Entretanto, se cair abaixo de um certo valor, então será necessário usar as leis da mecânica do contato devido ao fato de que possa haver contato metal-metal e as equações de Reynolds não serão mais válidas.

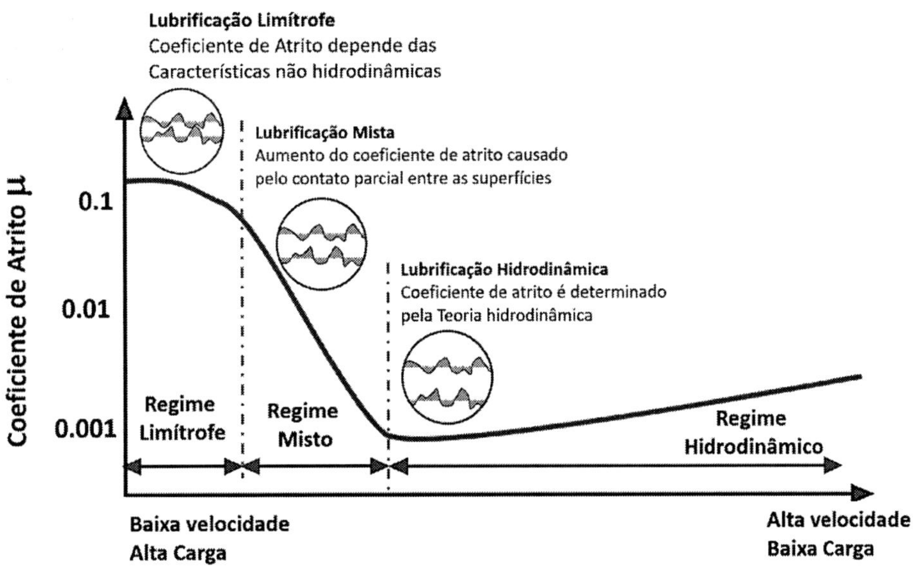

Figura 12.5 – Curva de Stribeck

Não há consenso sobre qual valor de $\bar{h}$ seja "grande o suficiente". Na literatura este valor varia entre 3 e 5. Entretanto, Richard Stribeck (1861–1950), um cientista alemão que trabalha no campo do atrito desenvolveu, na primeira metade do século 20, o que é hoje conhecida como a curva de Stribeck (veja Figura 12.5). Nesta, ele definiu tal valor numérico como sendo 3.

Em particular, a teoria de Greenwood-Williamson segue a curva de Stribeck, que diz que o regime de um mancal hidrodinâmico pode ser classificado a partir do valor numérico da espessura de filme de óleo relativa (ROFT) da seguinte maneira:

$$ROFT = h = \frac{h}{\sigma} = \begin{cases} \geq 3 & \Rightarrow \quad Hidrodinâmico \\ 1 \leq h < 3 & \Rightarrow \quad Misto \\ < 1 & \Rightarrow \quad Limítrofe \end{cases} \tag{12.23}$$

Assim, os resultados da teoria G-W (especificamente o PACP neste caso) pode ser apenas usada quando o valor numérico do ROFT é menor que três. É importante mencionar isto aqui porque se alguém tenta usar uma dedução matemática da teoria de G-W (como PACP) não irá funcionar, tornar-se-á extremamente pequeno e não terá significado físico algum.

Os coeficientes para a aproximação dos valores numéricos de cada uma das integrais acima são dadas no Apêndice I. Usando estes coeficientes é então possível calcular as três integrais mencionadas anteriormente. A formulação geral destas integrais é a seguinte:

$$F_n(\bar{h}) = \int_{\bar{h}}^{\infty} \left[(s-\bar{h})^n \cdot \varphi(z) \right] ds \tag{12.24}$$

Para n=0 pode ser usada para calcular o número de picos em contato (equação 12.10). Para n=1 é usada para calcular a área de contato real entre duas superfícies (equação 12.11) e para n=3/2 pode ser usada para calcular a força normal entre superfícies (equação 12.13) e a pressão de contato das asperezas (equação 12.18).

Os coeficientes do polinômio que aproximam estas três integrais são dados no Apêndice I. Eles foram inseridos no programa REBECA_PIN_EHL. Os valores usados para as constantes foram [5]:

$$\begin{cases} Z_s = 0.33\mu m \\ \sigma = 0.20\ \mu m \\ \beta = 66\mu m \\ \eta = 3.9E+09m^{-2} \end{cases} \tag{12.25}$$

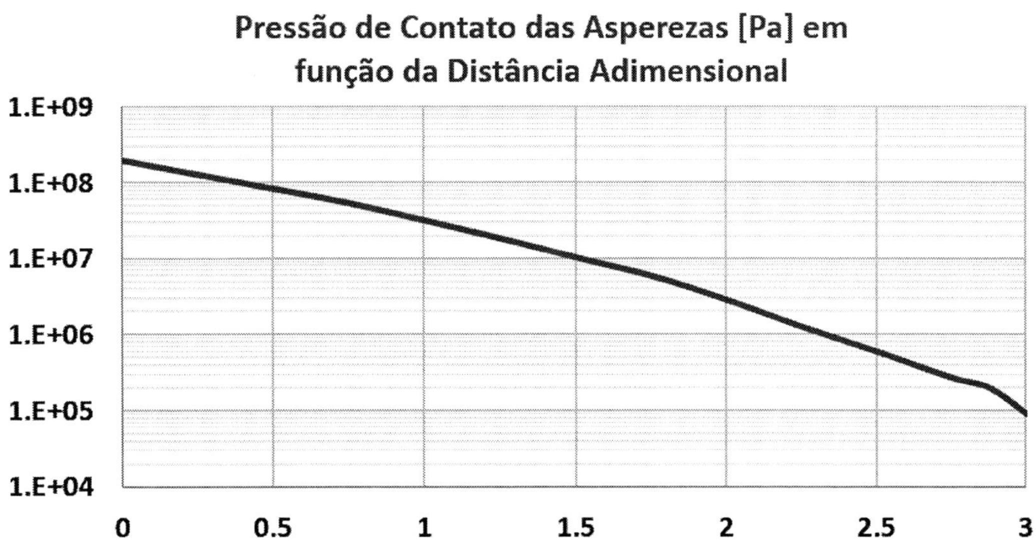

Figura 12.6. Pressão de contato das asperezas como função de $\bar{h}$

A pressão de contato das asperezas como função de $\bar{h}$ (com os valores acima), dados pela teoria de G-W é mostrada na figura 12.6. Como pode ser visto na figura acima, o ACP varia desde 0.8Pa para $\bar{h}=3$ e aumenta à medida que as superfícies se aproximam uma da outra, alcançando um valor de cerca de 200MPa para $\bar{h}=0$. É válido dizer que os valores de ACP são bem sensíveis aos valores das alturas médias dos picos acima da linha média (Z_S).

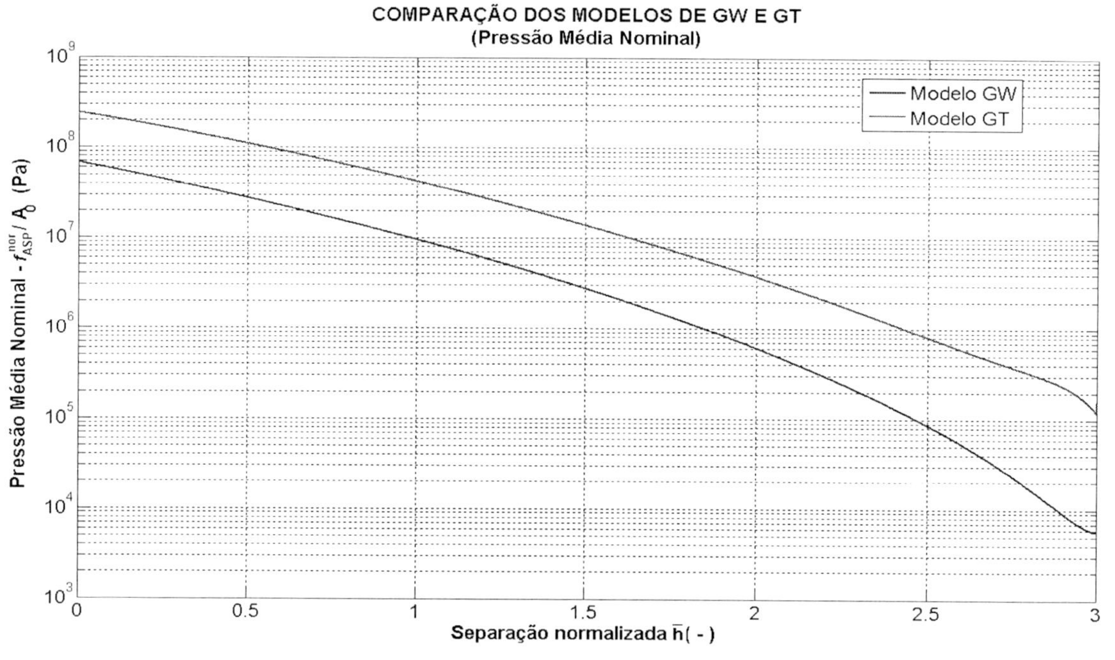

Figura 12.7 – Comparação dos modelos de GW e GT em termos das pressões médias nominais atuantes nas superfícies. Vermelho: modelo de GW. Azul: modelo de GT.

A figura acima foi obtida da página 92 da dissertação de mestrado de Francisco Profito na qual ele faz uma comparação entre a pressão de aspereza dada pelos modelos de Greenwood-Williamson e Greenwood-Tripp. Como pode ser visto, os resultados das pressões de asperezas calculadas pelo modelo de G-W em ambos os gráficos são idênticas.

12.6 - PLDMF usando a Pressão de Contato das Asperezas (PACP)

A perda de potência devido ao atrito (PLMF) num mancal radial hidrodinâmico que funciona no regime hidrodinâmico pode ser calculada pelo produto da força de atrito com a velocidade tangencial do mancal [6].

No regime misto e limítrofe, a força de atrito total pode ser calculada pela integral da pressão de contato das asperezas dada pela teoria de G-W sobre as regiões da superfície de deslizamento do mancal que está trabalhando no regime de lubrificação limítrofe ou misto.

$$F_f = \int_A ACP \, d\,A \tag{12.26}$$

A pressão de contato das asperezas determinada pela teoria de G-W é dada pela equação (12.19) reproduzida abaixo:

$$ACP = \frac{4}{3} \cdot E^* \cdot \eta \cdot \sqrt{\beta} \cdot \sigma^{3/2} \cdot F_{3/2}(\bar{h}) \tag{12.27}$$

Para o cálculo da perda de carga devido à velocidade tangencial entre as duas superfícies é necessário usar um modelo de atrito que correlacione a força normal da equação 12.26 com as outras variáveis do problema.

Uma das abordagens mais simples geralmente usada é o modelo de atrito de Coulomb que diz que a força de atrito tangencial é igual à força normal multiplicada por um coeficiente de atrito (μ). O valor do coeficiente de atrito para superfícies lubrificadas varia com o tipo de material em contato e também com o tipo de fluido inserido entre os sólidos. Para mancais hidrodinâmicos de motores de combustão interna este valor pode variar entre 0.1 e 0.3, dependendo da rugosidade combinada das superfícies deslizantes e do tipo de óleo inserido entre elas [16].

Assim a perda de carga tangencial devido ao atrito metálico [PLDMF] pode ser expresso como:

$$PLDMF = V_\tau(\theta) \cdot \mu \cdot F_f = V_\tau(\theta) \cdot \mu \int_{A_0} ACP \, dA \tag{12.28}$$

A área de contato A_0 da equação (12.18) é a área nominal. Esta pode ser tomada como a área no entorno do nó da malha usada para resolver a equação de Reynolds. Nesta equação PLDMF é dado em Watts, m é o coeficiente de atrito de Coulomb e V_τ é a velocidade tangencial do mancal, determinada pelo produto do raio do mancal multiplicado pela frequência angular:

$$V_\tau(\theta) = R \cdot \omega(\theta) \tag{12.29}$$

É importante notar que a velocidade tangencial do mancal do pino do pistão não é constante, mas uma função do ângulo do virabrequim (θ). No caso do mancal do pino do pistão foi mostrado que sua espessura de filme de óleo mínima (MOFT) pode, em pequenos intervalos de tempo ser menor do que o valor limítrofe da lubrificação hidrodinâmica. Como discutido nos capítulos anteriores isso ocorre quando a espessura de filme de óleo relativa cai abaixo do valor três adotado no modelo de G-W, de acordo com a curva de Stribeck.

$$ROFT = \lambda < 3 \qquad (12.30)$$

Quando isso ocorre, significa que parte da superfície de deslizamento do mancal está trabalhando no regime de lubrificação limítrofe ou misto. É importante notar aqui que quando isso acontece apenas uma fração de toda superfície de deslizamento está funcionando sob estes regimes, como mostrado na figura 12.8. O resto da área superficial da superfície de deslizamento está trabalhando sob o regime hidrodinâmico e a perda de carga devido ao atrito hidrodinâmico (PLDHF) pode ser calculado usando as leis da mecânica dos fluidos [6].

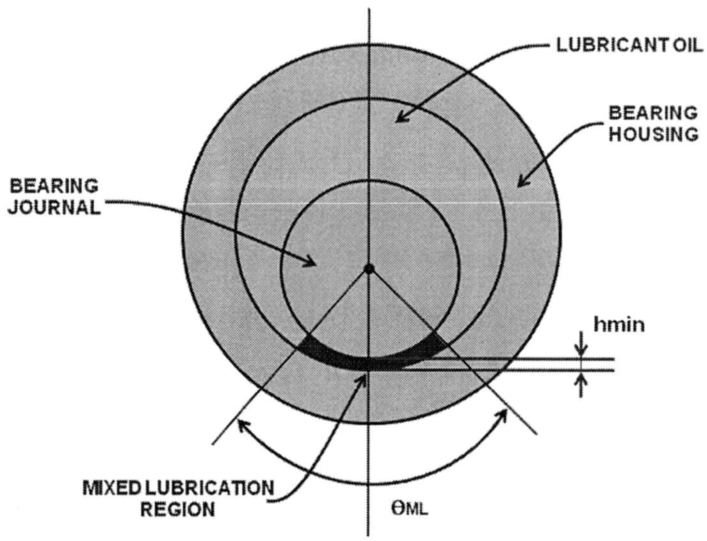

Figura 12.8 – Parte do mancal trabalhando sob regime de lubrificação misto ou limítrofe.

Na fração da superfície de deslizamento do mancal que está trabalhando sob regime de lubrificação misto ou limítrofe a perda de carga é devido ao atrito metálico (PLDMF) que surge do contato metal-metal. É dada pela equação (12.28).

E assim o PLDMF (perda de carga devido ao atrito metálico) usando a pressão de contato das asperezas pode ser calculado da maneira já mencionada. Contudo, pode ser apenas calculada desta maneira quando o mancal está trabalhando no regime de lubrificação misto:

$$\text{ROFT} = \lambda < 3 \tag{12.31}$$

O ACP (assumindo uma distribuição Gaussiana) é dado por:

$$F_{3/2}(\bar{h}) = \frac{1}{\sqrt{2\pi}} \int_{\bar{h}}^{\infty} \left[(s-\bar{h})^{3/2} \cdot e^{\frac{s^2}{z}} \right] ds \tag{12.32}$$

Na forma adimensional as integrais das equações acima são dadas por:

$$F_n(\bar{h}) = \frac{1}{\sqrt{2\pi}} \int_{\bar{h}}^{\infty} \left[(s-\bar{h})^{n} \cdot e^{\frac{s^2}{z}} \right] ds \tag{12.33}$$

Para a maioria das superfícies, os seguintes valores podem ser usados [17]:

$$\sigma = 0.2\ \mu\text{m} \quad ; \quad \beta = 66\ \mu\text{m} \quad ; \quad \eta = 3.9\text{E}+09\ \text{m}^{-2} \tag{12.34}$$

As integrais acima podem ser aproximadas por polinômios interpoladores do tipo:

$$P(\bar{h}) = \sum_{k=0}^{6} C_k \cdot \bar{h}^k \tag{12.35}$$

Os coeficientes C_k $0 \le k \le 6$ são apresentados no Apêndice A e foram implementados no software REBECA_PIN_EHL.

E assim através dos passos outrora mencionados o PLDMF pode ser calculado para aquelas regiões da superfície deslizantes do mancal do pino do pistão que estão sob regime de lubrificação limítrofe e misto.

ÍNDICE I

O valor numérico das integrais apresentadas na teoria de Greenwood-Williamson pode ser calculado através de polinômios interpoladores do tipo:

$$P(\bar{h}) = \sum_{k=0}^{6} C_k \cdot \bar{h}^k \qquad \text{(A1)}$$

Onde $\bar{h}$ é a razão entre a espessura de filme de óleo e a rugosidade superficial combinada (σ):

$$\bar{h} = \frac{h}{\sigma} \qquad \text{(A2)}$$

Os coeficientes do polinômio da equação A1 são diferentes para cada uma das três funções e são fornecidos nas páginas seguintes.

Função F_0	
C_6	-7.97644E-05
C_5	+4.70151E-03
C_4	-3.93940E-02
C_3	+1.10974E-01
C_2	-2.26998E-02
C_1	-3.94608E-01
C_0	+4.99873E-01

Função F_1	
C_6	-7.16300E-04
C_5	+7.86431E-00
C_4	-2.83941E-00
C_3	+9.21055E-03
C_2	+1.95747E-01
C_1	-3.94608E-01
C_0	+4.99873E-01

Função $F_{3/2}$	
C_6	-6.85507E-04
C_5	+6.22034E-03
C_4	-1.25047E-02
C_3	-5.59306E-02
C_2	+3.25960E-01
C_1	-6.17398E-01
C_0	+4.29964E-01

Capítulo 13 – Solução Numérica da Equação de Reynolds para Mancais Radiais e Carregamento Dinâmico

Neste capítulo será exposta a teoria assim como os algoritmos de solução numérica, necessários para a solução da equação de Reynolds para mancais radiais com carregamento dinâmico.

A equação que rege o comportamento de um mancal hidrodinâmico radial com carregamento dinâmico foi desenvolvida no capítulo 5 (equação (5.47)), e é reproduzida a seguir:

$$\frac{\partial}{\partial x}\left(\frac{h^3}{12\mu}\frac{\partial p}{\partial x}\right)+\frac{\partial}{\partial z}\left(\frac{h^3}{12\mu}\frac{\partial p}{\partial z}\right)=R\left(\frac{\omega_1+\omega_2}{2}\right)\frac{\partial h}{\partial x}+\frac{\partial h}{\partial t} \tag{13.1}$$

Onde: $p \equiv$ Pressão no fluido lubrificante [Pa];

$h \equiv$ Espessura do filme lubrificante [m];

$\mu \equiv$ Viscosidade dinâmica do fluido lubrificante [Pa s];

$R \equiv$ Raio do eixo do mancal [m];

$\omega_1 \equiv$ Velocidade angular do eixo do mancal [rad/s];

$\omega_2 \equiv$ Velocidade angular do alojamento do mancal [rad/s];

$x \equiv$ Coordenada circunferencial do mancal [m];

$z \equiv$ Coordenada axial do mancal [m];

$\frac{\partial h}{\partial t} \equiv$ Velocidade de separação entre as superfícies de deslizamento do mancal (m/s).

Se o alojamento do mancal não girar, ou tiver velocidade angular nula ($R \cdot \omega_2 = 0$), então, neste caso, a equação 13.1 pode ser escrita da seguinte maneira:

$$\frac{\partial}{\partial x}\left(\frac{h^3}{12\mu}\frac{\partial p}{\partial x}\right)+\frac{\partial}{\partial z}\left(\frac{h^3}{12\mu}\frac{\partial p}{\partial z}\right)=\frac{R\,\omega}{2}\frac{\partial h}{\partial x}+\frac{\partial h}{\partial t} \tag{13.2}$$

Onde ω é a velocidade angular do eixo do mancal (rad/s). Assumindo, também, que a viscosidade do óleo é constante (não varia com x e y), e multiplicando a equação anterior 12μ, tem-se:

$$\frac{\partial}{\partial x}\left(h^3 \frac{\partial p}{\partial x}\right) + \frac{\partial}{\partial z}\left(h^3 \frac{\partial p}{\partial z}\right) = 6\,\mu\,R\,\omega \frac{\partial h}{\partial x} + 12\,\mu \frac{\partial h}{\partial t} \tag{13.3}$$

13.1 – Órbita do eixo de um mancal hidrodinâmico radial

Considere um mancal hidrodinâmico radial com velocidade angular não nula. Se nenhuma carga for a ele aplicado, então o eixo e o alojamento permanecerão concêntricos, conforme esquematizado na figura 13.1.

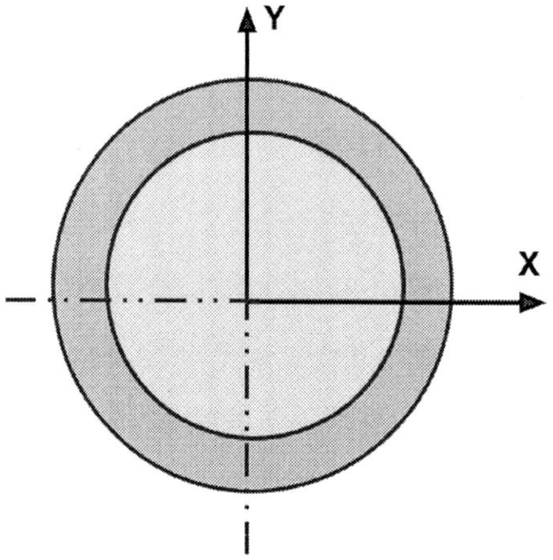

Figura 13.1 - Mancal hidrodinâmico radial concêntrico

Porém, se uma carga estática for aplicada ao eixo do mancal o mesmo se deslocará a uma posição de equilíbrio. Se uma carga dinâmica for a ele aplicada o eixo se movimentará dentro do alojamento, conforme será explicado posteriormente.

Quando uma carga é aplicada ao eixo de um mancal hidrodinâmico, o mesmo (eixo) se desloca, conforme esquematizado na figura 13.2. A linha que passa pelo centro do alojamento e pelo centro do eixo é denominada de linha de centros. A distância entre o centro do mancal e o centro do eixo é o deslocamento ou excentricidade do mancal.

Quando o módulo da carga (W) e/ou seu ângulo de aplicação (α) varia no tempo, daí então, tem-se o que é denominado de carregamento dinâmico.

Conforme mencionado anteriormente, a excentricidade mínima que um mancal radial pode ter é, evidentemente, zero, quando o eixo e o alojamento estão concêntricos (vide figura 13.1). Já a excentricidade máxima, por sua vez, não pode ultrapassar a folga radial do mancal. Portanto o valor máximo da excentricidade de um mancal radial é menor ou igual à sua folga radial. Assim sendo, pode-se dizer que

$$0 \leq e \leq C \tag{13.4}$$

Conforme já mencionado, é conveniente definir um número admensional ε calculado pela razão entre a excentricidade do mancal e sua folga radial:

$$0 \leq \varepsilon \leq 1 \tag{13.5}$$

A este número adimensional dá-se o nome de **fator de excentricidade** de um mancal. O mesmo pode representar os seguintes casos extremos:

$$\varepsilon = \begin{cases} 0 \Rightarrow & \textit{mancal concêntrico} \\ \\ 1 \Rightarrow & \textit{contato eixo alojamento} \end{cases} \tag{13.6}$$

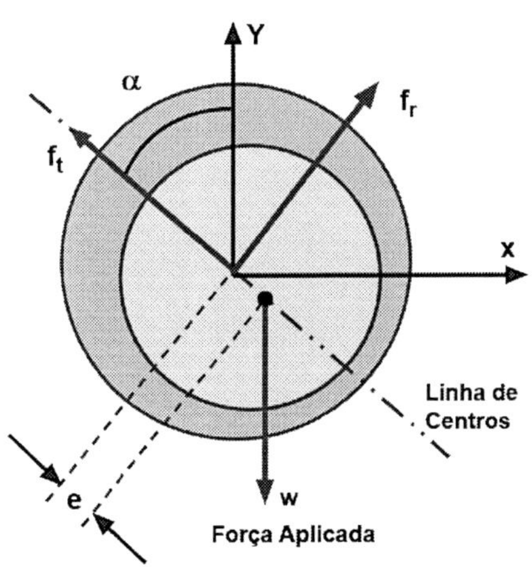

Figura 13.2 - Mancal radial carregado (excêntrico)

Quando sujeito a um carregamento dinâmico, o centro do eixo se movimentará dentro do alojamento do mancal e esta trajetória é denominada de órbita do mancal. A visualização dessa órbita torna-se mais fácil de ser visualizada se o conjunto de pontos da trajetória for desenhado dentro de um círculo cujo raio é igual à folga radial do mancal, conforme esquematizado na figura 13.4. Cada ponto dessa órbita pode ser identificado por um par ordenado (ε, α), onde ε é o fator de excentricidade do mancal e α o ângulo entre a linha de centros e o eixo y, ambos definidos acima.

Definição: **A órbita de um mancal** é a trajetória que o centro do eixo de um mancal traça quando o mesmo é submetido a um carregamento dinâmico. A figura 13.4 mostra esquematicamente uma órbita hipotética de um mancal hidrodinâmico radial.

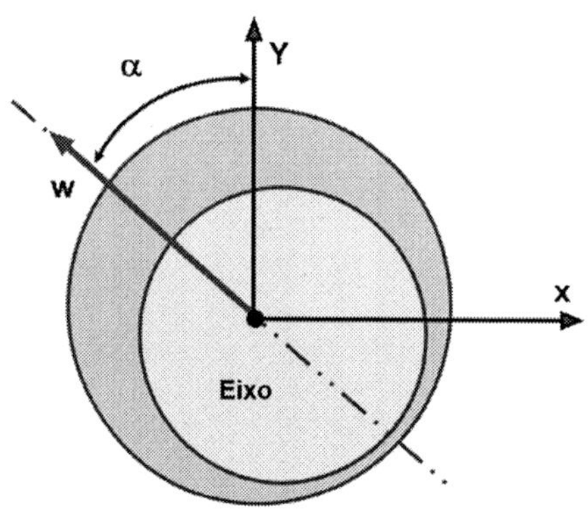

Figura 13.3 - Convenção do carregamento aplicado a um mancal hidrodinâmico radial

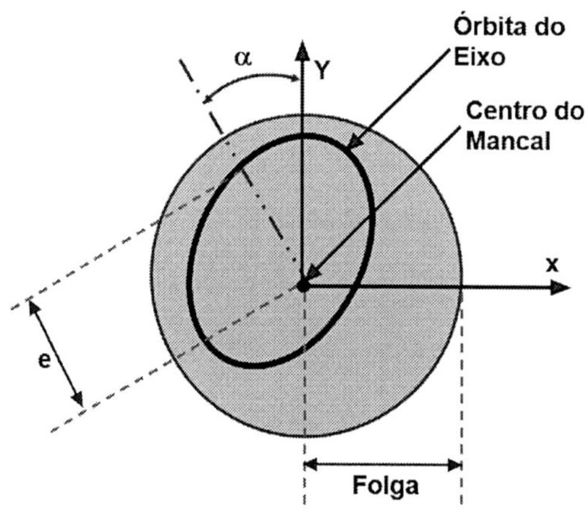

Figura 13.4 - Órbita do eixo de um mancal radial submetido a um carregamento dinâmico

13.2 - Cálculo do fator de excentricidade e do ângulo alfa

A carga dinâmica aplicada a um mancal pode ser decomposta da seguinte forma:

$$\vec{W}(t) = W_x(t)\hat{\vec{i}} + W_y(t)\hat{\vec{j}} \tag{13.7}$$

Analisando a figura 13.2, verifica-se que a expressão anterior pode ser expressa da seguinte forma:

$$\vec{W}(t) = \left|\vec{W}(t)\right| \left\{ \cos\left[\psi(t)\right] \hat{\vec{j}} - \text{sen}\left[\psi(t)\right] \hat{\vec{i}} \right\} \tag{13.8}$$

Onde: $\psi(t) \equiv$ Ângulo formado entre o eixo y e o vetor carga aplicada ($\vec{W}(t)$)

A força hidrodinâmica calculada a partir da equação de Reynolds é dada por:

$$\vec{F}(t) = F_t(t)\ \hat{\vec{T}} + F_r(t)\ \hat{\vec{R}} \tag{13.9}$$

O vetor pode, também, ser decomposto em um componente tangencial e outro radial, da seguinte maneira:

$$\vec{W}(t) = W_t(t)\ \hat{\vec{T}} + W_r(t)\ \hat{\vec{R}} \tag{13.10}$$

Onde:

$$W_t(t) = W_y(t)\cos\left[\alpha(t)\right] + W_x(t)\text{sen}\left[\alpha(t)\right] \tag{13.11}$$

$$W_r(t) = W_y(t)\text{sen}\left[\alpha(t)\right] - W_x(t)\cos\left[\alpha(t)\right] \tag{13.14}$$

Para que ocorra o equilíbrio de forças, as seguintes condições verificam-se em $t = t_0$:

$$W_t(t_0) = -F_t(t_0) \qquad \text{e} \qquad W_r(t_0) = -F_r(t_0) \tag{13.13}$$

Para um tempo posterior $t = t_0 + \Delta t$, tem-se:

$$W_t(t_0 + \Delta t) = -F_t(t_0 + \Delta t) \tag{13.14}$$

$$W_r(t_0 + \Delta t) = -F_r(t_0 + \Delta t) \tag{13.15}$$

Substituindo t por $t_0 + \Delta t$ nas equações (13.11) e (13.14), tem-se:

$$W_t(t_0 + \Delta t) = W_y(t_0 + \Delta t)\cos\lfloor\alpha(t_0 + \Delta t)\rfloor + W_x(t_0 + \Delta t)\text{sen}\lfloor\alpha(t_0 + \Delta t)\rfloor \tag{13.16}$$

$$W_r(t_0 + \Delta t) = W_y(t_0 + \Delta t)\text{sen}\lfloor\alpha(t_0 + \Delta t)\rfloor - W_x(t_0 + \Delta t)\cos\lfloor\alpha(t_0 + \Delta t)\rfloor \tag{13.17}$$

Substituindo pelas equações anteriores nas equações (13.14) e (13.15), tem-se:

$$W_y(t_0 + \Delta t)\cos\lfloor\alpha(t_0 + \Delta t)\rfloor + W_x(t_0 + \Delta t)\text{sen}\lfloor\alpha(t_0 + \Delta t)\rfloor = -F_t(t_0 + \Delta t) \tag{13.18}$$

$$W_y(t_0 + \Delta t)\text{sen}\lfloor\alpha(t_0 + \Delta t)\rfloor - W_x(t_0 + \Delta t)\cos\lfloor\alpha(t_0 + \Delta t)\rfloor = -F_r(t_0 + \Delta t) \tag{13.19}$$

Para diminuir o número de equações, faremos a demonstração apenas do componente tangencial da decomposição da força. Sabe-se que a força é função do fator de excentricidade ε e do ângulo α. Se o incremento de tempo for pequeno, pode-se usar a seguinte aproximação:

$$F_t(t_0 + \Delta t) \approx F_t(t_0) + \frac{\partial F_t}{\partial \varepsilon}\Delta\varepsilon + \frac{\partial F_t}{\partial \alpha}\Delta\alpha \tag{13.20}$$

Substituindo pela expressão anterior na equação (13.14), tem-se:

$$W_y(t_0 + \Delta t)\cos\left[\alpha(t_0 + \Delta t)\right] +$$
$$W_x(t_0 + \Delta t)\text{sen}\left[\alpha(t_0 + \Delta t)\right] = -\left[F_t(t_0) + \frac{\partial F_t}{\partial \varepsilon}\Delta\varepsilon + \frac{\partial F_t}{\partial \alpha}\Delta\alpha\right] \tag{13.21}$$

Os incrementos acima podem ser aproximados por:

$$\Delta\varepsilon \approx \varepsilon^{(n+1)} - e^{(n)} \quad e \quad \Delta\alpha \approx \alpha^{(n+1)} - \alpha^{(n)} \tag{13.22}$$

Nas equações acima, os superescritos (n+1) e (n) representam os níveis de tempo. Substituindo pelos termos da expressão anterior no lado direito da equação (13.21), tem-se:

$$W_y(t_0 + \Delta t)\cos\left[\alpha(t_0 + \Delta t)\right] + W_x(t_0 + \Delta t)sen\left[\alpha(t_0 + \Delta t)\right] =$$
$$-\left\{F_t(t_0) + \frac{\partial F_t}{\partial \varepsilon}\left[\varepsilon^{(n+1)} - \varepsilon^{(n)}\right]\Delta\varepsilon + \frac{\partial F_t}{\partial \alpha}\left[\alpha^{(n+1)} - \alpha^{(n)}\right]\right\} \tag{13.23}$$

Usando a seguinte simbologia

$$W_y^{(n+1)} = W_y(t_0 + \Delta t); \quad W_x^{(n+1)} = W_x(t_0 + \Delta t); \quad F_t^{(n)} = F_t(t_0) \tag{13.24}$$

na equação (13.23), tem-se:

$$W_y^{(n+1)}\cos\left[\alpha(t_0 + \Delta t)\right] + W_x^{(n+1)}sen\left[\alpha(t_0 + \Delta t)\right] =$$
$$-\left\{F_t^{(n)} + \frac{\partial F_t}{\partial \varepsilon}\left[\varepsilon^{(n+1)} - \varepsilon^{(n)}\right]\Delta\varepsilon + \frac{\partial F_t}{\partial \alpha}\left[\alpha^{(n+1)} - \alpha^{(n)}\right]\right\} \tag{13.25}$$

As expressões seno e cosseno acima podem ser expressas através da relação trigonométrica das funções seno e cosseno de soma de parâmetros, da seguinte maneira:

$$\cos\left[\alpha(t_0+\Delta t)\right]=\cos\left[\alpha_0+\Delta\alpha\right]=\cos(\alpha_0)\cos(\Delta\alpha)-sen(\alpha_0)sen(\Delta\alpha)$$

$$sen\left[\alpha(t_0+\Delta t)\right]=sen\left[\alpha_0+\Delta\alpha\right]=sen(\alpha_0)\cos(\Delta\alpha)+sen(\alpha_0)\cos(\Delta\alpha) \quad (13.26)$$

Usando as expressões acima na equação (13.25), tem-se:

$$W_y^{(n+1)}\left[\cos(\alpha_0)\cos(\Delta\alpha)-sen(\alpha_0)sen(\Delta\alpha)\right]+$$

$$W_x^{(n+1)}\left[\cos(\alpha_0)sen(\Delta\alpha)+\cos(\alpha_0)sen(\Delta\alpha)\right]= \quad (13.27)$$

$$-\left\{F_t^{(n)}+\frac{\partial F_t}{\partial\varepsilon}\left[\varepsilon^{(n+1)}-\varepsilon^{(n)}\right]\Delta\varepsilon+\frac{\partial F_t}{\partial\alpha}\left[\alpha^{(n+1)}-\alpha^{(n)}\right]\right\}$$

Analogamente, pode-se fazer a mesma álgebra e mostrar que:

$$W_y^{(n+1)}\left[\cos(\alpha_0)sen(\Delta\alpha)+\cos(\alpha_0)sen(\Delta\alpha)\right]-$$

$$W_x^{(n+1)}\left[\cos(\alpha_0)\cos(\Delta\alpha)-sen(\alpha_0)sen(\Delta\alpha)\right]= \quad (13.28)$$

$$-\left\{F_r^{(n)}+\frac{\partial F_r}{\partial\varepsilon}\left[\varepsilon^{(n+1)}-\varepsilon^{(n)}\right]\Delta\varepsilon+\frac{\partial F_r}{\partial\alpha}\left[\alpha^{(n+1)}-\alpha^{(n)}\right]\right\}$$

As equações (13.27) e (13.28) representam um sistema de equações algébricas não lineares, cujas incógnitas são $\Delta\varepsilon$ e $\Delta\alpha$. A solução deste sistema pode ser resolvida através do método de Newton-Raphson para sistemas, discutido em detalhes no capítulo 4. O sistema acima pode ser expresso na forma homogênea, da seguinte maneira:

$$H_1(\varepsilon,\alpha) = W_y^{(n+1)}\left[\cos(\alpha_0)\cos(\Delta\alpha) - sen(\alpha_0)sen(\Delta\alpha)\right] +$$

$$W_x^{(n+1)}\left[\cos(\alpha_0)sen(\Delta\alpha) + \cos(\alpha_0)sen(\Delta\alpha)\right] + \tag{13.29}$$

$$\left\{F_t^{(n)} + \frac{\partial F_t}{\partial \varepsilon}\left[\varepsilon^{(n+1)} - \varepsilon^{(n)}\right]\Delta\varepsilon + \frac{\partial F_t}{\partial \alpha}\left[\alpha^{(n+1)} - \alpha^{(n)}\right]\right\} = 0$$

$$H_2(\varepsilon,\alpha) = W_y^{(n+1)}\left[\cos(\alpha_0)sen(\Delta\alpha) + \cos(\alpha_0)sen(\Delta\alpha)\right] -$$

$$W_x^{(n+1)}\left[\cos(\alpha_0)\cos(\Delta\alpha) - sen(\alpha_0)sen(\Delta\alpha)\right] + \tag{13.30}$$

$$\left\{F_r^{(n)} + \frac{\partial F_r}{\partial \varepsilon}\left[\varepsilon^{(n+1)} - \varepsilon^{(n)}\right]\Delta\varepsilon + \frac{\partial F_r}{\partial \alpha}\left[\alpha^{(n+1)} - \alpha^{(n)}\right]\right\} = 0$$

Que pode ser expresso em forma matricial, da seguinte maneira:

$$\vec{H} = (H_1, H_2)^T = \vec{0} \tag{13.31}$$

onde H_1 e H_2 são as equações homogêneas desenvolvidas acima. Seja $\vec{Y}$ o vetor das incógnitas, dado por:

$$\vec{Y} = (\Delta\varepsilon, \Delta\alpha)^T \tag{13.32}$$

Através do método de Newton-Raphson para sistemas, é possível construir uma sequência de aproximações lineares da solução exata do problema, dada por:

$$\left[\frac{\partial \vec{H}}{\partial \vec{Y}}\right] \Delta\vec{Y}^{(k+1)} = -H\left[\vec{Y}^{(k)}\right] \tag{13.33}$$

onde: $\left[\dfrac{\partial \vec{H}}{\partial \vec{Y}}\right]$ é a Matriz Jacobiana do sistema;

$\Delta\vec{Y}^{(k+1)} = \vec{Y}^{(k+1)} - \vec{Y}^{(k)}$;

(k+1) e (k) são níveis do processo iterativo.

O valor do vetor $\Delta\vec{Y}$ dado pela (k+1)-ésima iteração pode ser calculado por:

$$\vec{Y}^{(k+1)} = \vec{Y}^{(k)} + \Delta\vec{Y}^{(k+1)} \tag{13.34}$$

Como em todo processo iterativo, deve-se estabelecer um critério de parada. Resolve-se o sistema dado por (13.33) M vezes, onde M é um valor de iteração para o qual:

$$\sum_{\lambda=1}^{2} \frac{\left|H_\lambda^{(M)} - H_\lambda^{(M-1)}\right|}{\left|H_\lambda^{(M)}\right| + \varepsilon} < \delta \qquad ou \qquad M \geq K_{max} \tag{13.35}$$

Onde δ é um valor maior que zero, inversamente proporcional à precisão desejada, e ε é um número bem pequeno para evitar divisão por zero.

13.3 – Cálculo da estimativa inicial para o método iterativo de Newton-Raphson

Conforme exposto anteriormente, as expressões (13.27) e (13.28) formam um sistema de equações não lineares, cuja solução pode ser obtida através do método de Newton-Raphson. O número de iterações necessárias para a convergência depende muito do valor da estimativa inicial das variáveis independentes. É possível diminuir o número de iterações (ou aumentar a velocidade de convergência) do processo iterativo e diminuir a probabilidade de divergência do mesmo, utilizando um artifício que aproxima a estimativa inicial à solução do problema. Este artifício consiste na linearização dos termos não lineares do sistema original. Desta forma obtém-se um sistema linear com incógnitas ε e α, que podem ser usadas como estimativa inicial do sistema não linear. Nas equações anteriores foram usadas as relações trigonométricas dadas pela equação (13.26):

$$\cos\left[\alpha(t_0+\Delta t)\right]=\cos\left[\alpha_0+\Delta\alpha\right]=\cos(\alpha_0)\cos(\Delta\alpha)-sen(\alpha_0)sen(\Delta\alpha)$$

$$sen\left[\alpha(t_0+\Delta t)\right]=sen\left[\alpha_0+\Delta\alpha\right]=sen(\alpha_0)\cos(\Delta\alpha)+sen(\alpha_0)\cos(\Delta\alpha) \tag{13.36}$$

Porém, se $\Delta\alpha$ for pequeno, as expressões da equação acima podem ser aproximadas por:

$$\cos\left[\alpha_0+\Delta\alpha\right]\approx\cos(\alpha_0)-\Delta\alpha\, sen(\alpha_0)$$

$$sen\left[\alpha_0+\Delta\alpha\right]\approx sen(\alpha_0)+\Delta\alpha\cos(\alpha_0) \tag{13.37}$$

Substituindo pelas expressões da equação anterior nas equações (13.29) e (13.30), obtém-se:

$$H_1(\varepsilon,\alpha)=W_y^{(n+1)}\left[\cos(\alpha_0)-\Delta\alpha sen(\alpha_0)\right]+$$

$$W_x^{(n+1)}\left[\Delta\alpha\cos(\alpha_0)+\Delta\alpha\cos(\alpha_0)\right]+ \tag{13.38}$$

$$\left\{F_t^{(n)}+\frac{\partial F_t}{\partial\varepsilon}\Delta\varepsilon+\frac{\partial F_t}{\partial\alpha}\Delta\alpha\right\}=0$$

É possível manipular algebricamente as expressões anteriores e colocar as incógnitas em evidência, da seguinte maneira:

$$\Delta\alpha\left\{\begin{array}{l} W_y^{(n+1)}\left[\cos(\alpha_0)+\cos(\alpha_0)\right]- \\ \\ W_x^{(n+1)}\left[\Delta\alpha\cos(\alpha_0)-\Delta\alpha sen(\alpha_0)\right]-\dfrac{\partial F_r}{\partial\alpha} \end{array}\right\}+\Delta\varepsilon\left[-\frac{\partial F_r}{\partial\varepsilon}\right]=F_r^{(n)} \tag{13.39}$$

$$\Delta\alpha\left\{\begin{array}{l} W_y^{(n+1)}\left[\cos(\alpha_0)-sen(\alpha_0)\right]+ \\ \\ W_x^{(n+1)}\left[\cos(\alpha_0)+\cos(\alpha_0)\right]+\dfrac{\partial F_t}{\partial\alpha} \end{array}\right\}+\Delta\varepsilon\left\{\frac{\partial F_t}{\partial\varepsilon}\right\}=-F_t^{(n)} \tag{13.40}$$

As duas equações anteriores podem ser expressas como um sistema linear de ordem 2, da seguinte maneira:

$$\begin{array}{l} a_{11}\Delta\varepsilon+a_{12}\Delta\alpha=b_1 \\ \\ a_{21}\Delta\varepsilon+a_{22}\Delta\alpha=b_2 \end{array} \quad \text{ou} \quad \tilde{A}\vec{x}=\vec{b} \tag{13.41}$$

Onde:

$$a_{11}=-\frac{\partial F_r}{\partial\varepsilon} \tag{13.42}$$

$$a_{12}=\left\{\begin{array}{l} W_y^{(n+1)}\left[\cos(\alpha_0)+\cos(\alpha_0)\right]- \\ \\ W_x^{(n+1)}\left[\Delta\alpha\cos(\alpha_0)-\Delta\alpha sen(\alpha_0)\right]-\dfrac{\partial F_r}{\partial\alpha} \end{array}\right\} \tag{13.43}$$

$$a_{21} = \left\{ \frac{\partial F_t}{\partial \varepsilon} \right\} \tag{13.44}$$

$$a_{22} = \left\{ \begin{array}{l} W_y^{(n+1)} \left[\cos(\alpha_0) - sen(\alpha_0) \right] + \\ \\ W_x^{(n+1)} \left[\cos(\alpha_0) + \cos(\alpha_0) \right] + \dfrac{\partial F_t}{\partial \alpha} \end{array} \right\} \tag{13.45}$$

$$b_1 = F_r^{(n)} \tag{13.46}$$

$$b_2 = -F_t^{(n)} \tag{13.47}$$

A solução do sistema linear acima pode ser obtida pela regra de Cramer:

$$\Delta\varepsilon = \frac{\det(\tilde{A}_1)}{\det(\tilde{A})}; \qquad \Delta\alpha = \frac{\det(\tilde{A}_2)}{\det(\tilde{A})} \tag{13.48}$$

A solução do sistema linear dado pela expressão anterior fornecerá valores das incógnitas $(\Delta\varepsilon, \Delta\alpha)$ que podem ser usados como estimativa inicial para a solução do sistema não linear dado pela equação (13.31), reproduzida abaixo:

$$\vec{H} = (H_1, H_2)^T = \vec{0} \tag{13.49}$$

13.4 – Cálculo das derivadas da força hidrodinâmica

Nos capítulos anteriores, a força hidrodinâmica na vizinhança de $t = t_0$ foi aproximada por uma série de Taylor de primeira ordem, da seguinte maneira:

$$F_t(t_0+\Delta t)=F_t(t_0)+\frac{\partial F_t}{\partial \varepsilon}\Delta\varepsilon+\frac{\partial F_t}{\partial \alpha}\Delta\alpha \qquad (13.50)$$

$$F_r(t_0+\Delta t)=F_r(t_0)+\frac{\partial F_r}{\partial \varepsilon}\Delta\varepsilon+\frac{\partial F_r}{\partial \alpha}\Delta\alpha \qquad (13.51)$$

Os valores das derivadas que aparecem nas equações anteriores não são conhecidos a priori, e devem ser calculados numericamente. O cálculo destas derivadas é feito da seguinte maneira: dão valores numéricos para as variáveis (ε_0,α_0) e calcula-se o valor dos componentes da força hidrodinâmica nestes pontos:

$$F_t(\varepsilon_0, \alpha_0) \qquad (13.52)$$

$$F_r(\varepsilon_0, \alpha_0) \qquad (13.53)$$

A seguir, dá-se uma pequena perturbação em ε e calcula-se novamente o valor dos componentes da força hidrodinâmica:

$$F_t(\varepsilon_0 + \Delta\varepsilon, \alpha_0) \qquad (13.54)$$

$$F_r(\varepsilon_0 + \Delta\varepsilon, \alpha_0) \qquad (13.55)$$

Subtraindo a equação (13.52) da equação (13.54) e dividindo pelo valor do incremento $\Delta\varepsilon$, tem-se uma aproximação para a derivada parcial do componente tangencial da força hidrodinâmica com relação a ε:

$$\frac{\partial F_t}{\partial \varepsilon} \approx \frac{F_t(\varepsilon_0 + \Delta\varepsilon, \alpha_0) - F_t(\varepsilon_0, \alpha_0)}{\Delta\varepsilon} \tag{13.56}$$

O mesmo pode ser feito para o componente radial da força hidrodinâmica:

$$\frac{\partial F_r}{\partial \varepsilon} \approx \frac{F_r(\varepsilon_0 + \Delta\varepsilon, \alpha_0) - F_r(\varepsilon_0, \alpha_0)}{\Delta\varepsilon} \tag{13.57}$$

E analogamente para as derivadas parciais dos componentes da força hidrodinâmica com relação à α:

$$\frac{\partial F_t}{\partial \alpha} \approx \frac{F_t(\varepsilon_0, \alpha_0 + \Delta\alpha) - F_t(\varepsilon_0, \alpha_0)}{\Delta\alpha} \tag{13.58}$$

$$\frac{\partial F_r}{\partial \alpha} \approx \frac{F_r(\varepsilon_0, \alpha_0 + \Delta\alpha) - F_r(\varepsilon_0, \alpha_0)}{\Delta\alpha} \tag{13.59}$$

Um ponto importante a ser mencionado aqui é com relação ao valor da perturbação a ser dada às variáveis para a obtenção das aproximações das derivadas parciais dos componentes da força hidrodinâmica. Não se sabe a priori qual é o valor inicial das variáveis. Um bom método através do qual se obtém uma boa aproximação dos valores da derivadas é o seguinte:

$$\alpha_0 + \Delta\alpha = \alpha_0(1+\delta) \qquad e \qquad \varepsilon_0 + \Delta\varepsilon = \varepsilon_0(1+\delta) \tag{13.60}$$

Onde δ é um número dado por

$$\delta = 10^{\frac{-q}{2}} \tag{13.61}$$

Onde q é o número de casas decimais representáveis pelo computador com o qual se está trabalhando.

13.5 – Cálculo do valor dos incrementos temporais

Resolvendo o sistema algébrico dado pela equação (13.33), juntamente com as estimativas mencionadas anteriormente, consegue-se avançar com a solução da equação de Reynolds no domínio do tempo. O tamanho do intervalo de tempo usado para a solução é de vital importância para que se consiga convergência nos resultados obtidos. Através de experiência com este tipo de problema, pode-se verificar que, quando a carga imposta ao mancal varia bastante em função do tempo, é necessário que se adote um incremento temporal bem pequeno. Por exemplo, para máquinas reciprocativas, tais como motores de combustão interna, às vezes é necessário um incremento temporal da ordem de 1/100 (um centésimo) de ângulo de giro do eixo do mancal, para que se obtenha convergência do método iterativo. Porém, fixar o valor do incremento temporal neste valor, acarretaria um tempo excessivo para a obtenção da solução, devido à altíssima quantidade de cálculo necessário, e consequente tempo de CPU. Para contornar este problema e torná-lo viável de solução numa escala de tempo razoável, torna-se necessário adotar um esquema através do qual pode-se alterar o incremento temporal em função da "severidade" da carga aplicada ao mancal.

Em primeiro lugar, deve-se estabelecer um valor para os incrementos temporais mínimo e máximo. Por exemplo, pode-se adotar:

$$\Delta t_{min} = 0.001 \quad \text{graus} \qquad \text{e} \qquad \Delta t_{max} = 10 \quad \text{graus} \tag{13.62}$$

onde o intervalo de tempo anterior refere-se a graus de revolução do eixo do mancal.

Tendo estipulado um nível de tempo pequeno, por exemplo, Δt_{min}, resolve-se, então, as equações anteriores. Havendo convergência do método iterativo, dá-se um acréscimo para o novo incremento de tempo que será usado para avançar a solução da equação de Reynolds no domínio do tempo. O cálculo deste acréscimo deve obedecer a certos critérios para que o incremento de tempo aumente gradativamente, e, consequentemente, diminua a probabilidade de uma posterior não convergência. Para tanto é necessário estipular certas regras, como por exemplo:

$$\Delta t^{(n+1)} = \beta \Delta t^{(n+1)} \tag{13.63}$$

Onde β é um número maior que 1. Para que o aumento do incremento temporal seja gradual e garanta as ponderações feitas anteriormente, é necessário que o valor de β seja próximo da unidade. A cada vez que se dá um aumento no acréscimo temporal, deve-se verificar se o valor do mesmo não ultrapassa o valor máximo. A cada acréscimo, executa-se o seguinte teste:

$$se \quad \Delta t^{(n+1)} \geq \Delta t_{\max} \quad então \quad \Delta t^{(n+1)} = \Delta t_{\max} \tag{13.64}$$

Desta maneira o incremento de tempo aumenta gradativamente e a solução da equação de Reynolds avança no tempo, com incrementos de tempo cada vez maiores até que o mesmo atinja o valor máximo estipulado. Quando a solução, por algum motivo, não convergir, deve-se, então, gravar todos os valores da solução do nível de tempo anterior e resolver a equação de Reynolds novamente, porém, desta vez, com um incremento de tempo menor. Neste caso pode-se usar um critério parecido ao anterior, com um valor de β próximo de um, porém, agora menor que 1. E da mesma maneira que a anterior, calcula-se um novo valor para o incremento de tempo, e verifica-se se o mesmo não está abaixo do valor mínimo estabelecido:

$$\Delta t^{(n+1)} = \beta \Delta t^{(n)} \tag{13.65}$$

$$se \quad \Delta t^{(n+1)} \leq \Delta t_{\min} \quad então \quad \Delta t^{(n+1)} = \Delta t_{\min} \tag{13.66}$$

A título de exemplo, pode-se usar valores de 0.8 e 1.2 para β nos cálculos anteriores, para o decréscimo e o aumento do incremento temporal Δt, respectivamente. Através do procedimento explicado anteriormente, é possível, então, avançar a solução no tempo, através de soluções subsequentes da equação de Reynolds, diminuindo, assim, o tempo de processamento necessário e aumentando a probabilidade de convergência.

Capítulo 14 – A Geometria das Superfícies de Deslizamento em Mancais Hidrodinâmicos Radiais e sua Influência nas Características Operacionais dos mesmos

Conforme mencionado anteriormente, o comportamento de mancais hidrodinâmicos radiais em condições reais de operação pode ser obtido através da solução da equação de Reynolds em coordenadas cartesianas com carregamento dinâmico, reproduzida a seguir:

$$\left\{\frac{\partial}{\partial x}\left[\frac{h^3}{12\mu}\left(\frac{\partial p}{\partial x}\right)\right]\right\}+\frac{\partial}{\partial z}\left[\frac{h^3}{12\mu}\left(\frac{\partial p}{\partial z}\right)\right]=\frac{R\,\omega}{2}\frac{\partial h}{\partial x}+\frac{\partial h}{\partial t} \tag{14.1}$$

14.1 – Introdução

Se o carregamento for estático, ignora-se o último termo da equação anterior. As condições de contorno são:

$$p\,(x=0)=p\,(x=2\pi R\,)=0 \tag{14.2}$$

e a condição de contorno de Reynolds:

$$Se \qquad p(x,z)<p_{cav} \qquad então \qquad p(x,z)=p_{cav} \tag{14.3}$$

Onde p_{cav} é a pressão de cavitação do fluido lubrificante do mancal.

Quando se projeta um mancal hidrodinâmico, objetiva-se ter um mancal que tenha uma longa vida operacional sem apresentar falhas prematuras. Para que isto aconteça, é desejável que se possa controlar certos parâmetros operacionais que podem encurtar a vida útil do mancal. Em geral, é desejável:

01. Minimizar a pressão máxima do filme de óleo (p_{max});
02. Maximizar a espessura mínima do filme de óleo (h_{min});
03. Minimizar a potência de acionamento do mancal ($\dot{W}_f$);
04. Maximizar a vazão de óleo do mancal ($\dot{V}_{oil}$);
05. Minimizar a temperatura de funcionamento do filme de óleo (T_m).

Existem várias coisas que podem ser feitas, na fase de projeto, para melhorar os parâmetros operacionais de mancais mencionados anteriormente. Pode-se, por exemplo, entre outras coisas:

- Aumentar o raio do eixo do mancal;
- Aumentar a largura do mancal;
- Aumentar o diâmetro do eixo do mancal;
- Aumentar a velocidade angular do eixo do mancal;
- Alterar a folga radial do mancal;
- Diminuir a temperatura de entrada ou usar um óleo com viscosidade maior.

Porém, quando se projeta um mancal para uma determinada finalidade, como por exemplo, para um motor de combustão interna, a maioria das características geométricas e operacionais do mancal acima descritas já foi especificada pelo cliente e não pode ser alterada. O projetista de mancal, geralmente, não tem liberdade de alterá-las. Muitas vezes, a única característica geométrica sobre a qual o projetista de mancal tem liberdade de alteração é a folga radial do mesmo. Se este for o caso, é possível, então, tentar diversos valores para a folga radial do mancal. Isso certamente irá alterar os valores dos parâmetros operacionais do mancal. Porém, isto nem sempre resolve o problema em questão, e se este for o caso, uma alternativa viável é tentar alterar a geometria do alojamento do mancal.

É possível até imaginar que a geometria ideal para um mancal hidrodinâmico radial seja aquela com a superfície de deslizamento perfeitamente plana no sentido axial e perfeitamente circular no sentido circunferencial. Porém, isto nem sempre é verdade. Às vezes, pequenas (ou micro) modificações geométricas na superfície de deslizamento de um mancal hidrodinâmico radial, podem alterar significativamente seus parâmetros operacionais. E, dependendo de quais parâmetros se deseja minimizar ou maximizar, micro alterações geométricas na superfície de deslizamento pode ser uma ferramenta de extrema importância para o projeto de mancais hidrodinâmicos radiais com características operacionais significativamente melhores.

14.2 – O conceito de perfilamento da superfície de deslizamento de mancais hidrodinâmicos radiais

Conforme mencionado anteriormente, um mancal hidrodinâmico radial com a superfície de deslizamento perfeitamente plana no sentido axial e perfeitamente circular no sentido circunferencial nem sempre possui parâmetros operacionais otimizados. Às vezes, para melhorar as características operacionais de um mancal hidrodinâmico radial, sob condições reais de operação, torna-se benéfico, e, às vezes, até necessário, introduzir micro alterações na superfície de deslizamento do mesmo.

Este conceito, de que micro modificações na superfície de deslizamento de mancais hidrodinâmicos radiais poderia, de fato, alterar significativamente o comportamento de parâmetros operacionais de mancais hidrodinâmicos, sob condições reais de funcionamento, não era totalmente aceito pela comunidade científica até o fim da década de 80.

Em 1985, eu (autor) apresentei esta ideia a professores do departamento de engenharia mecânica de uma conceituada universidade Inglesa, quando lá estive como professor visitante. Apesar do aparente potencial desta ideia como uma ferramenta para o auxílio de projeto de mancais hidrodinâmicos, houve muita oposição. Na realidade, esta ideia foi veementemente contestada e descartada baseada em "argumentos aparentemente lógicos", por pessoas que, na época, eram pesquisadores experientes e dominavam bem este assunto (mancais hidrodinâmicos).

Independente dos pareceres e conselhos contrários a esta ideia, continuei a desenvolvê-las, e, no fim da década de 80, comecei a colocá-las em prática. Na época, trabalhava no setor industrial, na área de projeto de mancais hidrodinâmicos para motores de combustão interna. Muita pesquisa aplicada foi desenvolvida, nesta área, a partir de então, e diversas patentes foram obtidas, porém detalhes destes problemas, assim como resultados obtidos não podem aparecer aqui explicitamente devido ao sigilo industrial referente aos detalhes de projetos de propriedade alheia.

Os aspectos geométricos da superfície de deslizamento de um mancal radial podem de fato afetar drasticamente seus parâmetros operacionais sob condições reais de operação. Estudos pioneiros a respeito deste tópico, que comprovaram definitivamente a eficiência desta técnica foram desenvolvidos a partir de 1988 [12, 16].

14.3 – Perfilamento axial – um estudo de caso

Neste estudo de caso, um programa de computador que resolve a equação de Reynolds para mancais radiais com geometria arbitrária foi usado para fazer simulações das condições operacionais de um mancal hidrodinâmico radial com uma superfície de deslizamento axial não perfeitamente plana.

Considere um mancal hidrodinâmico radial no qual é introduzida uma alteração geométrica na superfície axial do mesmo, através de uma curva senoidal. Desta maneira, o valor da espessura de filme não permanece fixo no sentido axial, mas apresenta um desvio da planicidade original, dado pela seguinte função:

$$h^*_{i,j} = h_{i,j} + \delta sen\left(\frac{j\pi}{l_z}\right) \tag{14.4}$$

A superfície de deslizamento, neste caso, apresenta uma concavidade ou convexidade senoidal, cujo máximo desvio da superfície plana é dado por δ, no meio da superfície, no sentido axial, conforme esquematizado na figura 14.1. Neste caso o valor de δ foi variado dentro de uma margem pré-especificada:

$$-0.2 \cdot FR \leq \delta \leq 0.2 \cdot FR \tag{14.5}$$

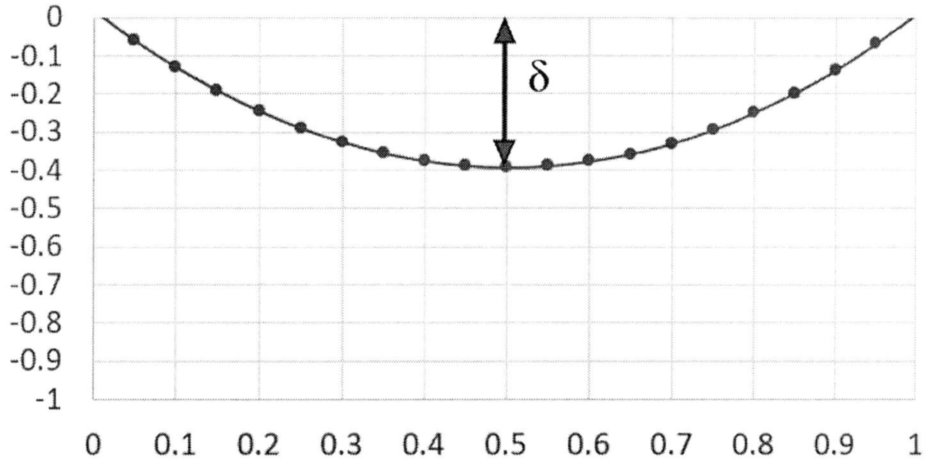

Figura 14.1 – Perfilamento senoidal na superfície de deslizamento axial

Os valores usados para δ foram:

$$\delta = \gamma \cdot FR; \quad \gamma = -0.20, -0.15, -0.10, -0.05, 0, 0.05, 0.10, 0.15, 0.20 \tag{14.6}$$

Os dados usados para a simulação deste problema são apresentados na tabela 14.1.

Dado de Entrada	**Valor**
Velocidade angular do eixo	3000 rpm
Diâmetro do eixo	60 mm
Largura do mancal	20 mm
Folga radial de referência	50 microns
Tipo do óleo lubrificante	SAE 30
Temperatura de entrada do óleo	100 ºC
Carga aplicada ao mancal	5000 N

Tabela 14.1 – Dados de entrada usados para a simulação do problema

Os resultados de alguns parâmetros operacionais em função do tamanho relativo do eixo vertical são apresentados na tabela 14.2.

γ	h_{min} (micron)	p_{max} (atm)	$\dot{W}_f$ (W)	$\dot{V}_{oil}$ (l/m)	T_m (°C)
+0.20	2.592	129.3	191.2	0.2327	109.2
+0.15	3.048	137.0	193.8	0.2302	109.5
+0.10	3.529	145.8	196.9	0.2272	109.7
+0.05	4.031	156.5	200.7	0.2239	110.1
0.00	4.559	169.9	205.2	0.2202	110.5
-0.05	3.873	186.8	210.5	0.2158	111.0
-0.10	3.233	208.4	216.4	0.2108	111.5
-0.15	2.651	235.7	222.8	0.2050	112.2
-0.20	2.155	266.7	229.1	0.1981	113.0

Tabela 14.2 – Valor de alguns parâmetros operacionais em função do valor de γ

Como pode ser visto pelos resultados anteriores, a geometria axial da superfície de deslizamento de um mancal hidrodinâmico radial tem uma forte influência no valor de seus parâmetros operacionais, ou na sua performance. Pela tabela 14.2 pode ser visto que um perfilamento senoidal côncavo com amplitude de 20% da folga radial causou uma diminuição na espessura do filme de óleo de 4.559 microns para 2.592 microns (uma redução relativa de 43.15%), a pressão máxima de filme de óleo diminui de 169.9 atm para 129.3 atm (uma redução percentual relativa de 23.90%), a potência de acionamento diminuiu de 205.2 W para 191.2 W (uma redução percentual relativa de 6.82%), a vazão de óleo aumentou de 0.2202 l/m para 0.2327 l/m (um aumento percentual relativo de 5.68%) e a temperatura média do óleo diminuiu de 110.5 °C para 109.2 °C (uma redução percentual relativa de 1.18%). O valor exato da variação percentual relativa de cada um dos parâmetros acima em função do valor de γ é apresentado na tabela 14.3.

γ	Δh_{min}	Δp_{max}	$\Delta \dot{W}_f$	$\Delta \dot{V}_{óleo}$	ΔT_m
+0.20	-43.15	-23.90	-6.82	5.68	-1.18
+0.15	-33.14	-19.36	-5.56	4.54	-0.90
+0.10	-22.59	-14.18	-4.04	3.18	-0.72
+0.05	-11.58	-7.89	-2.19	1.68	-0.36
0.00	0.00	0.00	0.00	0.00	0.00
-0.05	-14.05	9.95	2.58	-2.00	0.45
-0.10	-29.09	22.66	5.46	-4.27	0.90
-0.15	-41.85	38.73	8.58	-6.90	1.54
-0.20	-52.73	56.97	11.65	-10.04	2.26

Tabela 14.3 – Variação percentual de alguns parâmetros em função do valor de γ

14.4 – Perfilamento circunferencial – um estudo de caso

Assim como no caso anterior, os aspectos geométricos circunferenciais da superfície de deslizamento de um mancal radial podem afetar drasticamente seus parâmetros operacionais sob condições reais de operação. O mesmo programa mencionado anteriormente, foi usado pelo autor em diversos estudos para analisar o efeito da não circularidade da superfície de deslizamento de mancais hidrodinâmicos radiais nas suas características operacionais sob condições reais de operação. Estes estudos começaram a ser desenvolvidos no fim da década de 80, quando o autor trabalhava no setor industrial, na área de projeto de mancais hidrodinâmicos para motores de combustão interna. Detalhes de alguns resultados desta técnica de otimização podem ser vistos em [39].

Um estudo bastante elucidativo, foi, posteriormente desenvolvido pelo autor em 2003. Neste estudo um mancal típico de um motor de combustão interna de pequeno porte foi submetido a um carregamento radial senoidal. Adotou-se uma geometria elíptica para o alojamento do mancal e sua excentricidade variou dentro de uma faixa relativamente grande.

A órbita do eixo do mancal assim como diversos outros parâmetros operacionais foram calculados para cada caso. Como será visto pelos resultados obtidos, a não circularidade do alojamento pode ter uma forte influência na performance do mancal. Os dados usados para a simulação deste problema são apresentados na tabela 14.4.

Dado de Entrada	Valor
Velocidade angular do eixo	3000 rpm
Diâmetro do eixo	100.00 mm
Largura do mancal	30.00 mm
Folga radial de referência	50.00 μm
Viscosidade do fluido lubrificante	5.00 mPa s
Carga aplicada ao mancal	5000 sin(θ)

Tabela 14.4 – Dados de entrada usados para a simulação do problema

O comprimento do eixo perpendicular R_y variou dentro do seguinte limite:

$$(R+0.6R_c) \leq R_y \leq (R+1.4R_c) \tag{14.7}$$

Onde R é o raio do eixo e R_C é uma folga radial de referência. A figura 14.2 apresenta um esquema dessa configuração elíptica do alojamento. A distância do centro do mancal até a superfície de deslizamento (R^*) em função do ângulo θ é dado por:

$$R^* = \sqrt{\frac{R_y^2 R_c^2}{R_y^2 \sin^2(\theta) + R_c^2 \cos^2(\theta)}}$$

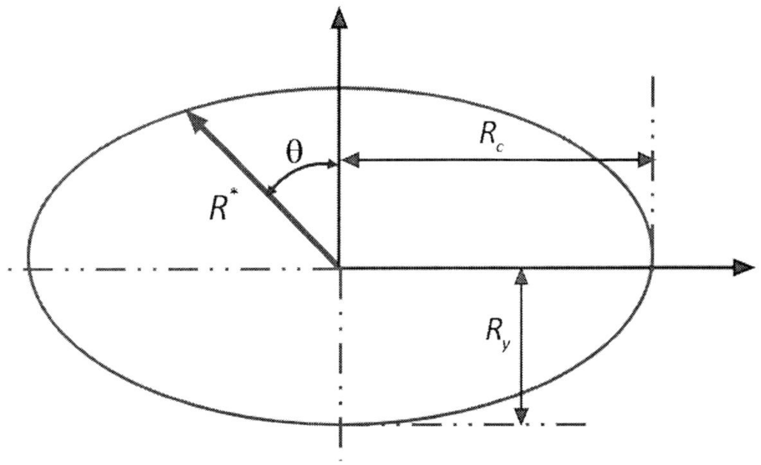

Figura 14.2 – Esquema da configuração elíptica do alojamento do mancal

A órbita do eixo do mancal para excentricidade zero é mostrada na figura 14.3.

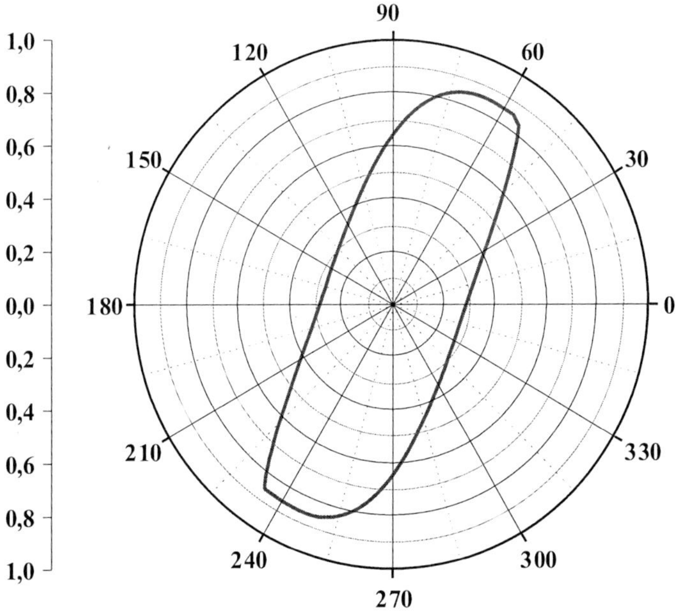

Figura 14.3 – Órbita do eixo do mancal

Os resultados de alguns parâmetros operacionais em função do tamanho relativo do eixo vertical são apresentados na tabela 14.5.

R_y/R_c	h_{min} (mícron)	p_{max} (atm)	$\dot{W}_f$ (W)	$\dot{V}_{oil}$ (l/m)
0.60	0.873	696.9	7.685	9.698
0.70	0.854	759.9	7.682	10.91
0.80	0.832	788.4	7.681	12.39
0.90	0.853	720.4	7.679	14.04
1.00	0.853	768.8	7.678	14.84
1.10	0.894	696.9	7.677	17.75
1.20	0.914	638.8	7.676	19.74
1.30	0.962	543.4	7.675	21.82
1.40	1.043	453.9	7.675	23.97

Tabela 14.5 – Valor de alguns parâmetros operacionais em função do tamanho relativo do eixo vertical

R_y/R_c	Δh_{min}	Δp_{max}	$\Delta\dot{W}$	$\Delta\dot{V}_{óleo}$
0.60	2.34	-9.35	0.09	-38.78
0.70	0.12	-1.16	0.05	-31.12
0.80	-2.46	2.55	0.04	-21.78
0.90	0.00	-6.30	0.01	-11.36
1.00	0.00	0.00	0.00	0.00
1.10	4.81	-9.35	-0.01	12.06
1.20	7.15	-16.91	-0.03	24.62
1.30	12.78	-29.32	-0.04	37.75
1.40	22.27	-40.96	-0.04	51.33

Tabela 14.6 – Variação percentual do valor de alguns parâmetros operacionais em função do tamanho relativo do eixo vertical

Como pode ser visto pelos resultados anteriores, a geometria do alojamento do mancal tem uma forte influência no valor dos parâmetros operacionais de um mancal hidrodinâmico radial, ou na sua performance. Pela tabela 14.5 pode ser visto que um aumento de 40% no eixo vertical da elipse com relação à folga radial de referência causou um aumento na espessura do filme de óleo que foi de 0.853 microns para 1.043 microns (um aumento relativo de 22.27%), a pressão máxima de filme de óleo diminui de 768.8 atm para 453.9 atm (uma redução de 40.96%) e a vazão de óleo aumentou de 14.84 l/m para 3.97 l/m (um aumento de 51,33%). A potência de acionamento, por sua vez, praticamente não variou (diminuiu apenas 0.04%). O valor exato da variação percentual relativa de cada um dos parâmetros acima em função do tamanho relativo do eixo vertical é apresentado na tabela 14.6.

A partir dos números expostos anteriormente, obtidos através deste simples exemplo, pode-se verificar que o formato geométrico do alojamento de um mancal hidrodinâmico radial pode ter uma forte influência nos parâmetros operacionais do mesmo sob condições reais de operação. Como mencionado anteriormente, existem as técnicas convencionais que são geralmente usadas para a otimização de parâmetros operacionais de mancais hidrodinâmicos radiais. Porém, esta técnica, a de modificar os parâmetros operacionais através da modificação da geometria do alojamento do mesmo, pode ser de vital importância em situações onde as técnicas convencionais não podem ser aplicadas na sua totalidade, e/ou não são totalmente satisfatórias para a otimização das características operacionais de mancais hidrodinâmicos radiais.

Referências Bibliográficas

01. Archard, J. F., "Elastic Deformation and the Laws of Friction", Proceedings of the Royal Society of London, London, 1957.

02. Arfken, G., "Mathematical methods for physicists", Academic Press, New York, 1970, páginas 72 a 120.

03. Bird, R. B., Stewart, W. E., Lightfoot, E. N. "Transport phenomena", John Wiley & Sons, Inc., New York, 1960, (páginas 71 a 88).

04. Carnahan, M., Luther, H. A., Wilkes J. O., "Applied numerical methods", John Wiley and Sons, New York, 1969.

05. Constantinescu, V. C. et All, "Sliding bearings", Allerton Press, Inc., New York, 1975.

06. Currie, I. G., "Fundamental mechanics of fluids", McGraw-Hill Book Company, Toronto, 1974, (páginas 6 a 35).

07. Dowson, D., Taylor, C. M., Godet, M., Berthe, D. "Tribology of reciprocating engines", Proceedings of the 9th Leeds-Lyon symposium on tribology, University of Leeds, England, 1982.

08. Duarte Jr., D., "Análise tensorial", Apostila do seminário sobre modelagem matemática e simulação na engenharia, Metal Leve S. A., São Paulo, agosto de 1987.

11. Duarte Jr., D., "Fundamentos de modelagem matemática e simulação na engenharia", Apostila do curso de pós-graduação SEM738, departamento de engenharia mecânica, Gráfica da EESC-USP, São Carlos, SP, 2004.

12. Duarte Jr., D., "Introdução à mecânica dos meios contínuos", Apostila do curso de pós-graduação SEM739, departamento de engenharia mecânica, Gráfica da EESC-USP, São Carlos, SP, 2004.

13. Duarte Jr., D., "Mancais de deslizamento", Apostila do curso de pós-graduação PMC791, departamento de engenharia mecânica, Escola Politécnica da Universidade de São Paulo (POLI), São Paulo, agosto de 1988.

14. Duarte Jr., D., "Modelagem matemática e simulação em mancais hidrodinâmicos", tese de doutorado, departamento de engenharia mecânica, Escola Politécnica da Universidade de São Paulo (POLI), São Paulo, julho de 1988.

15. Duarte Jr., D., "Solução numérica de equações de derivadas parciais", Apostila do curso de pós-graduação SEM738, departamento de engenharia mecânica, Gráfica da EESC-USP, São Carlos, SP, 2004.
16. Duarte Jr., D., "Solução numérica de sistemas lineares", Apostila do curso de pós-graduação SEM740, departamento de engenharia mecânica, Gráfica da EESC-USP, São Carlos, SP, 2004.
17. Duarte Jr., D., "Matrizes e sistemas algébricos em engenharia", Editora Ciência Moderna, Rio de Janeiro, RJ, Brasil, 2007.
18. Duarte Jr, D., Moura, C. A. de, "Non circular hydrodynamic journal bearings - the effect of housing non circularity on a hydrodynamic journal bearing performance", Congresso internacional de matemática aplicada e computacional (CIMAC II), Lima, Peru, agosto de 2003.
19. Faddeev, D. K., Faddeeva, V. N., "Computational methods of linear algebra", W. H. Freeman and Company, San Francisco, 1963.
20. Goenka, P. K., Paranjpe, R. S., "A review of engine bearing analysis methods at General Motors", SAE, International Congress and Exposition, Detroit, USA, 1992.
21. Greenwood, J. A., Williamson, J. B. P., "Proceedings of the Royal Society", London, Series A 295, 1966, 300.
22. Greenwood, J. A., Williamson, J. B. P., "Contact of Nominally Flat Surfaces" Proceedings of the Royal Society, London, A 1966 295, 300-319
23. Gross, W. A. et All, "Fluid film lubrication", John Wiley & Sons, New York, 1980.
24. Hubner, K. H., Thounton, E. H. "The finite element method for engineers", John Wiley & Sons, New York, 1982.
25. Humes, A. F. P. et All, "Noções de cálculo numérico", McGraw-Hill, São Paulo, 1984.
26. Mitchel, A. R., Griffths, D. F., "The finite difference method in partial differential equations", John Wiley & Sons, New York, 1980.
27. Neale, M. J., "Tribology handbook", John Wiley & Sons, New York, 1995.
28. Persson, B. N. J., "Sliding Friction: Physical Principles and Applications", 2nd Edition, Springer, Heidelberg, 2000.
29. Noble, B., "Applied linear algebra", Prentice Hall, New York, 1975.
30. Pinkus, O., "The Reynolds centenial: A brief history of the theory of hydrodynamic lubrication", ASME/ASLE Joint lubrication conference, Pittsburgh, Pensilvania, USA, 1986.

31. Pinkus, O., Sternlicht B., "Theory of hydrodynamic lubrication", McGraw-Hill, New York, 1965.
32. Popov, V. L., "Contact Mechanics and Friction - Physical Principles and Applications", Springer-Verlag, Berlin, 2010.
33. Profito, F., "One dimension modelling of the mixed lubrication regime applied for texturized surfaces", Master Thesis, Department of Mechanical Engineering, Polytechnic School, Sao Paulo University, Sao Paulo, SP, Brazil,, 2010.
34. Richtmeyer, R. D., Morton, K. W. "Difference methods for initial value problems", Interscience Publishers, New York, 1967.
35. Roache, P. J., "Computational fluid dynamics", Hermosa publishers, Albuquerque, N. M., 1976.
36. Stachowiak g. w., Batchelor, A. W., "Engineering Trybology", Butterworth-Heinemann, Oxford, England, 1990.
37. Sommerfeld, A., "Mechanics of deformable bodies", Lecture Notes on theoretical physics (Volume II), Academic Press, New York, 1967, (páginas 253 a 262).
38. Williams, J. A., "Engineering tribology", Oxford Press Inc., New York, 1994
39. Duarte Júnior, Durval; Moura, Carlos Antonio de. Non Circular Hydrodinamic Journal Bearings - The Effect of Housing non Circularity on a Hydrodinamic Journal Bearing Performance.. In: Congresso Nacional de Matemática Aplicada e Computacional - CNMAC, 2003, Lima. Congresso Brasileiro de Matemática Aplicada, 2003

Impressão e acabamento
Gráfica da Editora Ciência Moderna Ltda.
Tel: (21) 2201 - 6662